普通高等教育
物联网工程类规划教材

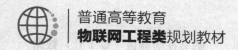

INTERNET OF THINGS, IOT

无线传感网络

杨博雄◎主编
倪玉华◎副主编

图书在版编目（CIP）数据

无线传感网络 / 杨博雄主编. -- 北京 : 人民邮电出版社，2015.4（2024.1重印）
普通高等教育物联网工程类规划教材
ISBN 978-7-115-38580-2

Ⅰ. ①无… Ⅱ. ①杨… Ⅲ. ①无线电通信－传感器－高等学校－教材 Ⅳ. ①TP212

中国版本图书馆CIP数据核字(2015)第040180号

内 容 提 要

本书根据全球物联网发展趋势和我国物联网远景规划，结合无线传感网络研究领域的相关技术和应用编写而成。本书主要针对当前物联网教学研究以及工程应用的需要，以物联网感知层为主要内容，将无线传感网络作为物联网的一个子集加以描述，介绍无线传感网络研究领域的相关技术和应用。本书的主要内容包括绪论、短距离无线通信技术与标准、拓扑控制、覆盖控制、节点定位、路由协议、操作系统、安全策略、远程传输等，最后通过应用开发实例介绍无线传感网络的设计方法和实现过程。

本书在编写上既重视基本概念和工作原理等基础知识，又跟踪前沿技术和热点研究内容，知识全面，语言通俗，图文并茂，覆盖面广，既具有学术深度，又具有教材的系统性和可读性。可作为高等院校物联网、通信工程、电子信息、自动控制、计算机、传感器等专业高年级本科生和研究生的教材，也可以作为无线传感网络专业领域的研究人员以及广大对无线传感网络及其应用感兴趣的工程技术人员的参考书。

◆ 主　　编　杨博雄
副 主 编　倪玉华
责任编辑　邹文波
执行编辑　税梦玲
责任印制　焦志炜

◆ 人民邮电出版社出版发行　　北京市丰台区成寿寺路 11 号
邮编　100164　　电子邮件　315@ptpress.com.cn
网址　http://www.ptpress.com.cn
北京捷迅佳彩印刷有限公司印刷

◆ 开本：787×1092　1/16
印张：14.75　　　　2015 年 4 月第 1 版
字数：368 千字　　　　2024 年 1 月北京第 12 次印刷

定价：36.00 元

读者服务热线：(010)81055256　印装质量热线：(010)81055316
反盗版热线：(010)81055315
广告经营许可证：京东市监广登字 20170147 号

前言

当前，很多无线传感网络的书籍都是在传感网络或者无线网络基础上进行的一种扩充或扩展，难以胜任在物联网发展大背景下，无线传感网络所该扮演的角色。本书在考虑当前“无线传感网络”课程的教学现状基础上，力图从一种新的角度来介绍和诠释无线传感网络领域的关键技术和应用设计。

本书在编写过程中，参考了近年来国内外出版的多本同类教材，在教材体系、内容安排和例题配置等方面吸取了它们的优点，同时结合作者多年来在“无线传感网络”课程教学上的经验，形成了本书如下主要特点。

（1）在体系结构和内容上，对有关内容进行了整合和优化，调整了一些内容的先后顺序，形成了完整有序的知识链，加强了知识间的连贯性。

（2）本书内容编排层次清晰，深入浅出，语言表述准确、通俗易懂，例题丰富，可读性强，兼具教材教学和学术研究双重功能。

（3）对于核心知识点，注重经典内容的介绍；对于应用部分，侧重新技术的介绍；对于部分理论以及要求较高的技术和方法，则采取选编方式。

（4）注重知识的实际应用，选编了大量与各种无线感知密切相关的实际应用，图文并茂，以便读者能够更好地理解和应用。

本书各章课时安排建议如下。

第 1 章	绪　　论	4 课时
第 2 章	短距离无线通信技术与标准	4 课时
第 3 章	无线传感网络拓扑控制	4 课时
第 4 章	无线传感网络覆盖控制	2 课时
第 5 章	无线传感网络节点定位	4 课时
第 6 章	无线传感网络路由协议	4 课时
第 7 章	无线传感网络操作系统	4 课时
第 8 章	无线传感网络安全策略	2 课时
第 9 章	无线传感网络远程传输	4 课时
第 10 章	无线传感网络应用设计	4 课时
实　　践		36 课时
合　　计		72 课时

目前很多高校包括职业院校都开设有物联网专业，设置了与物联网有关的课程，甚至，一些高校把物联网以及传感网络作为研究生教学的一门专业主干课程或者方向选修课程。本书可作为这些专业学生的教材或者参考书，读者通过本书的学习，能够很好地了解和掌握无线传感网络的应用和实现。

本书由杨博雄主编，倪玉华等参与了部分章节和课后思考题的编写。虽然本人希望编写一本质量较高、适合当前教学实际的教材，但限于水平，书中仍可能有未尽人意之处，敬请读者批评指正。

编 者

2014 年 4 月

目录

第 1 章 绪论

无线传感网络（Wireless Sensor Network，简称 WSN）是当今国际上备受关注的、涉及多学科高度交叉的、知识高度集成的、与各种应用紧密相关的前沿热点研究领域。无线传感网络技术涉及纳米与微电子技术、新型微型传感器技术、MEMS 微机电系统技术、SoC 片上系统设计技术、移动互联网技术、微功耗嵌入式技术等多个技术领域，它与通信技术和计算机技术共同构成信息技术的三大支柱，被认为是对 21 世纪产生巨大影响力的技术之一。通过无线传感网络的部署和采集，可以扩展人们获取信息的能力，将客观世界的物理信息同传输网络连接在一起，改变人类自古以来仅仅依靠自身感官来感知信息的现状，极大地提高了人类获取数据和信息的准确性和灵敏度。在物联网技术高速发展的今天，无线传感网络作为物联网数据获取的重要手段，其在物联网应用体系中的作用日渐凸显，使用方法也日益成熟和规范，应用领域正不断扩大，已经成为未来采集和获取大量物理数据不可或缺的手段之一。

通过本章的学习，读者可以了解无线网络以及无线传感网络的基本知识，把握无线传感网络的发展脉络及其与其他交叉学科的关系，掌握无线传感网络的关键技术和应用领域，明晰无线传感网与物联网的区别和联系等。通过本章的学习可以为后续章节的学习打下基础。

1.1 无线传感网络概述

1.1.1 无线网络及其分类

无线网络就是利用无线电波作为信息传输介质而构成的通信网络，与有线网络用途类似但两者最大的不同在于传输介质的不同无线网络利用各种非导向性传输介质（如各种中高频无线电波、微波、红外等）取代有线介质（如电话线、网线等）进行数据传输。当然，在具体使用时，无线网络也可以和有线网络相互配合，共同完成数据的传输。

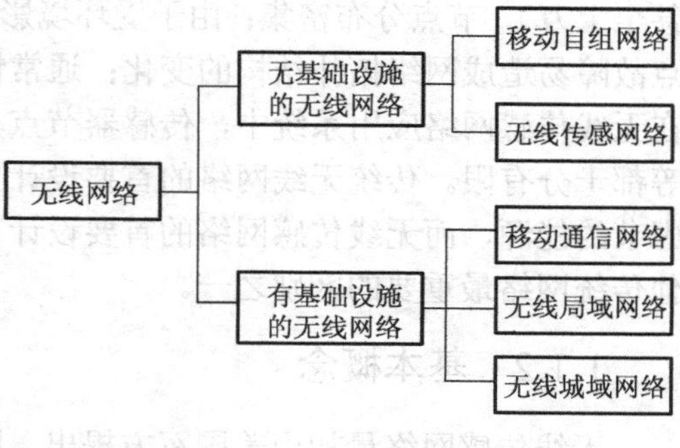

图 1-1　无线网络分类

目前无线网络从是否需要基础设施的角

度来看，可以分为两大类：有基础设施的无线网络和无基础设施的无线网络，如图 1-1 所示。

有基础设施的无线网络需要固定基站，例如，手机通信用的无线蜂窝网需要高大的天线和大功率射频基站来支持，基站就是最重要的基础设施。又例如，Wi-Fi 无线局域网（Wireless Local Area Network，WLAN），无线城域网（Worldwide Interoperability for Microwave Access，WiMax）等，由于采用了接入点（Access Point，AP）这种固定设备，也属于有基础设施无线网。

无基础设施的无线网络又被称为无线自组织网络，或无线 Ad-Hoc 网络，Ad-Hoc 源于拉丁语，意思是"for this"，引申为"for this purpose only（某种目的设置的、特别的）"指 Ad-Hoc 网络是一种有特殊用途的网络。IEEE 802.11 标准委员会采用了 Ad-Hoc 一词来描述这种特殊的自组织对等式多跳移动通信网络。这种网络节点是分布式的，没有专门的固定基站或者 AP 点，而是由一些处于平等状态的移动站之间相互通信组成的临时网络。这种网络的节点之间不需要经过基站或者其他管理控制设备就可以直接实现点对点的无线通信，而且当两个通信节点之间由于功率或其他原因导致无法实现链路直接连接时，网内其他节点可以帮助中继信号，以实现网络内各节点间的相互通信。由于无线节点是在随时移动的，因此这种网络的拓扑结构也是动态变化的。

无基础设施的无线网络又可以分为两类，一类是移动无线自组网络（Mobile Ad Hoc NETwork，MANET），它是在无线分组网的基础上发展起来的，它的终端往往是快速移动的。一个典型的例子是美军 101 空降师装备的 Ad-Hoc 网络通信设备。该设备可以保证在远程部队空投到一个陌生地点之后，在高度机动的装备车辆上仍然能够实现各种通信业务，而无需借助外部设施的支持。另一类就是无线传感网络（Wireless Sensor Network，WSN），它的节点是静止的或者移动很慢的。这些大量静止的或者缓慢移动的传感器节点通过无线通信方式形成的一个多跳的自组织网络系统，能够实现对监控区域各种物理数据的采集、量化、处理、融合和传输。

需要指出的是，无线传感网络不等于无线自组网络，虽然无线传感网络与无线自组网络有相似之处，但两者仍存在很大的差别。由于无线传感网络节点往往具有工作环境恶劣、布设区域范围较广、电源供给困难、数据传输率低、传输量少、不需要很大的通信带宽等特点，因此在技术处理和实现方法上与无线自组网等其他的无线网络会有很大的不同。

无线传感网络是集成了监测、控制以及无线通信的网络系统，节点数目庞大（通常上千甚至上万），节点分布密集；由于受环境影响和能量阻制，节点容易出现故障，环境干扰和节点故障易造成网络拓扑结构的变化；通常情况下，大多数传感器节点是固定不动的。另外，在无线传感网络应用系统中，传感器节点具有的供电能力、处理能力、存储能力和通信能力等都十分有限。传统无线网络的首要设计目标是提供高服务质量和高效利用带宽，其次才考虑节约能源，而无线传感网络的首要设计目标是电源的高效利用，这也是无线传感网络和其他传统网络最重要的区别之一。

1.1.2 基本概念

无线传感网络最初由美国军方提出，随着技术的发展、标准的制定以及一系列应用的产生，今天的无线传感网络已经由最初的军事应用领域逐步走向工业和民用领域。

无线传感网络的地位有点类似于小规模互联网，俗称微型互联网，因为它是一种由大量小型或者微型传感器组成的互连网络。这些微型传感器一般称作感知节点，无线传感网络就是由这些部署在监测区域内的大量静止或移动的廉价微型传感器节点以自组织和多跳的方式构成，这些节点协作地感知、采集、传输和处理网络覆盖地理区域内被感知对象的信息，并最终把这些信息发送给网络的所有者。

传感器、感知对象和观察者构成了无线传感网络的三个基本要素。在无线传感网络中，传感器节点监测的数据沿着其他传感器节点逐跳地进行传输。在传输过程中，监测数据可能被多个节点处理，经过路由多跳传递到汇聚节点，最后通过各种远程传输手段（如因特网、卫星、微波、光纤等）到达管理节点。用户再通过管理节点对无线传感网络进行配置和管理，发布监测任务以及收集监测数据。

图 1-2 展示了典型无线传感网络的应用形式及其所涵盖的关键技术和功能单元，监测区域由各类微型无线传感器组成，汇聚节点通过连接因特网或者卫星网将数据传输给远端用户和监测中心。为了利用无线传感器节点对监测区域进行有效的数据采集和传递，需要采用节点定位、拓扑控制、路由设计、时间同步、数据管理以及安全防范等各种技术，这些技术将在后面小节中依次加以介绍。

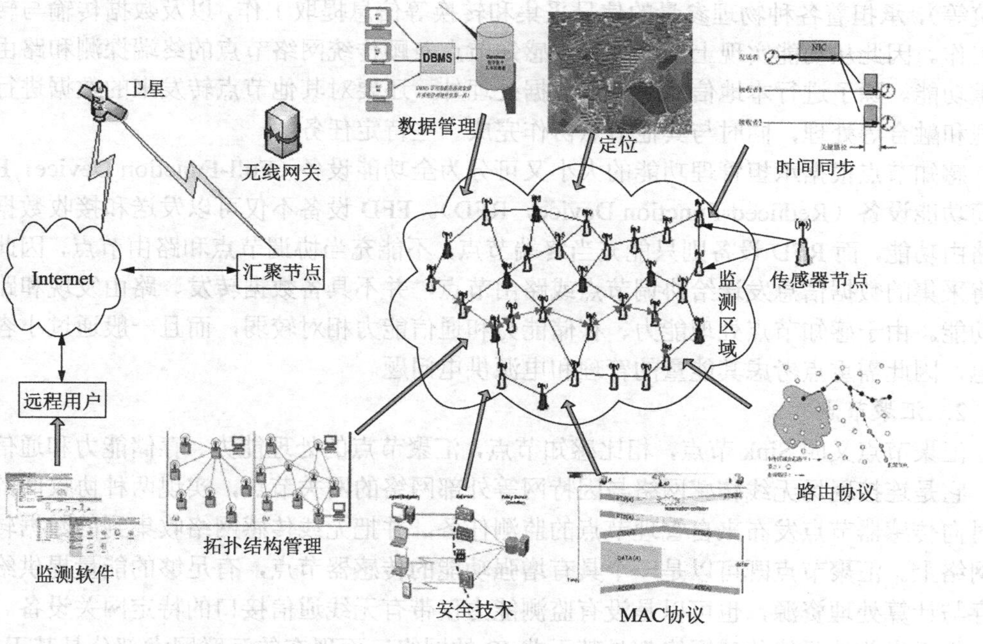

图 1-2 无线传感网络基本组成

1.1.3 节点类型

无线传感网络中的工作节点一般可分为感知节点、汇聚节点和任务管理节点，如图 1-3 所示，它们分别承担不同的任务角色。

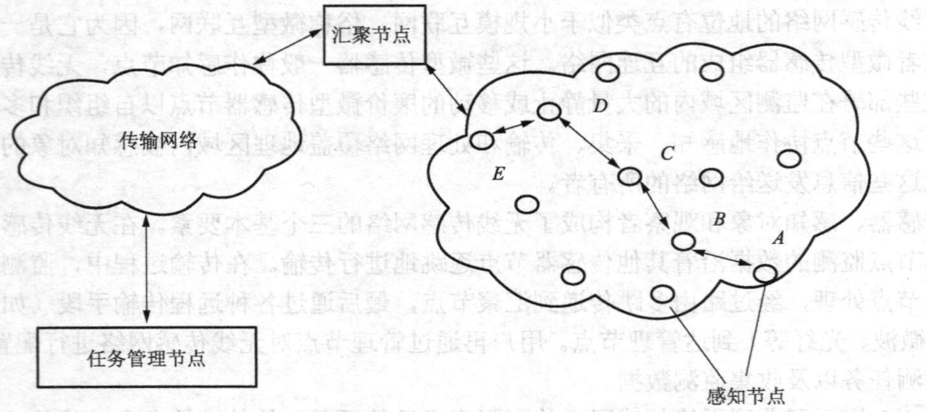

图 1-3　无线传感网络的工作节点

1. 感知节点

感知节点（Sensor Node）在某些应用领域又称为智能微尘（Smart Mote）或者智能灰尘（Smart Dust Mote），一般工作在各种户内或者户外监测现场（如某个城区、某片水域、某幢建筑等），承担着各种物理参量的信号采集和转换等信息提取工作，以及数据传输与转发等通信工作。因此从功能实现上来看，每个感知节点兼顾传统网络节点的终端探测和路由转发的双重功能。除了进行本地信息采集和数据处理外，还要对其他节点转发来的数据进行存储、管理和融合等处理，同时与其他节点协作完成一些特定任务。

感知节点根据承担管理功能的大小又可分为全功能设备（Full-Function Device，FFD）和精简功能设备（Reduced-Function Device，RFD）。FFD 设备不仅可以发送和接收数据，还具备路由功能，而 RFD 设备则只能充当终端节点，不能充当协调节点和路由节点，因此它只负责将采集的数据信息发送给协调节点或路由节点，并不具备数据转发、路由发现和路由维护等功能。由于感知节点处理能力、存储能力和通信能力相对较弱，而且一般通过小容量电池供电，因此需重点考虑其能量的管理和电源供电问题。

2. 汇聚节点

汇聚节点又叫 Sink 节点，相比感知节点，汇聚节点的处理能力、存储能力和通信能力较强。它是连接现场无线传感网络与因特网等外部网络的网关节点，实现两种协议间的转换，同时向传感器节点发布来自管理节点的监测任务，并把无线传感网络收集到的数据转发到外部网络上。汇聚节点既可以是一个具有增强功能的传感器节点，有足够的能量提供给更多的内存与计算处理资源，也可以是没有监测能力仅带有无线通信接口的特定网关设备。

由于当前的无线传感网络都是基于非 IP 的网络，而现在的互联网大部分是基于 IP 的网络，因此如果汇聚节点要将无线传感网络采集的数据借助因特网或者其他网络进行远程数据传输，就需要承担不同网络的协议帧转换工作，也就是说这个时候汇聚节点也承担网关（Gateway）的角色。

3. 任务管理节点

管理节点用于动态地管理整个无线传感网络。无线传感网络的所有者通过任务管理节点访问无线传感网络的资源，它通常为运行有网络管理软件的 PC 或者手持移动终端设备（如智能手机等）。

1.1.4 感知节点功能单元

无线传感网络在应用过程中的主要任务是对监测区域进行各种物理参量的数据采集、处理和传输，一般并不需要很高的带宽，但是在大部分时间必须保持低功耗，以节省能量的消耗。由于无线传感网络中节点的存储容量受限，因此对协议栈的大小有严格的限制。无线传感网络还对网络安全性、节点自动配置、网络动态重组等方面有一定的要求。

无线传感网络应用系统对感知节点的一般要求是体积小、成本低、使用或者部署起来比较方便，有些节点甚至需要做成可穿戴式（如 Google Project Glass、Apple Watch 等），或者直接植入目标体内，等等。图 1-4 所示为一些典型的无线传感网络感知节点的外观。

图 1-4　典型微型感知节点

物理环境中的感知节点是无线传感网络的基本单元，节点往往承担着信息采集和信息传递的双重功能，其主要功能模块包括传感器模块、处理器模块（含存储功能）、无线通信模块和电源管理模块四个部分，如图 1-5 所示。

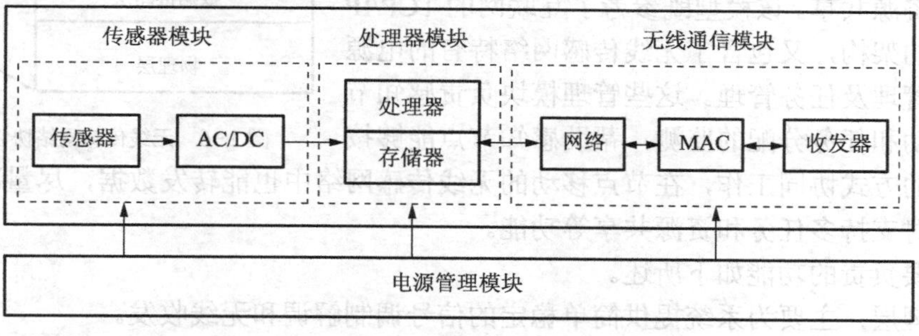

图 1-5　无线传感网络感知节点功能单元

下面介绍感知节点各部分的功能模块。

1. 传感器模块

传感器模块主要由各种类型的微型传感器和 AD/DC 转换器等子模块构成。被监测物理信号的类型决定了传感器单元的类型，而且不同类型的传感器在功能和能耗方面都存在很大差异。人们可以根据感兴趣的物理信号，使用不同类型的传感器进行数据采集，然后传送给处理器模块进行必要的处理。

2. 处理器模块

处理器模块是无线传感网络节点的计算核心，所有的设备控制、任务调度、能量计算、功能协调、通信协议、数据融合和数据转储等都将在这个模块的支持下完成，所以处理器的选择在传感器节点的设计中至关重要。无线传感网络节点的处理器应该满足外形小、集成度高、功耗低、运行速度快、足够的外部通用 I/O 接口和通信接口、成本低、有安全保证等要求。

3. 无线通信模块

无线通信模块负责该节点与其他节点或者网络代理节点等之间的无线通信。无线信号的收发在整个结构中耗能最大，在设计时要考虑通信模块的工作模式和收发能耗，这对于降低单个传感器节点的能耗以及延长整个无线传感网络的寿命非常关键。

4. 电源管理模块

电源管理模块为无线传感节点各部件提供能量。需要长时间进行数据采集的传感器有时会需要通过周边能量收集（如太阳能、风能等）、无线充电以及移动机器人充电等方式来维持节点的正常运转。电源管理模块不但为无线传感节点提供正常工作所必需的能源，同时还提供必要的电源管理机制来延长无线传感网络的工作寿命。

1.1.5 体系结构

无线传感网络的体系结构参考了因特网的开放系统互连参考模型（Open System interconnection/ Reference Model，OSI/RM）的七层模型，经过精简后形成了一种典型的五层网络体系结构，如图 1-6 所示。从下至上分别为物理层、数据链路层、网络层、传输层、应用层。此外每层都包括电源管理、移动管理、任务管理等模块。这些管理模块使得感知节点能够按照能源高效的方式协同工作，在节点移动的无线传感网络中转发数据，并支持多任务和资源共享。该模型既参考了互联网的 TCP/IP 和 OSI/RM 的架构，又包含了无线传感网络特有的电源管理、移动管理及任务管理。这些管理模块负责感知节点能量、移动和任务分配的监测，帮助感知节点能够按照能源高效的方式协同工作，在节点移动的无线传感网络中也能转发数据，尽量减少系统能量开销，同时支持多任务和资源共享等功能。

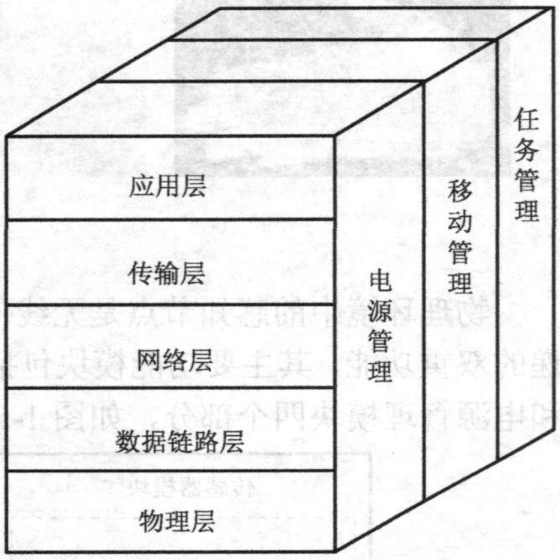

图 1-6 无线传感网络协议体系结构

每层主要负责的功能如下所述。

（1）物理层：主要为系统提供简单稳定的信号调制解调和无线收发。

（2）数据链路层：主要负责数据成帧、帧检测、媒体访问和差错控制，协调无线媒介的访问，尽量减少相邻节点广播时的冲突。

（3）网络层：主要负责路由生成与路由选择和路由管理。

（4）传输层：主要负责数据流的传输控制以及与因特网的连接，是保证通信服务质量的重要部分。

（5）应用层：包括一系列基于监测任务的应用层软件，为不同的应用提供相对统一的高层接口。

管理器的功能如下所述。

（1）电源管理器：主要是管理传感器节点如何使用能源，在各个协议层都需要考虑节省能量。

（2）移动管理器：检测并注册传感器节点的移动，维护到汇聚节点的路由，使得传感器节点能够动态跟踪其邻居的位置。

（3）任务管理器：主要负责在一个给定的区域内平衡和调度监测任务。

1.2 无线传感网络的发展与应用

1.2.1 发展历程与方向

无线传感网络的发展历程大体可分成三个阶段，从最初的智能传感器发展到无线智能传感器，进而演变到我们今天所述的无线传感网络。下面对这三个阶段的发展渊源以及典型特征进行介绍。

（1）第一阶段是智能传感器阶段。这个阶段最早可以追溯至越南战争时期使用的传统传感器系统。当年美越双方在密林覆盖的“胡志明小道”进行了一场血腥较量。“胡志明小道”是胡志明部队向南方游击队输送物资的秘密通道，美军对其进行了狂轰滥炸，但效果不大。后来，美军投放了2万多个“热带树”传感器。“热带树”实际上是由震动和声响传感器组成的系统，它由飞机投放，落地后插入泥土中，只露出伪装成树枝的无线电天线，因而被称为“热带树”。只要对方车队经过，传感器探测出目标产生的震动和声响信息，自动发送到指挥中心，美机立即展开追杀，总共炸毁或炸坏4.6万辆卡车。从这里可以看出，智能传感器能将计算能力嵌入到传感器中，使得传感器节点不仅具有数据采集能力，而且具有一定的信息判别和处理能力。

（2）第二阶段是无线智能传感器阶段。这个阶段处于20世纪70年代末至90年代末之间。美国国防部高级研究计划局（Defense Advanced Research Projects Agency，DARPA）于1978年开始资助卡内基·梅隆大学进行分布式传感器网络的研究，这被看成是无线传感网络的雏形。这种分布式传感器网络系统能够实现多兵种协同交战、远程战场自动感知等。无线智能传感器在智能传感器的基础上增加了无线通信能力，大大延长了传感器的感知触角，降低了传感器的工程实施成本。因此在1999年，《商业周刊》将无线传感网络列为20世纪最具影响的21项技术之一 。

（3）第三阶段就是现在的无线传感网络阶段。这个阶段从21世纪开始至今，并还在不断发展和完善。无线传感网络将网络技术引入到无线智能传感器中，使得传感器不再是单个的感知单元，而是能够交换信息、协调控制的有机结合体，实现物与物的互连，把感知触角深入世界各个角落，大大加强了物联网获取目标信息的能力。无线传感网络除了应用于反恐活动以外，在其他商业领域更是获得了很好的应用，所以2002年美国国家重点实验室——橡树岭实验室（Oak Ridge National Laboratory）提出了“网络就是传感器”的论断。

由于无线传感网络在国际上被认为是继互联网之后的第二大网络，2003年美国《技术评论》杂志评出对人类未来生活产生深远影响的十大新兴技术，无线传感网络被列为第一。在现代意义上的无线传感网研究及其应用方面，我国与发达国家几乎同步启动，它已经成为我国信息领域位居世界前列的少数方向之一。在2006年我国发布的《国家中长期科学与技术发展规划纲要》中，为信息技术确定了三个前沿方向，其中有两项就与无线传感网络直接相关：智能感知和自组网技术。

未来，无线传感网络技术的发展方向将主要集中在以下三个方面的研究。

（1）能效。在无线传感网络的研究中，能效问题一直是技术难点。当前的处理器以及无线传输装置依然存在向微型化发展的空间，但在无线网络中需要数量更多的传感器，种类也要求多样化，将它们进行连接会导致耗电量的加大。如何提高网络性能、延长其使用寿命、并将不准确性误差控制在最小等将是未来无线传感网络研究的热点问题。

（2）数据管理。今后，无线传感网络接收的数据量将会越来越大，但是当前的使用模式对于数量庞大的数据管理和使用能力有限。如何进一步加快大数据分析处理以及管理能力，进而开发出新的应用模式将是非常有必要的。今天信息技术领域风起云涌的云计算技术、数据挖掘技术、大数据处理等新兴技术将为无线传感网络获取的大数据提供一种全新的开发和应用模式。

（3）标准与协议。标准的不统一会给无线传感网络的发展带来障碍。标准制定的时机也很重要。标准制定得过早会制约技术的发展，标准制定得过迟又会影响技术的应用。因此，在未来无线传感网络的发展过程中，要开发出能够全球通用且适用于无线传感网络特殊需要的各种通信标准和工作协议，同时兼顾与其他物理环境感知技术的融合，这将有助于无线传感网络的广泛使用，减少无线传感网络的数据冗余，拓展无线传感网络的应用领域。

1.2.2 典型应用举例

无线传感网络应用系统中大量采用具有智能感测和无线传输的微型传感设备或微型传感器，通过这些微型设备和传感器侦测周遭环境，如温度、湿度、光照、气体浓度、PM2.5、CO_2、甲醛、电磁辐射、振动幅度等物理信息，并由无线网络将搜集到的信息传送给监控者。监控者解读报表信息后，便可掌握现场状况，进而维护、调整相关系统。由于监控物理世界的重要性从来没有像今天这么突出，所以无线传感网络已成为军事侦测、环境保护、建筑监测、安全作业、工业控制、智能家居、健康护理、智慧农业、船舶和运输系统自动化等应用中的重要技术手段，如图 1-7 所示。

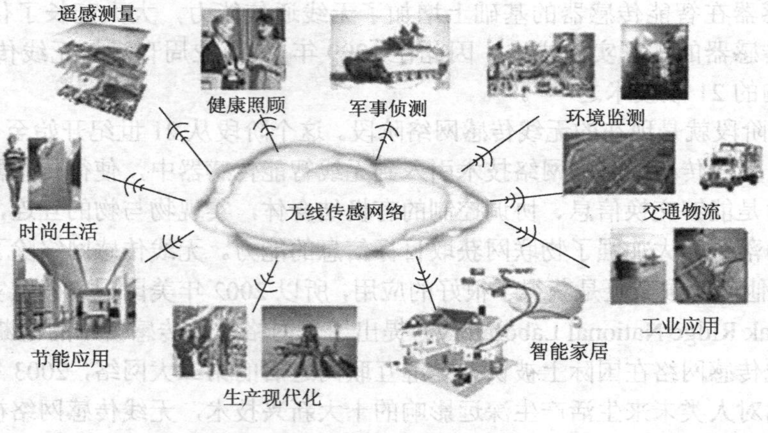

图 1-7　无线传感网络的应用领域

1. 军事侦测

无线传感网络可以协助实现有效的战场态势感知，满足作战力量“知己知彼”的要求。由于无线传感网络是由密集型、低成本、随机分布的节点组成的，自组织性和容错能力使其不会因为某些节点在恶意攻击中的损坏而导致整个系统崩溃，这一点是传统的传感器技术无法比拟的。也正是这一点，使无线传感网络非常适合应用于恶劣的战场环境中，包括监控兵力、装备和物资，监视冲突区，侦察敌方地形和布防，定位攻击目标，评估损失，侦察和探测核、生物和化学攻击等。无线传感网络的研究直接推动了以网络技术为核心的新军事革命，诞生了网络中心战的思想和体系。无线传感网络将会成为 C4ISRT（Command，Control Communication，Computing，Intelligence，Surveillance，Reconnaissance and Targeting）系统不可或缺的一部分。C4ISRT 系统的目标是利用先进的高科技技术，为未来的现代化战争设计一个集命令、控制、通信、计算、智能、监视、侦察和定位于一体的战场指挥系统，受到了军事发达国家的普遍重视。

战场侦查与监控是无线传感网络的典型应用。灵巧传感器网络（Smart Sensor Web，SSW）是美国陆军提出的针对网络中心战的需求而开发的满足这类应用的新型无线传感网络。如图 1-8 所示，用飞行器将大量微传感器节点散布于战场地域，并自组成网，边收集、边传输、边融合战场信息。系统软件通过解读传感器节点传输的数据内容，将它们与诸如公路、建筑、天气、单元位置等相关信息，以及其他无线传感网络的信息相互融合，向战场指挥员提供一个动态的、实时或近实时更新的战场信息数据库，为各作战平台更准确地制定战斗行动方案提供情报依据和服务，使情报侦察与获取能力产生质的飞跃。通过飞机或其他手段在敌方阵地大量部署各种传感器，对潜在的地面目标进行探测与识别，可以使己方以远程、精确、低代价、隐蔽的方式近距离地观察敌方布防，迅速、全方位地收集利于作战的信息，并根据战况快速调整和部署新的无线传感网络，及时发现敌方企图和对我方的威胁程度。通过对关键区域和可能路线的无线传感网络布控，可以实现对敌方全天候地严密监控，将大量信息集成为一幅战场全景图，以满足作战力量“知己知彼”的要求，大大提升指挥员对战场态势的感知水平。

图 1-8 无线传感网络技术在战情感知中的应用

无线传感网络还可为火控和制导系统提供准确的目标定位信息。网络嵌入式系统技术（Network Embedded System Technology，NEST）战场应用实验是美国国防高级研究计划局主导的一个项目，它应用了大量的微型传感器、先进的传感器融合算法、自定位技术等方面的成果。该项目成功地验证了能够准确定位敌方狙击手的传感器网络技术，它采用多个廉价音频传感器协同定位敌方射手，并标识在所有参战人员的个人计算机中，三维空间的定位精度可达到 1.5m，定位延迟达到 2s，甚至能显示出敌方射手采用跪姿和站姿射击的差异。

无线传感网络还可用在核生化监测和防恐中，将微小的传感器节点部署到战场环境中，形成自主工作的无线传感网络系统，并让其负责采集有关核生化数据信息，形成低成本、高可靠的核生化攻击预警系统。这一系统可以在不耗费人员战斗力的条件下，及时、准确地发现己方阵地上的核生化污染，为参战人员提供宝贵的快速反应时间，从而尽可能地减少人员伤亡和装备损失。无线传感网络还可以防范针对以地铁、车站等场所为目标的生化武器袭击，并及时采取防范对策。如将各种化学传感器和网络技术集于一体，无线传感器一旦检测到某种有害物质，就会自动向管理中心通报，自动开启引导旅客避难的广播，并封锁有关入口等，最大限度减少恐怖袭击造成的人员财产损失。

2. 农业种植

在传统农业中，人们获取农田信息的方式都很有限，主要是通过人工测量，获取过程需要消耗大量的人力，而使用无线传感网络可以有效降低人力消耗和对农田环境的影响，获取精确的作物环境和作物信息。将各类传感器节点布撒到要监测的区域构成监控网络，通过这些传感器采集信息，可以帮助农民及时发现问题，并且准确定位发生问题的位置，使农业有可能逐渐从以人力为中心、依赖于孤立的生产模式转向以信息和软件为中心的生产模式，从而大量使用各种自动化、智能化、远程控制的生产设备。例如，北京市科委计划项目“蔬菜生产智能网络传感器体系研究与应用”中正式把农用无线传感网络示范应用于温室蔬菜生产中。在温室环境里，单个温室即可成为无线传感网络的一个测量控制区，采用不同的传感器节点构成无线网络来测量土壤湿度、土壤成分、pH 值、降水量、温度、空气湿度和气压、光照强度、CO_2 浓度等，以获得农作物生长的最佳条件，为温室精准调控提供科学依据。最终使温室中的传感器以及执行机构标准化、数字化、网络化，从而达到增加作物产量，提高经济效益的目的。图 1-9 所示为无线传感网络技术在大棚种植中的应用，通过感知节点和无线网络，将大棚养殖所需的各种传感参量传送到主控中心或者移动终端，然后根据采集的结果发布各种执行动作，如加湿除湿、加温降温、进风出风等，使得大棚形成一个环境智能调节、营造作物生长的最佳环境状态。

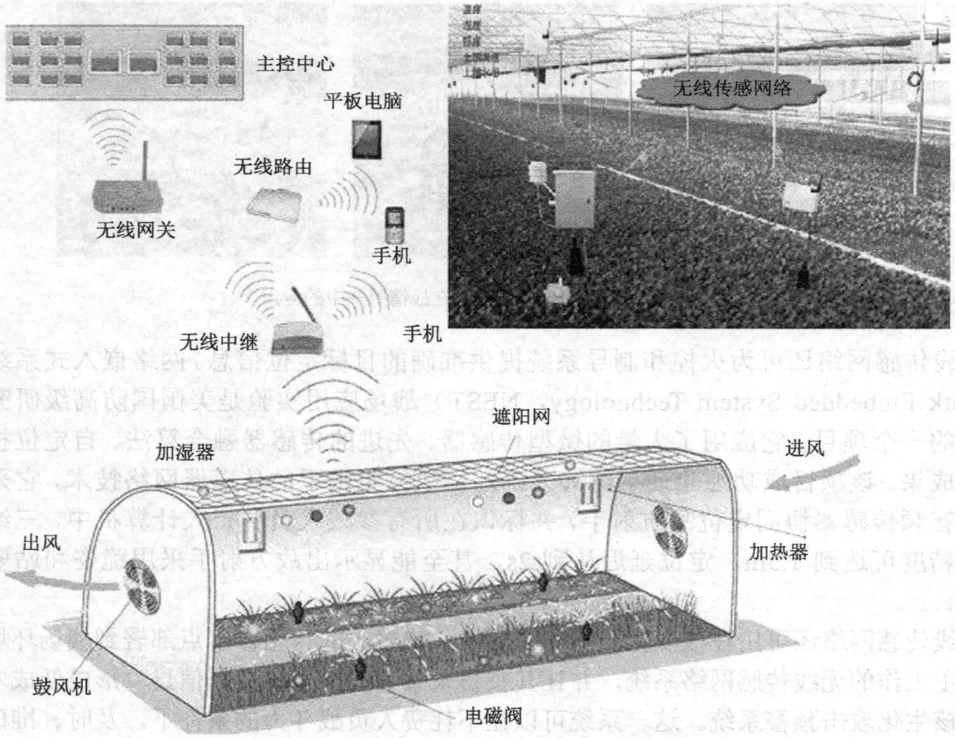

图 1-9　无线传感网络技术在大棚种植中的应用

无线传感网络所具有的通信便利、部署方便的优点，使其在节水灌溉的控制中也得以应用。例如，节点具有土壤参数、气象参数的测量能力，再与互联网、全球定位系统（Global Positioning System，GPS）技术结合，可以比较方便地实现灌区动态管理、作物需水信息采集与精量控制专家系统的构建，进而实现高效率、低能耗、低投入、多功能的农业节水灌溉平台。可在温室、庭院花园绿地、高速路隔离带、农田井用灌溉区等区域实现农业与生态节水技术的定量化、规范化、模式化、集成化，促进节水工业的快速和健康发展。例如，美国雨鸟公司的农业灌溉自动控制系统使用无线传感器感应土壤的水分、空气的湿度以及可溶性盐含量电导率（Electrical Conductivity，EC）、pH 值、降雨量、大气辐射等物理参量，通过短消息发送各种传感器数据，进而对感知数据进行分析和判断，并通过短消息接收控制中心的各项指令，实现自动灌溉、自动施肥等功能。

3. 环境保护

随着全球对环境保护的日益重视，环境监测目前已经成为许多国家重点发展的项目。环境监测通过检测对人类和环境有影响的各种物质的含量、排放量，跟踪环境质量的变化，如空气质量、水文状况等，确定环境质量水平，为环境管理、污染治理等工作提供基础和保证。由于环境监测的区域一般较广，有些甚至是全球性的，而观测数据往往需要长期连续地采集，因而对环境的监测手段也提出了新的要求。显然传统的环境监测站已经不能完全满足社会的环境监测需求，无线传感网络的出现为随机性的研究数据获取提供了便利，并且还可以避免传统数据收集方式给环境带来的侵入式破坏。利用无线传感网络技术可以随时随地感知、测量、捕获和传递信息的设备、系统或流程，实现对环境质量、污染源、生态、辐射等环境因素的“更透彻的感知”，从而最大程度地提高环境监测的信息化水平，完善环境保护的长效管理机制，推进污染减排，加强环境保护，实现环境与人、经济，乃至整个社会的和谐发展。

环境监控应用的典型案例有：夏威夷大学在夏威夷火山国家公园内铺设无线传感网络，以监测濒临灭种的植物所在地的微小气候变化；研究人员在美国加州北部 Sonoma 的小树林里组建了一个无线监测系统，该系统由捆绑在红杉树树枝和主干上的 120 个塑料封装的无线传感器组成，根据该系统采集的数据可绘制出详细的图表，从而说明这些树木周围的微气候如何变化，以及它们怎样通过树阴、呼吸作用、水分输送等方式来影响当地环境。科研人员在中国敦煌莫高窟利用无线传感网络来监测洞内的湿度和光线强度，人们根据搜集到的数据及时采取适当的保护措施，如通风等，从而降低含盐地下水的侵蚀对洞内古迹的损害等。

在我国，已经把环境保护作为一个国家战略来看待，利用无线传感网络技术实现环境监测，获取各种影响环境的物理参量无疑是实施这一战略的重要环节。例如，可利用安装在城市重点观测区域或者森林、保护区等野外观测区域的无线传感网络系统，实时将与环境监测有关的各种物理参量，如 PM2.5、PM10、SO_2、CO_2、甲醛、电磁辐射、有毒有害气体、易燃易爆危险物等物理量以及水土侵蚀、污水排放等数据进行全天候的实时采集，精准地获取需要的信息。这些信息通过无线网络传至监控中心，为精确调控提供了可靠依据。监控中心对采集到的数据进行分析，帮助工作者有针对性地智能控制各种动作或做出相应的预防和解决措施，从而达到环境监测、保护和预防的目的。例如，将传感器监测节点安放在化工、油库等生产区域，达到对有毒有害气体或者排放物的监测。将传感器节点布撒到森林中，及时获取森林中的温湿度等信息，在有可能达到着火点时及时做好预防工作，从而有效预防森林火灾的发生。图 1-10 所示为无线传感网络技术在城市公共场所空气质量远程监测中的应用示意图。

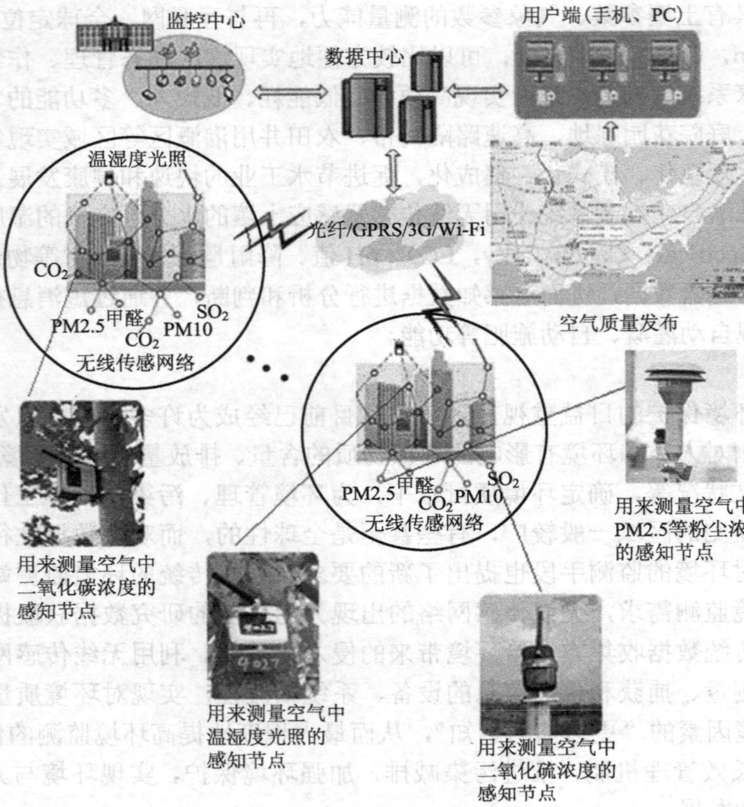

图 1-10　无线传感网络技术在城市空气质量监测中的应用示意图

4. 交通管理

城市交通的管理一直是整个城市管理的重要环节。《2012—2020 年中国智能交通发展战略》指出，未来交通管理将重点支持交通数据实时获取、交通信息交互、交通数据处理、交通安全智能化组织管控等技术。车联网是无线传感网络在智能交通管理中的运用。车联网是由车辆位置、速度和路线等信息构成的巨大交互网络，通过 GPS、RFID、传感器、摄像头图像处理等装置，车辆可以完成自身环境和状态信息的采集。借助无线传感网络技术，所有的车辆可以将自身的各种信息传输汇聚到中央处理器。通过云计算技术，这些大量的车辆信息可以被分析和处理，从而计算出不同车辆的最佳路线，及时汇报路况和安排信号灯周期等。

例如，在城市的交叉路口布设各种无线感知节点，利用无线传感网络的无线传输和实时监测特性可以将路灯、信号灯等其他交通标志组成一个网络，对交通情况进行实时监测和控制，如图 1-11 所示。遍布于公路两侧的无线传感网络监测节点可以对车辆状况进行监测，如监测汽车的速度、车流量等参数，并把监测结果实时地返回给交通指挥中心等相关部门，便于对交通违法行为和交通环境进行实时管理与控制。在一个十字路口安装无线传感网络系统，通过传感器探测路口车流量和正在等候的车辆长度，将这些数据实时地反馈给交通信号灯，通过一定的算法计算红绿灯的时间长度，能够有效减少车辆等候的时间。同时，这些传感器还可以有效地监测交通事故和交通违规的发生并进行报警，提高公路交通安全指数。安装于道路附近的传感器节点探测到当前路面的交通状况，及时把车流量、平均车速等信息发送到相关部门，再由相关部门发布车辆行驶缓慢的通告，便于其他车辆避开此路段，达到缓解交通堵塞的目的，并节省了人工监测的成本。

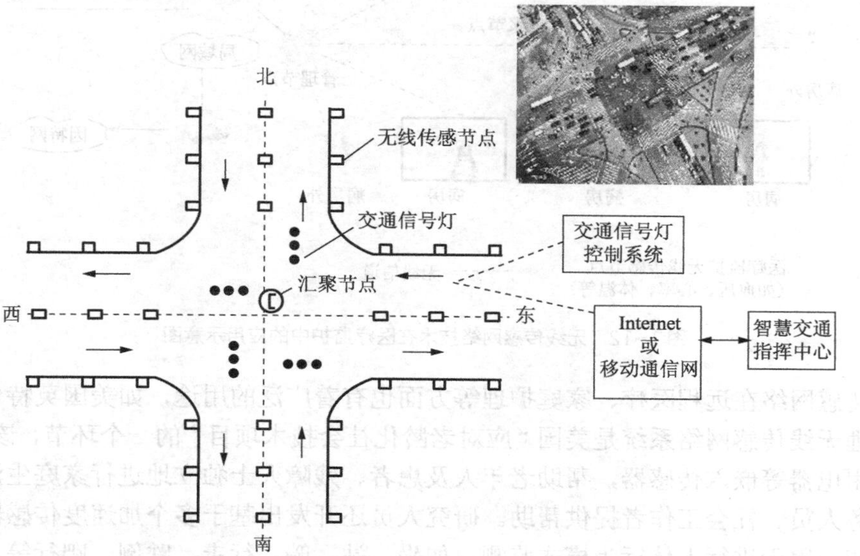

图 1-11 无线传感网络技术在交通管理中的应用

无线传感网络应用于高速公路系统，可以方便地监控车辆和路面情况。将无线传感网络与射频识别（RFID）技术相结合，可用于高速公路收费系统，进行车辆靠近报警与识别，并把数据实时反馈给收费系统。无线传感网络的长距离传输突破了 RFID 技术的局限，可真正实现不停车收费等自动功能，节省人力成本，降低劳动强度。

5. 医疗监护

无线传感网络利用其自身的优点（如低费用、简便、快速、实时无创地采集患者的各种生理参数等），使其在医疗研究、医院普通病房/ICU 病房以及家庭日常监护等领域中有很大的发展潜力，无线传感网络在检测人体生理数据、老年人健康状况、医院药品管理以及远程医疗等方面可以发挥出色的作用。例如，在病人身上安置体温、呼吸、血压等测量传感器，医生可以远程了解病人的情况，在移动状态下也能观测到病人的各项生理指标和接收到各种预警信息。利用无线传感网络还可以长时间地收集人的生理数据，这些数据在研制新药品的过程中非常有用。图 1-12 所示为无线传感网络技术在医院病房巡检的自动化和无人管理方面的应用示意图。无线传感网络系统与各种无线有线的网络设备（如中心服务器和数据库）以及各种普适设备（如智能手机或者掌上电脑）互连并通信，实现病房电子巡检功能。在病房内部布置一定数量的传感器节点，这些节点可以实时监测病房内的温度、光强度等环境信息，同时，在病人身上安装射频传感标签，能够实时采集连续的生命体征值，如病人体温、血压、脉搏等，还能实现病人的物理定位。射频标签将采集的数据借助于传感网络的多跳路由，实时传递到监控中心或医生的智能手机或者掌上电脑（PDA）上。

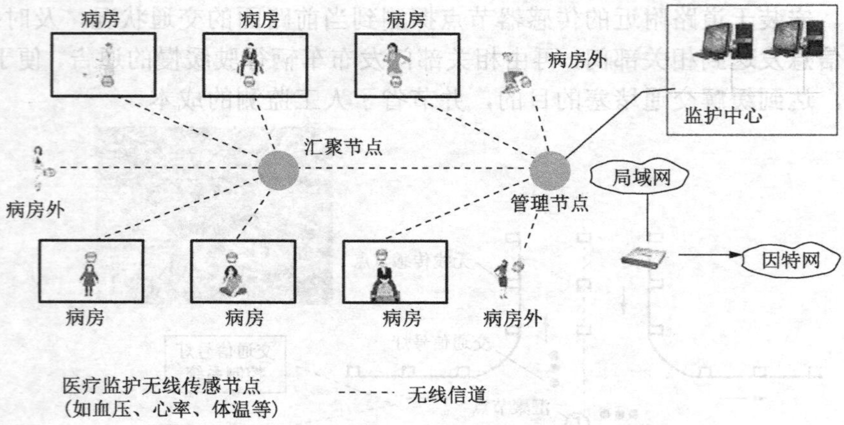

图 1-12 无线传感网络技术在医疗监护中的应用示意图

无线传感网络在远程医疗、家庭护理等方面也有着广泛的用途，如美国英特尔公司研制的家庭护理无线传感网络系统是美国“应对老龄化社会技术项目”的一个环节，该系统在鞋、家具和家用电器等嵌入传感器，帮助老年人及患者、残障人士独立地进行家庭生活，并在必要时由医务人员、社会工作者提供帮助。研究人员还开发出基于多个加速度传感器的无线传感网络系统，用于进行人体行为模式监测，如坐、站、躺、行走、跌倒、爬行等。该系统使用多个传感器节点，安装在人体的几个特征部位，系统实时地把人体因行动而产生的三维加速度信息进行提取、融合、分类，进而由监控界面显示受检测人的行为模式。这个系统稍加产品化，便可成为一些老人及行动不便的病人的安全助手。同时，该系统也可以应用到康复中心，对病人的各类肢体恢复进展情况进行精确测量，从而为设计康复方案提供宝贵的参考依据。

6. 智能家居

无线传感网络在家庭中的应用能给人们的家居生活带来革命性的影响。现代化居住格局使家庭生活的封闭性越来越强，安全问题尤为重要。当前安全防范以及报警系统是确保住宅、住户安全的极为重要的途径之一，同时也是数字家庭、智能家居的重要组成部分。无线传感网络在未来家庭的智能家居中有着广阔的应用空间，如通过分布在各个房间中的传感器，获得每个房间的温度信息，实现智能控制平衡居室温度。同时，还可以在家电、家具以及门窗上安装相应的传感器节点，利用这些节点来构建一个智能家居系统。例如，当燃气探测器探测到煤气泄漏、烟雾探测器探测到烟雾浓度过高、红外感应器探测到有小孩靠近窗户欲爬窗而出、气象传感器探测风雨天气等情况时，会同时向主控器和窗门驱动器发出信号，窗门驱动器自动开窗，主控器报警循环拨打预先设置的电话号码进行警情通报，燃气探测器还会启动通风装置进行通风等，如图 1-13 所示。利用无线传感网络技术和 Wi-Fi 技术等获取安全居家生活的各类传感量并提供 Internet 控制和连接，既可利用 PC 或者智能手机等进行远端访问和控制，也可以委托第三方公司来实行统一的管理和数据存储。

7. 大坝桥梁监测

我国正处在基础设施建设的高峰期，各类大型工程的安全施工及监控是建筑设计单位长期关注的问题，如三峡大坝、港珠澳大桥等。采用无线传感网络，可以让大楼、桥梁和其他建筑物自身感知并意识到它们的状况，使得安装了无线传感网络的智能建筑自动告诉管理部门它们的状态信息，从而让管理部门按照优先级进行定期的维修维护以及预警等工作。图1-14所示为在大坝或者桥梁上部署无线传感网络设备获取各种观测数据的应用。利用适当的传感器，如应力应变传感器、位移传感器、加速度传感器、振动传感器、光纤传感器、风速风向传感器，等等，可以有效地构建一个三维立体的防护检测网络。该系统可用于监测桥梁、高架桥、高速公路等道路环境。对于许多老旧的桥梁，其桥墩长期受到水流的冲刷，传感器可以放置在桥墩底部用以感测桥墩结构，也可以放置在桥梁两侧或底部，搜集桥梁的温度、湿度、震动幅度、桥墩被侵蚀程度等，减少桥梁损毁造成的生命财产损失。

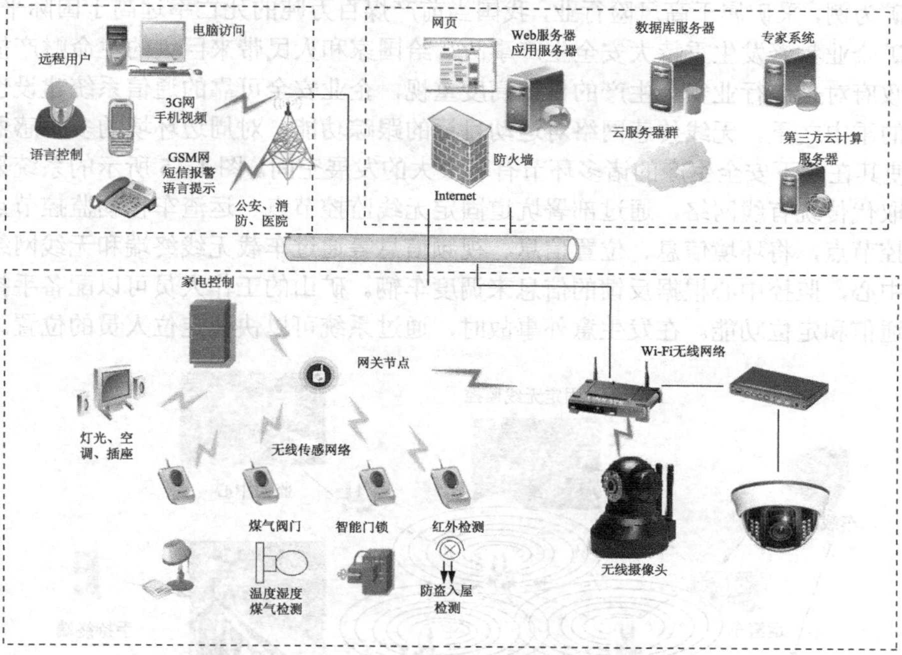

图1-13 无线传感网络技术在智能家居中的应用

图1-14 无线传感网络技术在大坝桥梁等监测中的应用

8. 安全生产

当前，煤炭、石化、冶金行业对易燃、易爆、有毒物质等的监测成本一直居高不下，无线传感网络把部分操作人员从高危环境中解脱出来，并提高险情的反应精度和速度。无线传感网络系统应用于危险工作环境中，实时监控在煤矿、石油钻井、核电厂和组装线工作的员工。系统可以告诉工作现场有哪些员工、他们在做什么，以及他们的安全保障等重要信息。在相关工厂的每个排放口安装相应的无线节点，进行工厂废水、废气污染源的监测以及样本的采集、分析和流量测定等。

以采矿为例，采矿属于高风险行业，我国当前产煤百万吨的死亡率远高于国际平均水平。近几年采矿企业频繁发生重特大安全生产事故，给国家和人民带来巨大的生命财产损失。随着国家和政府对采矿行业安全生产的日益高度重视，企业安全可靠的通信系统建设也被列为所有工作的重中之重。无线传感网络对运动目标的跟踪功能、对周边环境的多传感器融合监测功能，使其在井下安全生产的诸多环节有着很大的发展空间。图 1-15 所示的系统采用无线传感网络取代传统有线网络，通过部署坑道固定无线监控节点、运渣车移动监控节点及运输车移动监控节点，将环境信息、位置信息、视频信息等通过车载无线终端和无线网络实时回传到监控中心，监控中心根据反馈的信息来调度车辆。矿山的工作人员可以配备手持终端，实现语音通信和定位功能。在发生意外事故时，通过系统可以快速定位人员的位置。

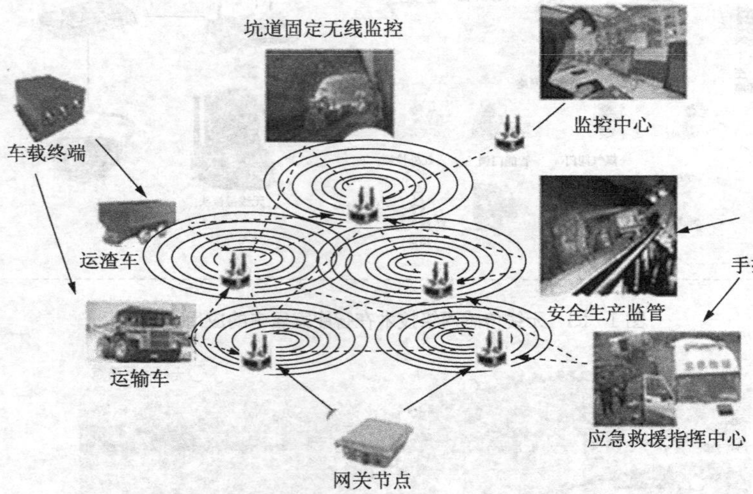

图 1-15　无线传感网络技术在煤矿安全生产中的应用

9. 海洋监测

随着我国海洋事业的迅速发展，有关海洋监测等方面问题已经提上议事日程，如海洋水体的监测与保护成为人们越来越关注的现实问题。无线传感网络技术对于海洋监测有其特有的优势，集成有传感器、计算单元和通信模块的节点能够通过自组织的方式构成网络，借助于节点中内置的多种传感器测量所在周边环境的各类信息，部署方便，无需电缆等基础设施支持，而且传感器节点价格低廉，能密集部署于大范围水域中，便于利用节点采集信息的空间相关性获取更加精确的环境信息。

例如，利用无线传感网络技术搭建水声传感器网络是进行海洋监测的有效方式。密集分布在被监测区域的网络节点利用短程水声通信和自组织路由技术，在无人干预的条件下自行组成网络，通过多跳中继方式将节点观测数据汇聚至 Sink 节点，并系统地进行功耗优化，以这种工作模式为海洋监测提供灵活、实时、大范围、多尺度、长期观测的可能性。用于海洋监测的水声传感网络（Underwater Acoustic Sensor Networks，UASN）系统作为一种特殊的无线传感网络，为海洋资源的开发和利用孕育出了一种新的监测手段，特别是在局部高精度勘测方面拥有传统监测手段无法比拟的技术优势，如图 1-16 所示。

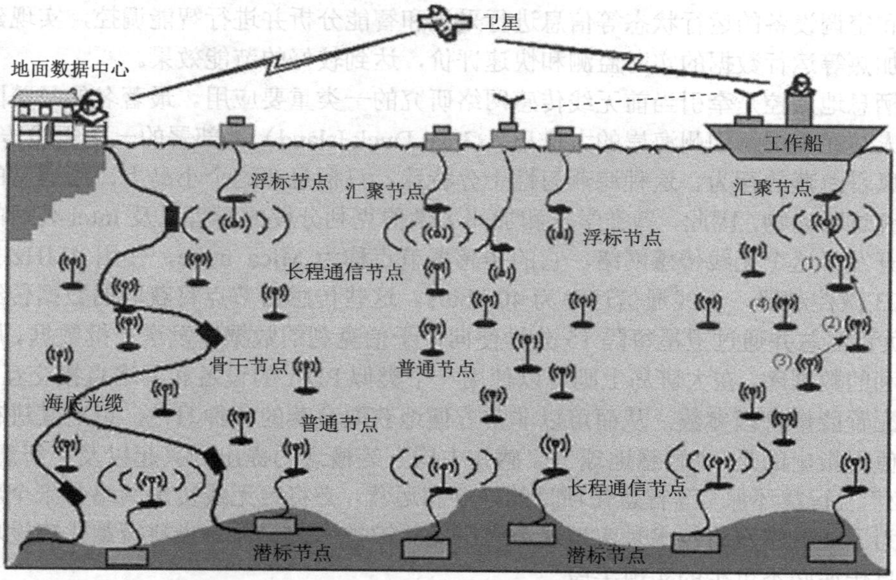

图 1-16 无线传感网络技术在海洋监测中的应用

10. 其他应用领域

无线传感网络还可在遭受重大自然灾害后提供应急救援信息，比如发生地震、水灾、强热带风暴等灾难后，固定的通信网络设施（如有线通信网络、蜂窝移动通信网络的基站等网络设施、卫星通信地球站以及微波接收站等）可能被全部摧毁或无法正常工作，这时就可以通过部署不依赖任何固定网络设施并能快速布设的无线传感网络来帮助抢险救灾，从而达到减少人员伤亡及财产损失的目的。在边远或偏僻的野外区域、植被不能破坏的自然保护区等无法采用固定或者预设的网络设施时进行通信时，也可以通过部署无线传感网络来进行信号采集与处理，无线传感网络的快速展开和自组织的特点正是这些场合通信的最佳选择。

铁路（特别是高铁）的快速发展，使得铁路运输越来越多地依赖无线传感网络技术。例如，通过安装在铁路上的无线传感网络节点可以对铁路环境进行实时监测。无线传感网络系统可以对铁路沿线的情况进行监测，当铁路上有障碍物或者有人、车等其他物体靠近铁路及在铁路上滞留时，传感器发出报警，信号通过无线传感网络传到网关节点，再通过其他方式传递到相关部门，以便于及时发现和排除故障。安装在列车上的无线传感网络系统可以对列车情况进行监测。无线传感网络安装在列车上，可以实时监测列车的运行情况、故障情况以及车厢内环境的舒适度等参数。无线传感网络用在货运系统中，监视货物在运输途中的状况，如温度、湿度、光照、振动情况等，数据被实时地发送给监测中心，以便于货物的保存和安全。无线传感网络用于在存储系统中监测货物的位置及环境温湿度等状况，与 RFID 系统相结合，还可以识别货物的种类等参数，便于物流存储管理。

建筑特别是大型公共建筑是能耗大户，约占整个社会总能耗的30%，利用无线传感网络技术的环境感知和数据传递可以采集各种能耗信息进而进行建筑的节能控制，这种方式无疑会产生明显的经济效益和社会效益。例如，利用无线传感网络实现建筑暖通空调的节能监测及其控制就是一种非常有效的方法。在一个特定的建筑环境中，随机布放若干无线传感器节点，在很短时间内就可以布设一个无线传感网络，无需布线就可对该建筑环境的室内温度、人群分布和空调设备的运行状态等信息进行采集和智能分析并进行智能调控，实现建筑空调设备制冷加热等运行数据的实时监测和快速评价，达到较好的节能效果。

动物栖息地监控是牵引当前无线传感网络研究的一类重要应用。最著名的是美国加州大学的研究人员在美国缅因州海岸的大班岛（Great Duck Island）上部署的一个无线传感网络，用来监测风暴海燕的行为。这种海燕习性十分特殊，只栖息在这个小岛上，用通常的手段很难观察研究这种动物，因此，鸟类学家和加州大学伯克利分校的学者以及Intel公司的技术工程师联合开发了这个无线传感网络。它的传感器节点称为Mica mote，使用4MHz的Atmel Atmega 103微控制器，无线通信速率为40 kbit/s。这些传感器节点将获取的数据传给一个基站，后者负责汇总并通过卫星每隔15分钟便向位于伯克利的数据库发送一批数据。用户可以访问伯克利的数据库，在大班岛上则可以使用一个类似PDA的设备和网络直接交互，调整采样频率或配置能量管理参数，从而可以非常方便地获取海燕的各种习性，以对其进行研究。

特别值得指出的是，“智慧地球”、“感知中国”等概念的提出和兴起以及“智慧城市”、“智慧农业”、“智慧环保”等智慧化项目的开展和运营，必将给无线传感网络带来全新的应用空间，因为无线传感网络技术是实现这类应用的关键技术之一，是当前智慧化建设项目数据采集和信息传递必不可少的实现手段。

1.3 无线传感网络的主要特点与关键技术

1.3.1 主要特点

1. 大规模

为了获取精确信息，在监测区域通常需要部署大量传感器节点，可能达到成千上万，甚至更多。无线传感网络的大规模性包括两方面的含义：一方面是传感器节点分布在很大的地理区域内，如在原始大森林采用无线传感网络进行森林防火和环境监测，需要部署大量的传感器节点；另一方面，传感器节点部署很密集，在面积较小的空间内密集部署了大量的传感器节点。

无线传感网络的大规模性具有如下优点：通过不同空间视角获得的信息具有更大的信噪比；通过分布式处理大量的采集信息能够提高监测的精确度，降低对单个节点传感器的精度要求；大量冗余节点的存在，使得系统具有很强的容错性能；大量节点能够增大覆盖的监测区域，减少洞穴或者盲区。

2. 自组织

在无线传感网络应用中，通常情况下传感器节点被放置在没有基础结构的地方，传感器节点的位置不能预先精确设定，节点之间的相互邻居关系预先也不知道，如通过飞机播撒大量传感器节点到面积广阔的原始森林中，或随意放置到人不可到达或危险的区域。这样就要求传感器节点具有自组织的能力，能够自动进行配置和管理，通过拓扑控制机制和网络协议自动形成转发监测数据的多跳无线网络系统。

在无线传感网络使用过程中，部分传感器节点由于能量耗尽或环境因素造成失效，也有一些节点为了弥补失效节点增加监测精度而补充到网络中，这样在无线传感网络中的节点数就会动态地增加或减少，从而使网络的拓扑结构随之动态变化。无线传感网络的自组织性要能够适应这种网络拓扑结构的动态变化。

3. 动态性

无线传感网络的拓扑结构可能因为下列因素而改变。

（1）环境因素或电能耗尽造成的传感器节点故障或失效。

（2）环境条件变化可能造成无线通信链路带宽变化，甚至时断时通。

（3）无线传感网络的传感器、感知对象和观察者这三要素都可能具有移动性。

（4）新节点的加入。

这就要求无线传感网络系统要能够适应这种变化，具有动态的系统可重构性。

4. 可靠性

无线传感网络特别适合部署在恶劣环境或人类不宜到达的区域，节点可能工作在露天环境中，遭受日晒、风吹、雨淋，甚至遭到人或动物的破坏。传感器节点往往采用随机部署，如通过飞机撒播或发射炮弹到指定区域进行部署。这些都要求传感器节点非常坚固，不易损坏，适应各种恶劣的环境条件。

由于监测区域环境的限制以及传感器节点数目巨大，不可能人工“照顾”每个传感器节点，网络的维护十分困难甚至不可维护。无线传感网络的通信保密性和安全性也十分重要，要防止监测数据被盗取和获取伪造的监测信息。因此，无线传感网络的软硬件必须具有鲁棒性（Robustness）和容错性（Fault Tolerance）。

5. 以数据为中心

互联网是先有计算机终端系统，然后再互连成为网络，终端系统可以脱离网络独立存在。在互联网中，网络设备用网络中唯一的 IP 地址标识，资源定位和信息传输依赖于终端、路由器、服务器等网络设备的 IP 地址。如果想访问互联网中的资源，首先要知道存放资源的服务器 IP 地址，可以说现有的互联网是一个以 IP 地址为中心的网络。

无线传感网络是任务型的网络，脱离无线传感网络谈论传感器节点没有任何意义。无线传感网络中的节点采用节点编号标识，节点编号是否需要全网唯一取决于网络通信协议的设计。由于传感器节点随机部署，构成的无线传感网络与节点编号之间的关系是完全动态的，表现为节点编号与节点位置没有必然联系。用户使用无线传感网络查询事件时，直接将所关心的事件通告给网络，而不是通告给某个确定编号的节点。网络在获得指定事件的信息后汇报给用户。这种以数据本身作为查询或传输线索的思想更接近于自然语言交流的习惯。所以通常说无线传感网络是一个以数据为中心的网络。

例如，在应用于目标跟踪的无线传感网络中，跟踪目标可能出现在任何地方，对目标感兴趣的用户只关心目标出现的位置和时间，并不关心哪个节点监测到目标。事实上，在目标移动的过程中，必然是由不同的节点提供目标的位置消息。

6. 集成化

传感器节点的功耗低，体积小，价格便宜，实现了集成化。其中，微机电系统技术的快速发展为无线传感网络节点实现上述功能提供了相应的技术条件。在未来，类似智能微尘或智能灰尘的传感器节点也将会被研发出来。

7. 协作方式执行任务

协作方式通常包括协作式采集、处理、存储以及传输信息。通过协作方式，传感器的节点可以共同实现对监测对象的感知，得到完整的信息。协作方式可以有效克服处理和存储能力不足的缺点，共同完成复杂任务的执行。在协作方式下，传感器之间的节点实现远距离通信，可以通过多跳中继转发，也可以通过多节点协作发送的方式进行。

8. 多种节点唤醒方式

无线传感网络节点由于供电能量受限，大部分时间处于休眠状态，只有任务来临时才被唤醒并进入工作状态。一般节点都具有多种唤醒方法，叙述如下。

（1）全唤醒模式：这种模式下，无线传感网络中的所有节点同时唤醒，探测并跟踪网络中出现的目标，虽然在这种模式下可以得到较高的跟踪精度，然而是以网络能量的巨大消耗为代价。

（2）随机唤醒模式：在这种模式下，无线传感网络中的节点由给定的唤醒概率 p 随机唤醒。

（3）由预测机制选择唤醒模式：这种模式下，无线传感网络中的节点根据跟踪任务的需要，选择性地唤醒对跟踪精度收益较大的节点，通过本次信息预测目标下一时刻的状态，并唤醒节点。

（4）任务循环唤醒模式：在这种模式下，无线传感网络中的节点周期性地处于唤醒状态，这种工作模式的节点可以与其他工作模式的节点共存，并协助其他工作模式的节点工作。

在以上四种唤醒方式中，由预测机制选择唤醒模式可以获得较低的能量损耗和较高的信息收益。

1.3.2 关键技术

无线传感网络涉及关键技术有很多，主要有以下几种。

1. 拓扑控制

拓扑控制技术是无线传感网络中最重要的技术之一，它是一种使网络中的节点按照一定的拓扑控制算法做出某些决定（如增大或减小节点的发送功率，或者改变节点自身的地理位置等）以改变网络的拓扑结构的技术。在由无线传感网络生成的网络拓扑中，可以直接通信的两个节点之间就意味着存在一条拓扑边。如果没有拓扑控制，所有节点都会以最大无线传输功率工作。在这种情况下，一方面，节点有限的能量将被通信部件快速消耗，降低了网络的生命周期。另一方面，网络中每个节点的无线信号将覆盖大量其他节点，造成无线信号冲突频繁，影响节点的无线通信质量，降低网络的吞吐率。第三方面，在生成的网络拓扑中将存在大量的边，从而导致网络拓扑信息量大，路由计算复杂，浪费了宝贵的计算资源。因此，需要研究无线传感网络中的拓扑控制问题，在维持拓扑某些全局性质的前提下，通过调整节点的发送功率来延长网络生命周期，提高网络吞吐量，降低网络干扰，节约节点资源。

2. 路由协议

路由协议是一套将数据从源节点传输到目的节点的机制。由于无线传感网络节点的硬件资源有限和拓扑结构的动态变化，网络协议不能太复杂但又要高效。目前研究的重点是网络层协议和数据链路层协议。网络层的路由协议决定检测信息的传输路径，目前提出了多种类型的协议，如多个能量感知的路由协议、定向扩散和谣传路由等基于查询的路由协议、GEAR和GEM等基于地理位置的路由协议、SPEED和ReInForM等支持的QoS的路由协议。数据链路层的介质访问控制用来构建底层的基础结构，控制传感器节点的通信过程和工作模式。目前提出了S-MAC、T-MAC和Sift等基于竞争的MAC协议，DEANA、TRAMA、DMAC和周期性调度等时分复用的MAC协议等。

3. 时间同步

时间同步就是要求无线传感网络中节点本地时钟的同步，或者按照要求达到某种精度的全网时间同步。时间同步是无线传感网络的重要支撑技术之一，基于无线传感网络的应用，如目标追踪、协同休眠、定位、协同数据采集、时分多址、数据整合等都需要与网络中节点的时钟保持同步。在目标追踪应用中，每个传感器节点可能只观测到目标返回的信号强度，并不能得到目标的位置、速度和前进方向等信息，需要多个传感器节点将采集到的数据发送给无线传感网络中的汇聚节点，汇聚节点在对不同传感器发送来的数据进行处理后，才能获得目标的移动方向、速度等信息，这就要求相关的传感器节点采集的数据在时间上是相关的。无线传感网络中的多数节点是无人值守的，仅携带有少量有限的能量，为了延长网络的使用期限，网络中的节点大部分时间都处于定时休眠状态，为了能协同完成工作任务，节点必须进行协同休眠，这也要求节点具有准确的时间同步。在无线传感网络的应用中，为了减少网络的通信量以降低能耗，往往将传感器节点采集到的数据进行必要的融合处理，进行这些处理的前提是网络中的节点具有相同的时间标准。由于无线传感网络自身的能量、体积、价格、技术等方面的约束，研究满足无线传感网络同步精度的时间同步机制，具有很重要的理论和实践价值。

4. 定位技术

无线传感器网络中的节点定位技术是指传感器节点根据网络中少数已知节点的位置信息，通过一定的定位技术确定网络中其他节点的位置信息的技术。无线传感网络的许多应用要求节点知道自身的位置信息，这样才能向用户提供有用的检测服务。没有节点位置信息的监测数据在很多场合下是没有意义的。比如，对于森林火灾检测、天然气管道监测等应用，当有事件发生时，人们关心的首要问题就是事件发生在哪里，此时如果只知道发生了火灾却不知道火灾具体的发生地点，这种监测就没有任何实质的意义，因此节点的位置信息对于很多场合是至关重要的。在许多场合下，传感器节点被随机部署在某个区域，节点事先无法知道自身的位置，因此需要在部署后通过定位技术来获取自身的位置信息。目前最常见的定位技术就是全球卫星定位系统（Global Positioning System，GPS）了，它能够通过卫星对节点进行定位，并且能够达到比较高的精度。因此要想对传感器节点进行定位，最容易想到的方法就是给每个节点配备一个GPS接收器，但是这种方法从成本功耗等角度来看都不适用于无线传感网络。无线传感网络需要有自己的定位技术来满足用户对节点位置信息的需求，如根据网络中少数已知节点的位置信息，通过基于RSSI的三角或者三边定位技术确定网络中其他未知节点的位置信息。

5. 数据融合

数据融合是指对无线传感网络中多传感器数据融合、多平台单传感器数据融合，以及多平台多传感器融合，目的是利用信息的冗余增强对信息的充分利用。无线传感网络存在能量约束，减少传输的数据量就能够有效地节省能量，因此在从各个节点收集数据的过程中，可利用节点的本地计算和存储能力处理数据的融合，去除冗余信息，从而达到节省能量的目的。

由于节点的易失效性，无线传感网络也需要数据融合技术对多份数据进行综合，以提高信息的准确度。但融合技术会牺牲其他方面的性能，如造成延时和鲁棒性降低的代价。

6. 异构网络的互连互通

异构系统的互连互通用于解决无线传感网络与其他传输网络等异构网络的互连互通和异构节点系统的互连互通问题。传输网络是无线传感网络的重要组成部分，如果没有可靠的传输网络，Sink 节点就不能把信息数据顺畅地传送给远端的监控主站或者监控终端。传输网络在很多情况下可以由多种不同的网络充当，如工业以太网、互联网以及移动无线网络中的 CDMA1x、3G/4G、802.11 b /g/n 无线局域网等，也可以使用多种不同制式的网络组成一个复合环境下的传输网络。要使多种不同制式的网络构成一个能通畅传输信息数据的网络，就要解决不同制式的异构网络互连互通问题。

另外一个要解决的是异构节点的互连互通。由于不同的应用环境使用不同结构的传感器节点，而传感器节点系统的构造差异、使用通信协议的差异、进行数据管理的差异和系统优化目标的差异等，使无线传感网中的传感器节点系统的异构性非常普遍。无线传感网在应用上有较大的灵活性，也要求具有很好的开放性并能够随环境条件进行系统扩展，扩展性表现在对已有应用系统的升级，对已有应用系统的整合以及新系统的加入，而异构节点系统的互连是实现可扩展性的基础。

7. 信息安全技术

无线传感网络的信息安全技术用于解决信息的机密性、完整性、消息认证、组播 / 广播认证、信息新鲜度、入侵监测以及访问控制等问题。数据机密性是重要的网络安全需求，要求所有敏感信息在存储和传输过程中都要保证其机密性，不得向任何非授权用户泄露信息的内容。有了机密性保证，攻击者可能无法获取信息的真实内容，但接收者并不能保证其收到的数据是正确的，因为恶意的中间节点可以截获、篡改和干扰信息的传输过程。通过数据完整性鉴别，可以确保数据传输过程中没有任何改变。

在设计无线传感网络时，要充分考虑通信和信息安全，结合无线传感网络的特点，满足其独特的安全需求。另外无线传感网络具有很强的动态性和不确定性，包括网络拓扑的变化、节点的消失或加入、面临各种威胁等。因此，无线传感网络对各种安全攻击应具有较强的适应性，即使某次攻击行为得逞，该性能也能保障其影响最小化。

8. 大结构关联协同处理数据

无线传感网络产生的大数据与一般的大数据不同，无线传感网络的数据是异构的、多样性的、非结构和有噪声的，且具有高增长率。大结构关联协同数据处理就是对所采集的大量的各类数据使用合并压缩、清洗过滤、格式转换、海量存储、语义建模、数据挖掘、可视化呈现等方法进行优化处理，进而为查询推理、统计分析、应急预警、知识发现、专家决策等顶层应用提供数据基础。在无线传感网络很多应用场合，都需要部署大规模无线传感节点，形成一个覆盖面很大的监控区域，在这样的网络应用中，传感器节点经过数据采集后，使用多跳路由将数据送往下一个传感器节点，大量的传感器节点进行数据传输，Sink 节点要对大量数据进行协同处理，这种数据处理具有大结构关联协同处理的特点。监测区域内密集的自治节点产生大量的传感数据，可有效地对大量节点所获取的大结构关联数据进行协同处理，能为无线传感网络的上层应用提供先期处理。

1.4 无线传感网与物联网

1.4.1 物联网概述

物联网即物物相连的互联网，其英文名称为IOT（Internet of Things）。物联网是通过各种手段，将现实世界的物理信息进行自动化、实时性、大范围、全天候的标记、采集、汇总和分析，并在必要时进行反馈控制的网络系统。它通过标准的协议，依靠自动识别技术，通过计算机互联网实现物品（或商品）的自动识别和信息的互连与共享，即通过装置在各类物体上的RFID电子标签、传感器、二维码等，经过接口与无线网络相连，从而给物体赋予智能和通信能力。这种将物体连接起来的网络被称为物联网。

物联网的核心和基础仍然是互联网，是在互联网基础上的延伸和扩展的网络。物联网将用户端延伸和扩展到了任何物品与物品之间进行信息交换和通信。过去的思路一直是将物理基础设施和IT基础设施分开，一方面是机场、公路、建筑物等，另一方面是数据中心、个人电脑、宽带等。而在物联网时代，钢筋混凝土、电缆将与芯片、宽带整合为统一的基础设施。在此意义上，基础设施更像是一块新的地球，是实现智慧地球的核心技术。物联网通过智能感知、识别技术与普适计算等技术广泛应用于各类网络的融合中，也因此被称为继计算机、互联网之后，世界信息产业发展的第三次浪潮，是继因特网之后的下一个万亿级市场引擎。物联网等信息化技术是建设智慧城市的手段和工具，是承载智慧城市建设的技术基础。在互联网技术日益发达的今天，云计算、物联网、大数据挖掘等新技术层出不穷，这些新技术也促进着互联网，让互联网技术本身获得史无前例的快速发展。

1. 物联网的特征

和传统的互联网相比，物联网具有以下鲜明特征。

（1）物联网是各种感知技术的广泛应用。物联网上部署了海量的多种类型传感器，每个传感器都是一个信息源，不同类别的传感器所捕获的信息内容和信息格式不同。传感器获得的数据具有实时性，按一定的频率周期性地采集环境信息，不断更新数据。

（2）物联网是一种建立在互联网上的泛在网络。物联网技术的重要基础和核心仍是互联网，通过各种有线和无线网络与互联网融合，将物体的信息实时准确地传递出去。在物联网上的传感器定时采集的信息需要通过网络传输，由于其数量极其庞大，形成了海量信息，在传输过程中，为了保障数据的正确性和及时性，必须适应各种异构网络和协议。

（3）物联网不仅仅提供了传感器的连接，其本身也具有智能处理的能力，能够对物体实施智能控制。物联网将传感器和智能处理相结合，利用云计算、模式识别等各种智能技术，扩充其应用领域。物联网从传感器获得的海量信息中分析、加工和处理出有意义的数据，以适应不同用户的不同需求，发现新的应用领域和应用模式。

2. 物联网的体系结构

物联网的体系结构一般划分为三个层次，从下而上依次是：感知层、网络层、应用层，如图1-17所示。

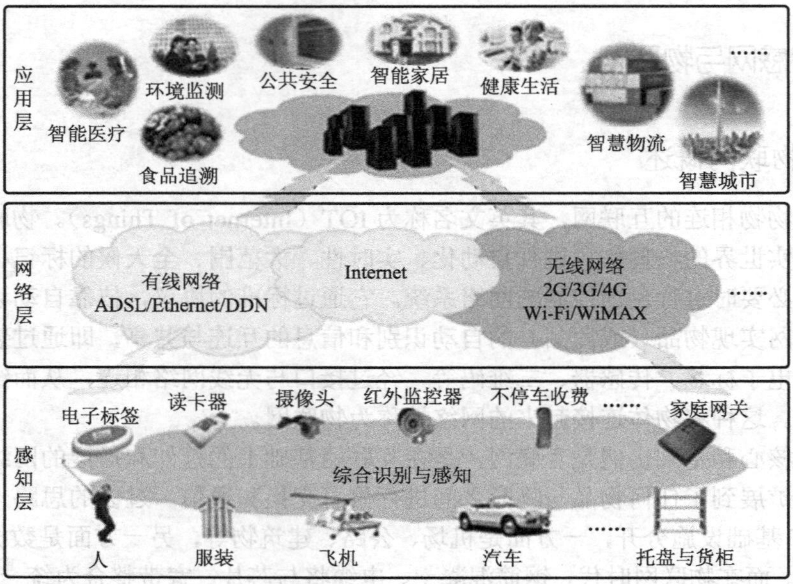

图 1-17 三层架构的物联网体系结构

（1）感知层。感知层包括电子标签、各种传感器等数据采集设备等，共同实现包括各种人或物的识别与管理、各种监测指标的数字化获取等。

（2）网络层。网络层的主要功能是通过现有互联网（IPv4/IPv6 网络）、移动通信网（如 GSM、TD-SCDMA、WCDMA、CDMA、无线接入网、无线局域网等）、卫星通信网等基础网络设施，对来自感知层的信息进行接入和传输。网络层还包括能够接入各种异构网的设备，如接入互联网的网关、接入移动通信网的网关等。物联网的网络层将建立在现有的移动通信网和互联网基础上，通过各种接入设备与移动通信网和互联网相连，如手机付费系统中由刷卡设备将内置手机的 RFID 信息采集分析并传到互联网，网络层完成后台鉴权认证后从银行网络划账。

（3）应用层。应用层利用经过分析处理的感知数据，为用户提供丰富的特定服务。物联网的应用可分为监控型（如物流监控、污染监控）、查询型（如智能检索、远程抄表）、控制型（如智能交通、智能家居、路灯控制）、扫描型（如手机钱包、高速公路不停车收费）等。

无线传感网络技术的发展为物联网信息的采集提供方便快捷的手段，同时也出现了以往所没有的各种海量数据（Massive Data）和大数据（Big Data）。大数据的处理必须借助专用的数据处理以及数据挖掘、云计算等前沿技术手段。为了更好地提供准确的信息服务，应用层还必须结合不同行业的专业知识和业务模型，需要集成和整合各种各样的用户应用需求，并结合行业应用模型（如水灾预测、环境污染预测等）构建面向行业实际应用的综合管理平台，以便完成更加精细和准确的智能化信息管理。例如，当对自然灾害、环境污染等进行检测和预警时，需要相关生态、环保等各种学科领域的专门知识和行业专家的经验。在应用层建立的诸如各种面向生态环境、自然灾害监测、智能交通、文物保护、文化传播、远程医疗、健康监护、智能社区等应用平台，一般以综合管理中心的形式出现，并可按照业务分解为多个子业务中心，每个业务中心将采集和传输的各种数据进行存储、聚类、挖掘等处理，为各种应用提供数据基础。因此，当前在三层物联网体系结构下，又出现了一个数据层，如图 1-18

所示。数据层专门用来对无线传感网、RFID（射频识别）等各种感知手段获取的大量数据进行存储、分析与处理，建立大数据中心。其核心技术包括云计算、云存储、数据处理、数据挖掘、专家决策等，该层为上层应用提供统一的平台服务和数据汇集与存储，也是应用层众多应用的基础。

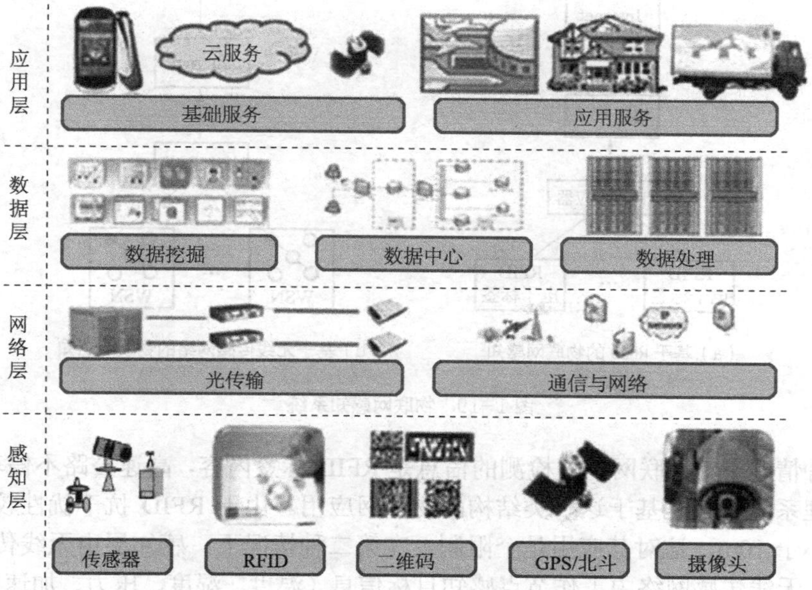

图 1-18　四层架构的物联网体系结构

无线传感网必须与物联网中的其他关键技术相结合，只有进行多技术的融合研究才能推动物联网的快速应用。随着机器与机器（Machine to Machine，M2M）、中间件、云计算、数据挖掘、IPv6 等技术的发展与应用，未来无线传感网将与物联网全面走向融合，成为新一代信息技术的重要组成部分。

1.4.2　无线传感网与物联网

在物联网概念如日中天的今天，无线传感网常常被误认为与物联网等同，无线传感网似乎成了物联网的别名。而实际上，早在物联网概念提出之前，无线传感网就已经得到了广泛的应用，例如，由有多个温度传感器组成、通过巡检方式工作的温控网，再比如具有多种声、光、电、机械甚至图像探测能力的安防网等。因此，无线传感网与物联网在网络架构、通信协议、应用领域上都存在很大的不同。

在物联网发展的大背景下，无线传感网由于其固有的特性和优点成为了物联网感知物体信息、获取信息来源的首选。从物联网的体系架构可以清楚地看出，无线传感网只是物联网感知层的一部分，无线传感网为物联网提供了快速方便的信息获取手段，与 RFID、GPS/北斗卫星导航系统（BeiDou Navigation Satellite System，BDS）、视频识别、红外与激光扫描等感知技术一起构成物联网自动识别与物物通信的末梢神经。无线传感网能够实时监测和采集网络分布区域内各种检测对象的信息，并将这些信息发送到网关节点，以实现复杂的指定范围内目标的检测与跟踪。

物联网感知层中用来获取信息的手段主要有两种：一种是基于 RFID 的物联网感知，另一种就是基于无线传感网络的物联网感知，如图 1-19 所示。

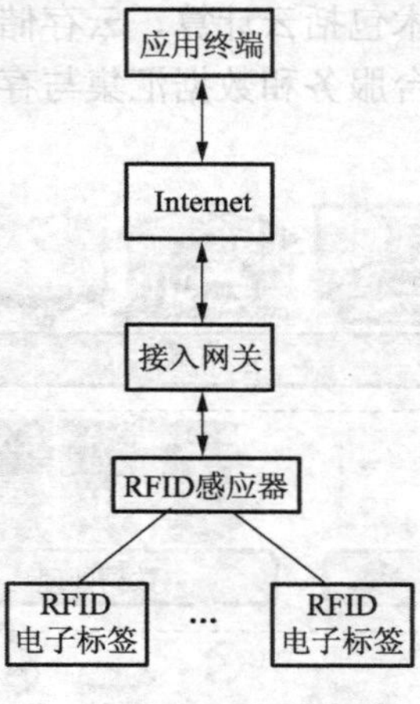

（a）基于 RFID 的物联网感知

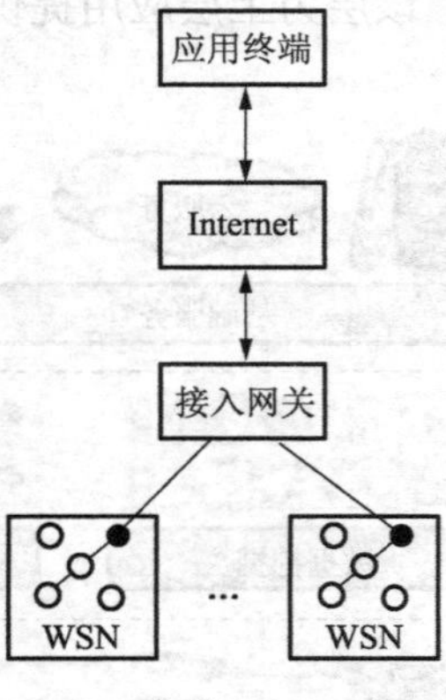

（b）基于无线传感网络的物联网感知

图 1-19　物联网感知系统

在第一种情况下，物联网中被检测的信息是 RFID 标签内容，高速公路不停车收费系统、超市仓储管理系统等都是基于这一类结构的物联网应用。由于 RFID 抗干扰性较差，而且有效距离一般小于 10m，这对其应用是个限制。在第二种情况下，感知层由无线传感网络和接入网关组成，无线传感网络中工作节点感知目标信息（温度、湿度、压力、加速度等），并自行组网传递到上层网关接入点，由网关将收集到的感应信息通过网络层提交到后台处理，环境监控、污染监控等应用就是基于这一类结构的物联网应用。

当前有很多应用领域将 RFID 与无线传感网络隔离开来，这使得 RFID 标签/阅读器与同级别的各种无线传感器物理分开。然而，当数据从 RFID 标签和无线传感节点被转寄到普通控制中心时，在软件处理中就会存在 RFID 与 WSN 两种数据来源，这会使数据处理复杂化。如果将无线传感网络同 RFID 结合起来，利用前者高达 100m 的有效半径，形成无线传感标识（Wireless Sensor Identification，WSID），共同构建物联网感知层，使得系统可以利用更多的传感器和更少的网关，大大方便物联网应用部署和拓展物联网的应用领域。

从物联网的发展趋势来看，RFID 最终将会与 WSN 融合，成为物联网感知层的一个信息采集整体。例如，可以扩充现有的 RFID 阅读器功能，增加通用即插即用（Universal Plug and Play，UPnP）和简单网络管理协议（Simple Network Management Protocol，SNMP）等技术将无线传感网络包括进来，这样，RFID 阅读器就可以为 RFID 应答器数据和无线传感器数据提供适用的、统一的接口配置，使得无线传感网络数据能当作 RFID 的数据送给高层应用，这样上层不需要区别 RFID 和 WSN 的数据来源，从而实现 WSN 与 RFID 结合来共同实现物联网的目标信息获取。

本章小结

因特网构成了逻辑上的信息世界，改变了人与人之间的沟通方式，而无线传感网络将逻辑上的信息世界与客观上的物理世界融合在一起，改变了人类与自然界的交互方式。人们可以通无线传感网络直接感知客观世界，从而极大地扩展现有网络的功能和人类认知世界的能力。无线传感网络是大规模、自组织、动态性、可靠性强、以数据为中心和与应用相关的网络。无论是互联网还是无线传感网络均可以说是现代物联网技术的应用。当前无线传感网络正处于起步和发展阶段，随着无线传感网络技术的发展与应用，微型、智能、廉价、高效的传感器节点必将走入我们的生活，使我们感受到一个无处不在的网络世界，未来必将与物联网一样成为继计算机、互联网与移动通信网之后信息产业新一轮竞争中的制高点。

课后思考题

1．什么是无线传感网络？它有哪些主要特征？
2．无线传感网络的功能单元有哪些？
3．分析无线传感网络的体系架构。
4．无线传感网的关键技术有哪些？
5．讨论无线传感网络在实际生活中有哪些潜在的应用。
6．简述无线传感网与物联网的区别与联系。

第2章 短距离无线通信技术与标准

无线传感网络的数据传输常采用各种短距离无线通信，全球有各种短距离无线通信技术和标准可以选用，如 ZigBee、Bluetooth、Wi-Fi、LoRa、NB-IoT 等，有些技术和标准还在不断地推陈出新，发展进步。为了使得各种无线传感网络之间能够相互兼容，同时推动该项技术的产业化应用，IEEE 标准委员会和有关公司企业组成产业联盟，提出和制定了相关的技术标准或者规范，使各种无线传感网络通信技术能够规范化、标准化、统一化地发展。

由于无线传感网络的许多功能特性和应用方式与无线个域网（Wireless Personal Area Network，WPAN）极为相似，因此在无线传感网络的开发中常常借鉴 WPAN 的技术规范，来解决无线传感网络的各种需求。1998 年 3 月，IEEE 协会成立 802.15 工作组，这个工作组致力于 WPAN 的物理层（PHY）和媒体访问层（MAC）的标准化工作，目标是为在个人操作空间（Personal Operating Space，POS）内相互通信的无线通信设备提供通信标准，在这个范围内节点可以是固定的，也可以是移动的。现在广泛使用的 ZigBee、Bluetooth、6LoWPAN、ISA100.11a、WIA-PA、WirelessHART 等就是基于这一工作组而产生的各种技术标准。由于窄带物联网（Narrow Band Internet of Things，NB-IoT）技术的日益成熟和广泛使用，通过 NB-IoT 组网和接入互联网变得非常容易，模块价格也大幅降低，也已成为无线传感节点数据传输的一种可选手段。另外，本章对其他短距离无线通信技术如 RFID、NFC、UWB 等也进行了简单介绍。

通过本章的学习，读者可以了解当前比较流行的各种短距离无线通信技术与标准，掌握这些技术和标准的基本原理、关键技术和实现方法，了解和掌握不同短距离无线通信技术与标准各自的适用领域以及发展趋势等方面的内容。

2.1 ZigBee

ZigBee 是新近发展的一种典型的短距离无线通信技术，由于其具有功耗低、价格低廉、组网方便等特点，特别适合无线传感网络应用的要求，因此成为当前无线传感网络应用领域的首选。2001 年 8 月 ZigBee 联盟成立，之后该联盟陆续推出了 ZigBee V1.0、ZigBee 2006、ZigBee PRO、ZigBee RF4CE 等不同版本。

ZigBee 又被译为"紫蜂"，ZigBee 一词源自蜜蜂群在发现花粉位置时，通过跳 ZigZag 形舞蹈来告知同伴，达到交换信息的目的，是小动物实现"无线"沟通的一种简捷方式。研究人员借此称呼一种专注于低功耗、低成本、低复杂度、低速率的短距离无线网络通信技术。ZigBee 技术如今已经被广泛应用在工业自动化控制、智能家居、农业及畜牧业养殖、环境监测、交通管理等各种领域。中国物联网校企联盟认为 ZigBee 作为一种短距离无线通信技术，由于其网络可以便捷地为用户提供无线数据传输功能，非常适合应用于物联网领域中的感知层。

2.1.1　ZigBee 的性能特点

ZigBee 主要具有如下特点。

（1）功耗低。由于 ZigBee 的传输速率低，发射功率仅为 1mW，而且采用了自动休眠模式，因此 ZigBee 设备非常省电，是目前功耗最低的无线通信技术之一。例如，目前已经投入使用的 ZigBee 设备仅靠两节 5 号电池就可以维持长达 6 个月到 2 年左右的使用时间，这是其他无线设备望尘莫及的。

（2）成本低。低成本对于 ZigBee 的应用是一个关键的因素。ZigBee 通过大幅简化协议，降低了对通信控制器的要求，以 8051 的 8 位微控制器测算，全功能的主节点需要 32KB 代码，子功能节点少至 4KB 代码，并且 ZigBee 协议是免专利费的，因此 ZigBee 模块相对于其他无线通信价格较为便宜。

（3）时延短。ZigBee 的通信时延和从休眠状态激活的时延都非常短，典型的搜索设备时延为 30ms，休眠激活的时延是 15ms，活动设备信道接入的时延为 15ms。因此 ZigBee 技术适用于对时延要求苛刻的无线控制（如工业控制场合等）。

（4）网络容量大。一个星型结构的 ZigBee 网络最多可以容纳 254 个从设备和一个主设备，一个区域内可以同时存在最多 100 个 ZigBee 网络，而且组网灵活。

（5）可靠性高。ZigBee 技术采取了可靠传输以及碰撞避免等策略，同时为需要固定带宽的通信业务预留了专用时隙，避开了发送数据的竞争和冲突。MAC 层采用了完全确认的数据传输模式，每个发送的数据包都必须等待接收方的确认信息，传输过程中出现问题可以重发，因此通过 ZigBee 传输数据可靠性较高。

（6）安全性高。ZigBee 提供了基于循环冗余校验（Cyclic Redundancy Check ，CRC）的数据包完整性检查功能，支持鉴权和认证，采用了 AES-128 的加密算法，各个应用可以灵活确定其安全属性。

2.1.2　ZigBee 的体系结构

ZigBee 体系结构参考了计算机网络系统中的开放系统互连参考模型（Open System Interconnection/Reference Model，OSI/RM），经过简化后采用了物理层、MAC 层、网络层和应用层的四层体系结构，如图 2-1 所示。

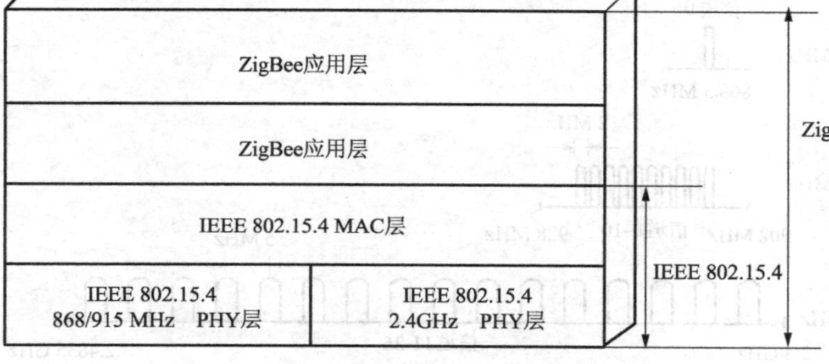

图 2-1　ZigBee 体系结构

从图 2-1 可以看出，ZigBee 体系架构的最下面两层由 IEEE 802.15.4 标准定义的 PHY 层和 MAC 层的详细信息构成，没有为更高层规定任何要求。ZigBee 标准则定义了协议的网络层和应用层，并采用 IEEE 802.15.4 的 PHY 层和 MAC 层作为其部分协议。因此，任何遵循 ZigBee 标准的设备也同样遵循 IEEE 802.15.4 标准。IEEE 802.15.4 是独立于 ZigBee 标准而开发的，也就是说，仅基于 IEEE 802.15.4 而不使用详细的 ZigBee 协议层来建立短距离无线网络是有可能的。这样，用户只需要在 IEEE 802.15.4 的 PHY 层和 MAC 层之上开发自己的网络层和应用层。这些定制的网络层和应用层通常比 ZigBee 的协议层简单，并且主要针对具体的应用。定制的网络层和应用层有一个好处就是实现整个协议所需的内存较小，从而可以有效地降低成本。

下面对 ZigBee 的各层逐一介绍。

1. 物理层

物理层定义了物理无线信道和 MAC 子层之间的接口，提供物理层数据服务和物理层管理服务。物理层数据服务从无线物理信道上收发数据，物理层管理服务维护一个由物理层相关数据组成的数据库。IEEE 802.15.4 物理层包括以下五个方面的功能。

（1）激活和休眠无线射频收发器。

（2）信道能量检测（Energy Detect，ED）。信道能量检测为网络层提供信道选择依据，它主要测量目标信道中接收信号的功率强度，由于这个检测本身不进行解码操作，所以检测结果是有效信号功率和噪声信号功率之和。

（3）检测接收数据包的链路质量指示（Link Quality Indication，LQI）。链路质量指示为网络层或应用层提供接收数据帧时无线信号的强度和质量信息，与信道能量检测不同的是，它要对信号进行解码，生成的是一个信噪比指标。这个信噪比指标和物理层数据单元一道提交给上层处理。

（4）空闲信道评估（Clear Channel Assessment，CCA）。空闲信道评估判断信道是否空闲。IEEE 802.15.4 定义了三种空闲信道评估模式：第一种是简单判断信道的信号能量强度，当信号能量低于某一门限值时就认为信道空闲；第二种是判断无线信号的特征，这个特征主要包括两方面，即扩频信号特征和载波频率；第三种模式是前两种模式的综合，同时检测信号强度和信号特征，给出信道空闲判断。

（5）数据的传输与接收。

下面介绍物理层的载波调制和帧结构。

（1）物理层的载波调制

IEEE 802.15.4 物理层定义了三个载波频段用于收发数据。在这三个频段上发送数据使用的速率、信号处理过程以及调制方式等方面存在一些差异。三个频段总共提供了 27 个信道（channel）：868MHz 频段 1 个信道，915MHz 频段 10 个信道，2.4G 频段 16 个信道，如图 2-2 所示。

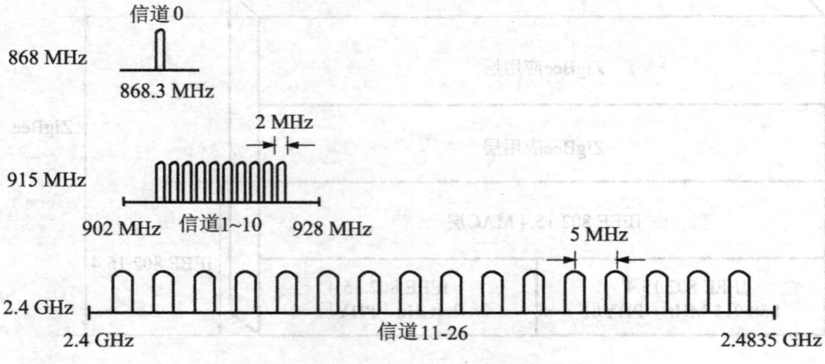

图 2-2 IEEE 802.15.4 工作频段分布

在 868 MHz 和 915 MHz 这两个频段上，信号处理过程相同，只是数据速率不同。处理过程为：首先将物理层协议数据单元（PHY Protocol Data Unit，PPDU）的二进制数据差分编码，然后将差分编码后的每一位转换为长度为 15 的片序列（Chip Sequence），最后将二进制相移键控（Binary Phase Shift Keying，BPSK）调制到信道上。差分编码是将数据的每一原始比特与前一个差分编码生成的比特进行异或运算：$E_n=R_n \oplus E_{n-1}$，其中 E_n 是差分编码的结果，R_n 为要编码的原始比特，E_{n-1} 是上一次差分编码的结果。对于每个发送的数据包，R_1 是第一个原始比特，计算 E_1 时假定 $E_0=0$。差分解码过程与编码过程类似：$R_n=E_n \oplus E_{n-1}$，对于每个接收到的数据包，E_1 是第一个需要解码的比特，计算 R_1 时假定 $E_0=0$。差分编码以后，进行直接序列扩频。每一比特被转换为长度为 15 的片序列。扩频后的序列使用 BPSK 调制方式调制到载波上。

2.4 GHz 频段的处理过程为：首先将物理层协议数据单元 PPDU 二进制数据中的每 4 位转换为一个符号（Symbol），然后将每个符号转换成长度为 32bit 的片序列，在把符号转换成片序列的过程中，利用 16 个近似正交的伪随机噪声序列来选择一个序列作为该符号的片序列，这是一个直接序列扩频的过程。扩频后，信号通过 O-QPSK（Quadrature Phase Shift Keying）调制方式调制到载波上。

（2）物理层的帧结构

物理层的帧结构如表 2-1 所示。

表 2-1　　ZigBee 物理层帧格式

4 字节	1 字节	1 字节		变长
前导码	帧起始分隔符 SFD	帧长度（7 位）	保留位（1 位）	物理层服务数据单元 PSDU
同步码		物理帧头		物理层 PHY 负载

物理帧第一个字段是 4 个字节的前导码，收发器在接收前导码期间，会根据前导码序列的特征完成片同步和符号同步。帧起始分隔符（Start of Delimiter，SFD）字段长度为一个字节，其值固定为 0xA7，标识一个物理帧的开始。收发器接收完前导码后，只能做到数据的位同步，只有搜索起始分隔符 SFD 字段的值 0xA7 才能同步到字节上。帧长度由一个字节的低 7 位表示，其值就是物理帧负载的长度，因此物理帧负载的长度不会超过 127 字节。物理帧的负载长度可变，称之为物理服务数据单元（PHY Service Data Unit，PSDU），一般用来承载 MAC 帧。

2. MAC 层

在 IEEE 802 系列标准中，OSI 参考模型的数据链路层进一步划分为媒介访问控制子层（Medium Access Control Sub Layer，MAC）和逻辑链路子层（Logic Link Control Sub Layer，LLC）两个子层。MAC 子层使用物理层提供的服务实现设备之间的数据帧传输，而 LLC 在 MAC 子层的基础上，在设备间提供面向连接和非连接的服务。

MAC 子层提供两种服务：MAC 层数据服务（MAC Layer Data Service，MLDS）和 MAC 层管理服务（MAC Layer Management Entity，MLME）。前者保证 MAC 协议数据单元在物理层数据服务中的正确收发，后者维护一个存储 MAC 子层协议状态相关信息的数据库。IEEE 802.15.4 MAC 子层的主要功能包括以下六个方面。

（1）协调器产生并发送信标帧，普通设备根据协调器的信标帧与协调器同步。

（2）支持 PAN 网络的关联（Association）和取消关联（Disassociation）操作。

（3）支持无线信道通信安全。

（4）使用 CSMA/CA 机制访问信道。

（5）支持时槽保障（Guaranteed Time Slot，GTS）机制。

（6）支持不同设备的 MAC 层间可靠传输。

关联操作是指一个设备在加入一个特定网络时，向协调器注册以及身份认证的过程。ZigBee 网络中的设备有可能从一个网络切换到另一个网络，这时就需要进行关联和取消关联操作。

时槽保障机制和时分复用（Time Division Multiple Access，TDMA）机制相似，但它可以动态地为有收发请求的设备分配时槽。使用时槽保障机制需要设备间的时间同步，IEEE 802.15.4 中的时间同步通过下面介绍的“超帧”机制实现。

（1）超帧

在 IEEE 802.15.4 中，可以选用以超帧为周期组织 ZigBee 网络内设备间的通信。超帧结构示意图如图 2-3 所示。

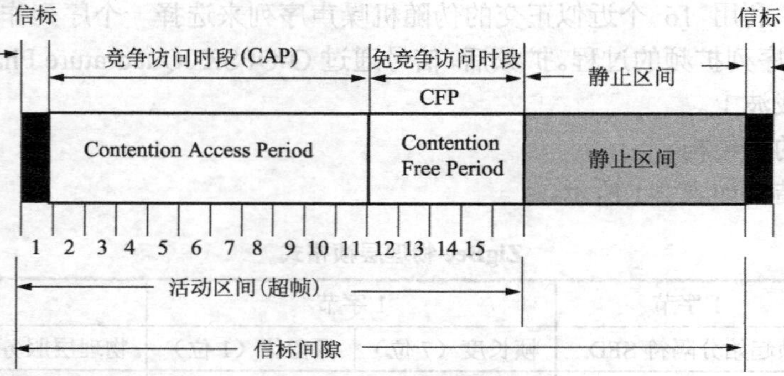

图 2-3 超帧结构

每个超帧都以网络协调器发出的信标帧（Beacon）为始，在这个信标帧中包含了超帧将持续的时间以及对这段时间的分配等信息。网络中的普通设备接收到超帧开始时的信标帧后，可以根据其中的内容安排自己的任务，如进入休眠状态直到这个超帧结束。

超帧将通信时间划分为活跃和不活跃两个部分。在不活跃期间，ZigBee 网络中的设备不会相互通信，从而可以进入休眠状态以节省能量。超帧将活跃期间划分为 3 个阶段：信标帧发送时段（Send Period，SP）、竞争访问时段（Contention Access Period，CAP）和非竞争访问时段（Contention-free Period，CFP）。超帧的活跃部分被划分为 16 个等长的时槽，每个时槽的长度、竞争访问时段包含的时槽数等参数都由协调器设定，并通过超帧开始时发出的信标帧广播到整个网络。

在超帧的竞争访问时段，IEEE 802.15.4 网络设备使用带时槽的 CSMA/CA 访问机制，并且任何通信都必须在竞争访问时段结束前完成。在非竞争时段，协调器根据上一个超帧 ZigBee 网络中设备申请 GTS 的情况，将非竞争时段划分成若干 GTS。每个 GTS 由若干时槽组成，时槽数目在设备申请 GTS 时指定。如果申请成功，申请设备就拥有了它指定的时槽数目。每个 GTS 中的时槽都指定分配给了时槽申请设备，因而不需要竞争信道。IEEE 802.15.4 标准要求任何通信都必须在自己分配的 GTS 内完成。

超帧中规定非竞争时段必须跟在竞争时段后面。竞争时段的功能包括网络设备可以自由收发数据、域内设备向协调器申请 GTS 时段、新设备加入当前 ZigBee 网络等。非竞争时段由协调器指定的设备发送或者接收数据包。如果某个设备在非竞争时段一直处在接收状态，拥有 GTS 使用权的设备就可以在 GTS 阶段直接向该设备发送信息。

（2）数据传输模型

ZigBee 网络中存在三种数据传输方式：设备发送数据给协调器、协调器发送数据给设备、对等设备之间的数据传输。星型拓扑网络中只存在前两种数据传输方式，因为数据只在协调器和设备之间交换。而在点对点拓扑网络中，三种数据传输方式都存在。

ZigBee 网络中有两种通信模式可供选择：信标使能通信和信标不使能通信。

① 信标使能通信模式。在信标使能的网络中，ZigBee 网络协调器定时广播信标帧。信标帧表示超帧的开始。设备之间的通信使用基于时槽的 CSMA/CA 信道访问机制，ZigBee 网络中的设备都是通过协调器发送的信标帧进行同步。在时槽 CSMA/CA 机制下，每当设备需要发送数据帧或命令帧时，它首先定位下一个时槽的边界，然后等待随机数目个时槽。等待完毕后，设备开始检测信道状态：如果信道忙，则设备需要重新等待随机数目个时槽，再检查信道状态，重复这个过程，直到有空闲信道出现。在这种机制下，确认帧的发送不需要使用 CSMA/CA 机制，而是紧跟着接收帧发送回源设备。

② 信标不使能通信模式。在信标不使能的通信网络中，ZigBee 网络协调器不发送信标帧，各个设备使用非分时槽的 CSMA/CA 机制（即随机等待时间与时槽无关）访问信道。该机制的通信过程如下：当设备需要发送数据或者发送 MAC 命令时，它首先等候一段随机长的时间，然后开始检测信道状态。如果信道空闲，则该设备立即开始发送数据。如果信道忙，则设备需要重复上面的等待一段随机时间和检测信道状态的过程，直到能够发送数据。在设备接收到数据帧或命令帧而需要回应确认帧时，确认帧则紧跟着接收帧发送，而不使用 CSMA/CA 机制竞争信道。

（3）MAC 层帧结构

MAC 层帧结构的设计目标是用最低复杂度实现在多噪声无线信道环境下的可靠数据传输。每个 MAC 子层的帧都由帧头、负载和帧尾三部分组成。帧头由帧控制信息、帧序列号和地址信息组成。MAC 子层负载具有可变长度，具体内容由帧类型决定。帧尾是帧头和负载数据的 16 位 CRC 校验序列。

在 MAC 子层中，设备地址有两种格式：16 位（2 字节）的短地址和 64 位（8 字节）的扩展地址。16 位短地址是设备与 ZigBee 网络协调器关联时，由协调器分配的网内局部地址，64 位扩展地址是全球唯一地址，在设备进入网络之前就分配好了。16 位短地址只能保证在 ZigBee 网络内部是唯一的，所以在使用 16 位短地址通信时，需要结合 16 位的 ZigBee 网络标识符才有意义。两种地址类型的地址信息的长度不同，从而导致 MAC 帧头的长度也是可变的。一个数据帧使用哪种地址类型由帧控制字段的内容指示。在帧结构中没有表示帧长度的字段，这是因为在物理层的帧中有表示 MAC 帧长度的字段，MAC 负载长度可以通过物理层帧长和 MAC 帧头的长度计算出来。

IEEE 802.15.4 网络共定义了四种类型的帧：信标帧、数据帧、确认帧和命令帧。

① 信标帧。信标帧的负载数据单元由 4 部分组成：超帧规范、保护时隙 GTS 域、待转发数据的目标地址字段和信标帧的负载数据，如表 2-2 所示。

表 2-2　信标帧

2 字节	1	4/10	2	变长	变长	变长	2
帧控制	序列号	寻址域	超帧规范	GTS 域	目标地址	信标负载	FCS
MAC 帧首			MAC 负载				MAC 帧尾

（a）信标帧中的超帧规范规定了这个超帧的持续时间、活跃部分持续时间以及竞争访问时段持续时间等信息。

（b）GTS 分配字段将无竞争时段划分为若干 GTS，并把每个 GTS 具体分配给某个设备。

（c）转发数据目标地址列出了与协调器保存的数据相对应的设备地址。一个设备如果发现自己的地址出现在待转发数据目标地址字段中，则意味着协调器存有属于它的数据，所以它就会向协调器发出请求传送数据的命令帧。

（d）信标帧负载数据为上层协议提供数据传输接口。例如在使用安全机制时，这个负载域将根据被通信设备设定的安全通信协议填入相应的信息。通常情况下，这个字段可以忽略。

在信标不使能网络中，协调器在其他设备的请求下也会发送信标帧。此时信标帧的功能是辅助协调器向设备传输数据，整个帧只有待转发数据目标地址字段有意义。

② 数据帧。数据帧用来传输上层发到 MAC 子层的数据，它的负载字段包含了上层需要传送的数据。数据负载传送至 MAC 子层时，被称为 MAC 服务数据单元（MAC Service Data Unit，MSDU）。它的首尾分别附加 MHR 头信息和 MFR 尾信息后，就构成了 MAC 帧，如表 2-3 所示。

表 2-3　　数据帧

2 字节	1	4/20	变长	2
帧控制	序列号	寻址域	数据负载	FCS
MAC 帧首			MAC 负载	MAC 帧尾

MAC 帧传送至物理层后，就成为了物理帧的负载 PSDU。PSDU 在物理层被“包装”，其首部增加了同步信息 SHR 和帧长度字段 PHR。同步信息 SHR 包括用于同步的前导码和 SFD 字段，它们都是固定值。因为帧长度字段的 PHR 标识了 MAC 帧的长度，为 1 字节长，而且只有其中的低 7 位有效位，所以 MAC 帧的长度不会超过 127 字节。

③ 确认帧。如果设备收到目标地址为其自身的数据帧或 MAC 命令帧，并且帧的控制信息字段的确认请求位被置 1，则设备需要回应一个确认帧。确认帧的序列号应该与被确认帧的序列号相同，并且负载长度应该为 0。确认帧紧接着被确认帧发送，不需要使用 CSMA/CA 机制竞争信道，其帧格式如表 2-4 所示。

表 2-4　　确认帧

2 字节	1	2
帧控制	序列号	FCS
MAC 帧首		MAC 帧尾

④ 命令帧。MAC 命令帧用于组建 ZigBee 网络，传输同步数据等。目前定义好的命令帧主要完成三方面的功能：把设备关联到 ZigBee 网络，与协调器交换数据，分配 GTS。命令帧在格式上和其他类型的帧没有太多的区别，只是帧控制字段的帧类型位有所不同。帧头的帧控制字段的帧类型为 011B（B 表示二进制数据），表示这是一个命令帧。命令帧的具体功能由帧的负载数据表示。负载数据是一个变长结构，所有命令帧负载的第一字节是命令类型字节，后面的数据针对不同的命令类型有不同的含义。帧格式如表 2-5 所示。

表 2-5　　命令帧格式

2 字节	1	4/20	1	变长	2
帧控制	序列号	寻址域	命令帧标识	命令负载	FCS
MAC 帧首			MAC 负载		MAC 帧尾

⑤ 安全服务。IEEE 802.15.4 提供的安全服务是在应用层已经提供密钥情况下的对称密钥服务。密钥的管理和分配都由上层协议负责。这种机制提供的安全服务基于这样一个假定，即密钥的产生、分配和存储都在安全方式下进行。在 IEEE 802.15.4 中，以 MAC 帧为单位提供了四种帧安全服务，为了适用各种不同的应用，设备可以在三种安全模式中进行选择。

（a）帧安全服务。MAC 子层可以为输入输出的 MAC 帧提供安全服务，提供的安全服务主要包括四种：访问控制、数据加密、帧完整性检查和顺序更新。

• 访问控制提供的安全服务是确保一个设备只和它愿意通信的设备通信。在这种方式下，设备需要维护一个列表，记录希望与它通信的设备。

• 数据加密服务使用对称密钥来保护数据，防止第三方直接读取数据帧信息。在 ZigBee 网络中，信标帧、命令帧和数据帧的负载均可使用加密服务。

• 帧完整性检查是指通过一个不可逆的单向算法对整个 MAC 帧运算，生成一个消息完整性代码，并将其附加在数据包的后面发送。接收方用同样的过程对 MAC 帧进行运算，对比运算结果和发送端给出的结果是否一致，以此判断数据帧是否被第三方修改。信标帧、数据帧和命令帧均可使用帧完整性检查保护。

• 顺序更新是指使用一个有序编号避免帧重发攻击。接收到一个数据帧后，新编号要与最后 1 个编号比较。如果新编号比最后一个编号新，则校验通过，编号更新为最新的；反之，校验失败。这项服务可以保证收到的数据是最新的，但不提供严格的与上一帧数据之间的时间间隔信息。

（b）安全模式。在基于 802.15.4 网络中，设备可以根据自身需要选择不同的安全模式：无安全模式、访问控制列表（ACL）模式和安全模式。

• 无安全模式是 MAC 子层默认的安全模式。处于这种模式下的设备不对接收到的帧进行任何安全检查。当某个设备接收到一个帧时，只检查帧的目的地址。如果目的地址是本设备地址或广播地址，这个帧就会转发给上层，否则丢弃。在设备被设置为混杂模式的情况下，它会向上层转发所有接收到的帧。

• 访问控制列表模式为通信提供了访问控制服务。高层可以通过设置 MAC 子层的 ACL 条目指示 MAC 子层根据源地址过滤接收到的帧。因此在这种方式下，MAC 子层没有提供加密保护，高层有必要采取其他机制来保证通信的安全。

• 安全模式是对接收或发送的帧提供全部的 4 种安全服务，即访问控制、数据加密、帧完整性检查和顺序更新。

3. 网络层

虽然网络拓扑结构的形成过程属于网络层的功能，但 IEEE 802.15.4 底层协议为形成各种网络拓扑结构提供了充分支持，ZigBee 可以在基于 IEEE 802.15.4 底层协议上灵活采用多种拓扑结构，可以采用星型和点对点型，也允许两者组合形成网状型，如图 2-4 所示。

星型拓扑是最简单的一种拓扑形式，星型拓扑包含一个网络协调器节点和一系列终端节点。每一个终端节点只能和网络协调器节点进行通信。树型拓扑包括一个网络协调器节点以及一系列路由节点和终端节点。网络协调器节点连接一系列路由节点和终端节点，其子节点的路由节点也可以连接一系列路由节点和终端节点，这样可以重复多个层级。网状拓扑包含一个网络协调器节点和一系列路由节点和终端节点，这种网络拓扑形式和树型拓扑相同。但是，网状拓扑具有更加灵活的信息路由规则，在可能的情况下，路由节点之间可以直接通信。这种路由机制使得信息通信变得更有效率，一旦一个路由路径出现问题，信息就可以自动沿着其他路由路径传输，如图 2-4 所示。

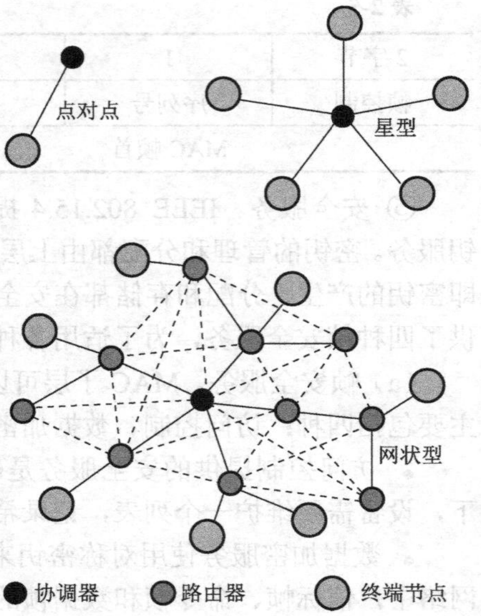

图 2-4 ZigBee 网络结构

点对点网络模式可以支持 Ad-Hoc 网络，允许通过多跳路由的方式在网络中传输数据。不过一般认为自组织问题由网络层来解决，不在 IEEE 802.15.4 标准讨论范围之内。点对点网络可以构造更复杂的网络结构，适合于设备分布范围广的应用，比如在工业检测与控制、货物库存跟踪和智能农业等方面有非常好的应用背景。

在 ZigBee 应用系统中，根据设备具有的通信能力，可以分为全功能设备 FFD 和精简功能设备 RFD。FFD 设备之间以及 FFD 设备与 RFD 设备之间可以通信。RFD 设备之间不能直接通信，只能与 FFD 设备通信，或者通过一个 FFD 设备向外转发数据。这个与 RFD 相关联的 FFD 设备称为该 RFD 的协调器（Coordinator）。RFD 设备主要用于简单的控制应用，如灯的开关、被动式红外线传感器等，传输的数据量较少，对传输资源和通信资源占用不多，这样 RFD 设备可以采用非常廉价的实现方案。在 ZigBee 网络中，还有一个称为 PAN 网络协调器（PAN Coordinator）的 FFD 设备，是网络中的主控制器。ZigBee 网络协调器除了直接参与应用以外，还要完成成员身份管理、链路状态信息管理以及分组转发等任务。

下面详细介绍星型网络和点对点网络的形成过程。

（1）星型网络的形成

在星型结构中，所有设备都与中心设备 ZigBee 网络协调器通信。在这种网络中，网络协调器一般使用持续电力系统供电，而其他设备采用电池供电。星型网络适合家庭自动化、个人计算机的外设以及个人健康护理等小范围的室内应用。

星型网络以网络协调器为中心，所有设备只能与网络协调器通信，因此在星型网络的形成过程中，第一步就是建立网络协调器。任何一个 FFD 设备都有成为网络协调器的可能，一个网络如何确定自己的网络协调器由上层协议决定。一种简单的策略是一个 FFD 设备在第一次被激活后，首先广播查询网络协调器的请求，如果接收到回应就说明网络中已经存在网络协调器，再通过一系列认证过程，设备就成为了这个网络中的普通设备。如果没有收到回应，或者认证过程不成功，这个 FFD 设备就可以建立自己的网络，并且成为这个网络的网络协调器。当然，这里还存在一些更深入的问题，一个是网络协调器过期问题，如原有的网络协调器损坏或者能量耗尽，另一个是偶然因素造成多个网络协调器竞争问题，如移动物体阻挡导致一个 FFD 自己建立网络，当移动物体离开的时候，网络中将出现多个协调器。

网络协调器要为网络选择一个唯一的标识符，所有该星型网络中的设备都用这个标识符来规定自己的属主关系。不同星型网络之间的设备通过设置专门的网关完成相互通信。选择一个标识符后，网络协调器就允许其他设备加入自己的网络，并为这些设备转发数据分组。

星型网络中的两个设备如果需要互相通信，都是先把各自的数据包发送给网络协调器，然后由网络协调器转发给对方。

（2）点对点网络的形成

与星型网不同，点对点网络只要彼此都在对方的无线辐射范围之内，任何两个设备之间都可以直接通信。点对点网络中也需要网络协调器，负责管理链路状态信息、认证设备身份等功能。

在点对点网络中，任意两个设备只要能够彼此收到对方的无线信号，就可以进行直接通信，不需要其他设备的转发。但点对点网络中仍然需要一个网络协调器，不过该协调器的功能不再是为其他设备转发数据，而是完成设备注册和访问控制等基本的网络管理功能。网络协调器的产生同样由上层协议规定，如把某个信道上第一个开始通信的设备作为该信道上的网络协议器。簇树网络是点对点网络的一个例子，下面以簇树网络为例，描述点到点网络的形成过程。

在簇树网络中，绝大多数设备是 FFD 设备，而 RFD 设备总是作为簇树的叶设备连接到网络中。任意一个 FFD 都可以充当 RFD 协调器或者网络协调器，为其他设备提供同步信息。在这些协调器中，只有一个可以充当整个点对点网络的网络协调器。网络协调器和网络中的其他设备一样，也可能拥有比其他设备更多的计算资源和能量资源。网络协调器首先将自己设为簇头（Cluster Header，CLH），并将簇标识符（Cluster Identifier，CID）设置为 0，同时为该簇选择一个未被使用的 ZigBee 网络标识符，形成网络中的第一个簇。接着，网络协调器开始广播信标帧。邻近设备收到信标帧后，可以申请加入该簇。设备能否成为簇成员，由网络协调器决定。如果请求被允许，则该设备将作为簇的子设备加入网络协调器的邻居列表。新加入的设备会将簇头作为它的父设备加入自己的邻居列表中。

上面介绍的只是一个由单簇构成的最简单的簇树。ZigBee 网络协调器可以指定另一个设备成为邻接的新簇头，以此形成更多的簇。新簇头同样可以选择其他设备成为簇头，进一步扩大网络的覆盖范围。但是过多的簇头会增加簇间消息传递的延迟和通信开销。为了减少延迟和通信开销，簇头可以选择最远的通信设备作为相邻簇的簇头，这样可以最大限度地缩小不同簇间消息传递的跳数，达到减少延迟和开销的目的。

2.1.3 ZigBee 的工作过程

ZigBee 的地址结构分两个部分：一个是 64 位的 IEEE 地址，通常也叫作 MAC 地址或者扩展地址（Extended Address），另一个是 16 位的网络地址，也叫做逻辑地址（Logical Address）或者短地址。64 位长地址是全球唯一的地址，并且终身分配给设备。这个地址可由制造商设定或者在安装的时候设置，由 IEEE 提供。当设备加入 ZigBee 网络被分配一个短地址时，在其所在的网络中是唯一的。这个地址主要用来在网络中辨识设备、数据传输和数据包路由等，一个节点是一个设备，有一个射频端、一个 64 位 IEEE 地址和一个 16 位网络地址。

ZigBee 协议套件紧凑且简单，具体实现的硬件需求很低，8 位 51 微控制器即可满足要求，全功能协议软件需要 32 KB 的 ROM，最小功能协议软件需求大约 4 KB 的 ROM，其工作流程如图 2-5 所示。

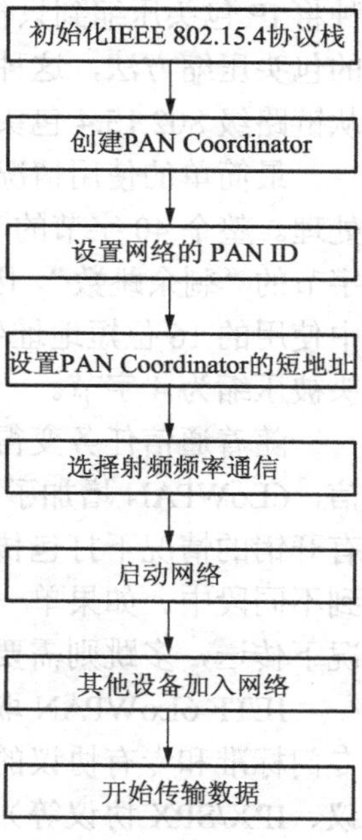

图 2-5 ZigBee 工作过程

首先，每个设备的协议栈必须要对其 PHY 和 MAC 层初始化，每个网络必须有一个也只能有一个 PAN Coordinator，PAN ID 作为网络标识，可以被人为地预定义。除 64 位 IEEE MAC 地址外，还必须分配一个 16 位的短地址。

例如，ZigBee 技术选择 2.4GHz，节点以 Coordinator 的模式启动，然后开放请求应答，如有可以利用的 Coordinator，节点就可以申请加入网络，该节点被 Coordinator 接收，并获得短地址作为标识后，便可传输数据。

2.2 6LoWPAN

以前许多标准化组织和研究者认为因特网中的 TCP/IP 协议过于复杂，不适合低功耗、资源受限的无线传感网络，因此包括 ZigBee 等低功耗无线个域网都是采用非 IP 协议，基于 IEEE 802.15.4 实现 IPv6 通信的 IETF 6LoWPAN 草案标准的发布有望改变这一局面。6LoWPAN 具有的低功率运行的潜力使它很适合应用在从手持机到仪器的设备中，而其对 AES-128 加密的内置支持为强健的认证和安全性打下了基础。智能设备互联网协议 IPSO（IP for Smart Objects）产业联盟致力于 6LoWPAN 的发展与应用，旨在推动 IP 协议作为网络互连技术用于连接传感器节点或者其他的智能物件，以便于信息的传输。IPSO 开始工作的第一个目标就是在 IEEE 802.15.4 标准上实现 IPv6 的互操作性。

2.2.1 6LoWPAN 的基本特点

IETF 6LoWPAN 工作组的任务是在定义如何利用 IEEE 802.15.4 链路支持基于 IP 通信的同时，遵守开放标准以及保证与其他 IP 设备的互操作性。这样做将消除对多种复杂网关（每种网关对应一种本地 802.15.4 协议）以及专用适配器和网关专有安全与管理程序的需要。然而，利用 IP 并不是件容易的事情，这是因为 IP 的地址和包头很大，传送的数据可能过于庞大而无法容纳在很小的 IEEE 802.15.4 数据包中。6LoWPAN 工作组面临的技术挑战是找到一种将 IP 包头压缩到只传送必要内容的小数据包中的方法，他们采取量力而行（Pay as you go）的包头压缩方法，这种方法去除 IP 包头中的冗余或不必要的网络级信息，IP 包头在接收时，从链路级 802.15.4 包头的相关域中得到这些网络级信息。

最简单的使用情况是一台与邻近 802.15.4 设备通信的 802.15.4 设备将非常高效率地得到处理。整个 40 字节的 IPv6 包头被缩减为 1 个包头压缩字节 HC（Head Compression）和 1 个字节的“剩余跳数”。因为源和目的 IP 地址可以由链路级 64 位唯一 ID（EUI-64）或 802.15.4 中使用的 16 位短地址生成。8 字节用户数据报协议（User Datagram Protocol，UDP）传输包头被压缩为 4 字节。

随着通信任务变得更加复杂，6LoWPAN 也相应调整。为了与嵌入式网络之外的设备通信，6LoWPAN 增加了更大的 IP 地址。当交换的数据量小到可以放到基本包中时，可以在没有开销的情况下打包传送。对于大型传输，6LoWPAN 增加分段包头来跟踪信息如何被拆分到不同段中。如果单一跳 802.15.4 可以将包传送到目的地，数据包就可以在不增加开销的情况下传送，多跳则需要加入网状路由（Mesh Routing）包头。

IETF 6LoWPAN 取得的突破是得到一种非常紧凑、高效的 IP 实现，消除了以前造成各种专门标准和专有协议的限制，这在工业协议（如 BACNet 协议、LonWorks 协议、Modbus 协议、IPX/SPX 协议等）领域具有特别的价值。这些协议最初开发是为了提供特殊行业特有的总线和链路（从控制器区域网总线到 AC 电源线）上的互操作性。几年前，这些协议的开发人员开发 IP 选择协议是为了利用以太网等“现代”技术。6LoWPAN 的出现使这些老协议把它们的 IP 选择扩展到新的链路（如 802.15.4）。因此，自然而然地可与专为 802.15.4 设计的新协议（如 ZigBee、ISA100.11a 等）互操作。受益于此，各类低功率无线设备能够加入 IP 家庭中，与 Wi-Fi、以太网以及其他类型的网络设备“称兄道弟”。

随着 IPv4 地址的耗尽，IPv6 是大势所趋。物联网技术的发展，将进一步推动 IPv6 的部署与应用。IETF 6LoWPAN 技术具有无线低功耗、自组织网络的特点，将是未来无线传感网络的重要技术之一。在 ZigBee 新一代智能电网标准中，SEP2.0（Smart Energy Protocol 2.0）协议就已经采用 6LoWPAN 技术。随着 6LoWPAN 的不断发展和完善，6LoWPAN 将成为事实标准，全面替代 ZigBee 标准，未来 ZigBee 应用系统将无需网关而直接连入 IP 网，大大降低了 ZigBee 的部署难度，提高了 ZigBee 的易用性。

2.2.2 6LoWPAN 的体系结构

6LoWPAN 技术是一种在 IEEE 802.15.4 标准基础上传输 IPv6 数据包的网络体系，可用于构建无线传感网络。6LoWPAN 规定其物理层和 MAC 层采用 IEEE 802.15.4 标准，中间有个适配层完成 IPv6 与 LoWPAN（Low Power Wireless Personal Area Networks）的网络衔接，适配层是 IPv6 网络和 IEEE 802.15.4 MAC 层间的一个中间层，其向上提供 IPv6 对 IEEE 802.15.4 媒介访问支持，向下则控制 LoWPAN 网络构建、拓扑及 MAC 层路由。其与 TCP/IP 的协议栈参考模型对比如图 2-6 所示。

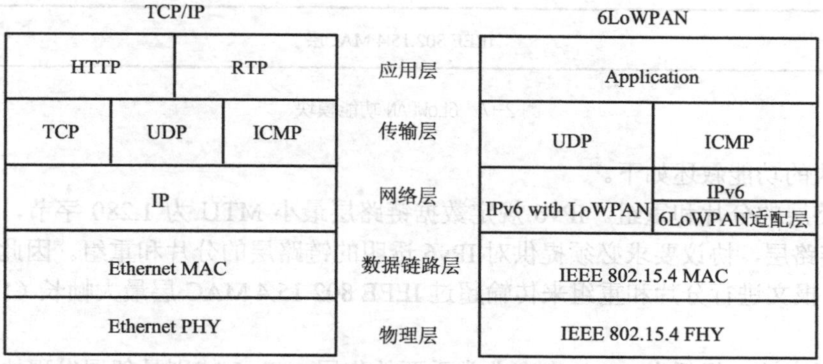

图 2-6 6LoWPAN 体系架构

6LoWPAN 协议栈参考模型与 TCP/IP 的参考模型大致相似，区别在于 6LoWPAN 底层使用的是 IEEE 802.15.4 标准，而且因低速无线个域网的特性，在 6LoWPAN 的传输层没有使用 TCP 协议。

2.2.3 6LoWPAN 的主要功能

由于在 IPv6 中，MAC 支持的载荷长度远大于 6LoWPAN 底层所能提供的负载长度，为了实现 MAC 层与网络层的无缝连接，6LoWPAN 工作组在网络层和 MAC 层之间增加一个网络适配层，用来完成包头压缩、分片与重组以及网状路由转发等工作。由于最大传输单元 MTU、组播及 MAC 层路由等原因，IPv6 不能直接运行在 IEEE 802.15.4 的 MAC 层之上，适配层将起到中间层的作用，同时提供对上下两层的支持。6LoWPAN 的很多基本功能，如链路层的分片和重组、头部压缩、组播支持、网络拓扑构建和地址分配等均在适配层实现。适配层是整个 6LoWPAN 的基础框架，6LoWPAN 的其他一些功能也是基于该框架实现的。整个适配层功能模块的示意图如图 2-7 所示。

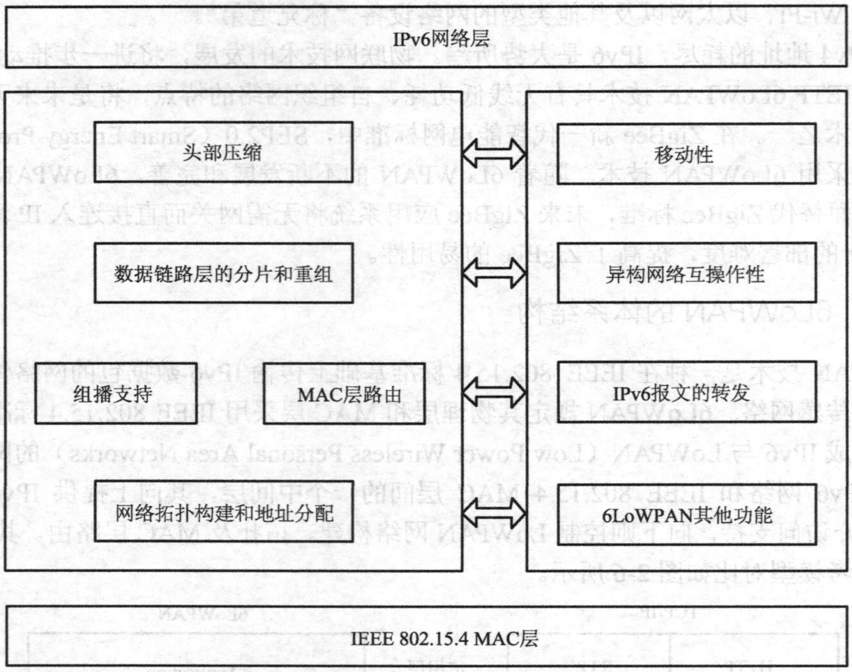

图 2-7　6LoWPAN 功能模块

主要模块的功能叙述如下。

（1）链路层的分片和重组。IPv6 规定数据链路层最小 MTU 为 1,280 字节，对于不支持该 MTU 的链路层，协议要求必须提供对 IPv6 透明的链路层的分片和重组。因此，适配层需要通过对 IP 报文进行分片和重组来传输超过 IEEE 802.15.4 MAC 层最大帧长（127 字节）的报文。

（2）组播支持。组播在 IPv6 中有非常重要的作用，IPv6 特别是邻居发现协议的很多功能都依赖于 IP 层组播。此外，无线传感网络的一些应用也需要 MAC 层广播的功能。IEEE 802.15.4 的 MAC 层不支持组播，但提供有限的广播功能，适配层利用可控广播洪泛的方式来在整个无线传感网络中传播 IP 组播报文。

（3）头部压缩。在不使用安全功能的前提下，IEEE 802.15.4 MAC 层的最大负载（Payload）为 102 字节，而 IPv6 报文头部为 40 字节，再除去适配层和传输层（如 UDP）头部，将只有 50 个字节左右的应用数据空间。为了满足 IPv6 在 IEEE 802.15.4 传输的 MTU，一方面可以通过分片和重组来传输大于 102 字节的 IPv6 报文，另一方面也需要对 IPv6 报文进行压缩来提高传输效率和节省节点能量。为了实现压缩，需要在适配层头部后增加一个头部压缩编码字段，该字段将指出 IPv6 头部哪些可压缩字段将被压缩，除了对 IPv6 头部以外，还可以对上层协议（UDP、ICMPv6 等）头部进行进一步压缩。

（4）网络拓扑构建和地址分配。IEEE 802.15.4 标准对物理层和 MAC 层做了详尽的描述，其中 MAC 层提供了功能丰富的各种原语，包括信道扫描、网络维护等。但 MAC 层并不负责调用这些原语来形成网络拓扑并对拓扑进行维护，因此调用原语进行拓扑维护的工作将由适配层来完成。另外，6LoWPAN 中每个节点都是使用 EUI-64 地址标识符，但是一般的 LoWPAN 网络节点能力非常有限，而且通常会有大量的部署节点，若采用 64 位地址将占用大量的存储空间并增加报文长度，因此，更适合的方案是在 PAN 内部采用 16 位短地址来标识一个节点，这就需要在适配层实现动态的 16 位短地址分配机制。

（5）MAC 层路由。由于网络拓扑构建和地址分配相同，因此 IEEE 802.15.4 标准没有定义 MAC 层的多跳路由。6LoWPAN 的适配层将在地址分配方案的基础上提供两种基本的路由机制——树状路由和网状路由。

2.2.4 6LoWPAN 的帧格式

由于 6LoWPAN 网络有报文长度小、带宽小、功耗低的特点，为了减小报文长度，适配层帧头部分为两种格式，即不分片和分片，分别用于数据部分小于 MAC 层 MTU（102 字节）的报文和大于 MAC 层 MTU 的报文。当 IPv6 报文要在 802.14.5 链路上传输时，IPv6 报文需要封装在这两种格式的适配层报文中，即 IPv6 报文作为适配层的负载紧跟在适配层头部后面。特别当“M”或“B”bit 被置为 1 时，适配层头部后面将首先出现 MB 或 Broadcast 字段，IPv6 报文则出现在这两个字段之后。

1. 不分片报文格式

不分片报文头部格式如下表，各个字段含义如下。

LF	prot_type	M	B	rsv	Payload/MD/Broadcast Hdr

LF：链路分片（Link Fragment），占 2 位。此处应为 00，表示使用不分片头部格式。

prot_type：协议类型，占 8 位。指出紧随在头部后的报文类型。

M: Mesh Delivery 字段标志位，占 1 位。若此位置为 1，则适配层头部后紧随着的是“Mesh Delivery”字段。

B：Broadcast 标志位，占 1 位。若此位置为 1，则适配层头部后紧跟“Broadcast”字段。

rsv：保留字段，全部置为 0。

2. 分片报文格式

当一个包括适配层头部在内的完整负载报文不能在一个单独的 IEEE 802.15.4 帧中传输时，需要对负载报文进行分片，此时适配层使用分片头部格式封装数据。分片头部格式如下。

<table>
<tr><td>LF</td><td>prot_type</td><td>M</td><td>B</td><td>rsv</td><td>Datagram_size</td><td>Datagram_tag</td></tr>
<tr><td colspan="7">Payload/MD/Broadcast Hdr</td></tr>
</table>

第一分片

<table>
<tr><td>LF</td><td>fragment_offset</td><td>M</td><td>B</td><td>rsv</td><td>Datagram_size</td><td>Datagram_tag</td></tr>
<tr><td colspan="7">Payload/MD/Broadcast Hdr</td></tr>
</table>

后继分片

分片头部格式的各个字段含义如下。

LF：链路分片（Link Fragment），占 2 位。当该字段不为 0 时，指出链路分片在整个报文中的相对位置，其具体定义如下。

LF	链路层分片位置
00	不分片
01	第一个分片
10	最后一个分片
11	中间分片

prot_type：协议类型，占 8 位，该字段只在第一个链路分片中出现。

M：Mesh Delivery 字段标志位，占 1 bit。若此位置为 1，则适配层头部后紧跟“Mesh Delivery”字段。

B：Broadcast 标志位，占 1 位。若此位置为 1，则适配层头部后紧随跟“Broadcast”。若是广播帧，则每个分片中都应该有该字段。

datagram_size：负载报文的长度，占 11 位，因此支持的最大负载报文长度为 2048 字节，可以满足 IPv6 报文在 IEEE 802.15.4 上传输的 1280 字节 MTU 的要求。

datagram_tag：分片标识符，占 9 位，应与同一个负载报文的所有分片的 datagram_tag 字段相同。

fragment_offset：报文分片偏移，占 8 位。该字段只出现在第二个以及后继分片中，指出后继分片中的 Payload 相对于原负载报文头部偏移。

3. 分片和重组

当一个负载报文不能在一个单独的 IEEE 802.15.4 帧中传输时，需要对负载报文进行适配层分片。此时，适配层帧使用 4 字节的分片头部格式，而不是 2 字节的不分片头部格式。另外，适配层需要维护当前的 fragment_tag 值，并在节点初始化时将其置为一个随机值。

（1）分片

当上层下传一个超过适配层最大负载长度的报文给适配层后，适配层需要发送该 IP 报文分片进行发送。适配层分片的判断条件为：负载报文长度+不分片头部长+Mesh Delivery（或 Broadcast）字段长度+IEEE 802.15.4 MAC 层的最大负载长度。在使用 16 位短地址，并且不使用 IEEE 802.15.4 安全机制的情况下，负载报文的最大长度为 95 个字节：127−25（MAC 头部）−2（不分片头部）−5（MD 的长度）。适配层分片的具体过程如 2-8 所示。

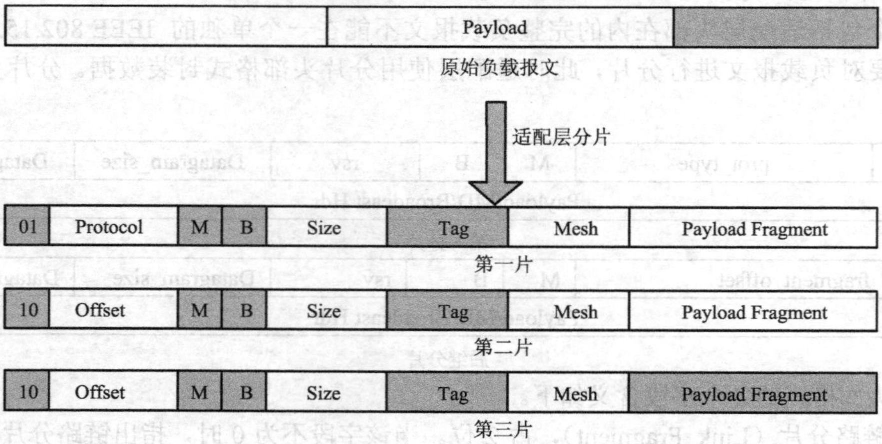

图 2-8　6LoWPAN 适配层分片过程

① 第一个分片：将分片头部的 LF 字段设置为 01，表示是第一个分片。

- Prot_type 字段置为上层协议的类型。若是 IPv6，则协议该字段置为 1。另外，由于是第一个分片，offset 必定为 0，所以在该分片中不需要 fragment_offset 字段。
- 用当前维护的 datagram_tag 值来设置 datagram_tag 字段，datagram_size 字段填写原始负载报文的总长度。
- 若需要在 Mesh 网络中路由，则 Mesh Delivery 字段应该紧跟在分片头部之后，并在负载报文小分片之前。

② 后继分片：分片头部的 LF 字段设置为 11 或 10，表示中间分片或最后分片。

- fragment_offset 字段设置为当前报文小分片相对于原负载报文起始字节的偏移，需要注意的是，这里的偏移是以 8 字节为单位的，因此每个分片的最大负载报文小分片长度也必须是 8 字节边界对齐的，即负载报文小分片的最大长度实际上只有 88 字节。
- 当一个被分片报文的所有小分片都发送完成后 datagram_tag 加 1，当该值超过 511 后，应该翻转为 0。
- 当适配层收到一个分片后，根据以下两个字段判断该分片属于哪个负载报文：源 MAC 地址和适配层分片头部的 datagram_tag 字段。

（2）重组

对于同一个负载报文的多个分片，适配层需要进行重组，其重组过程如图 2-9 所示。

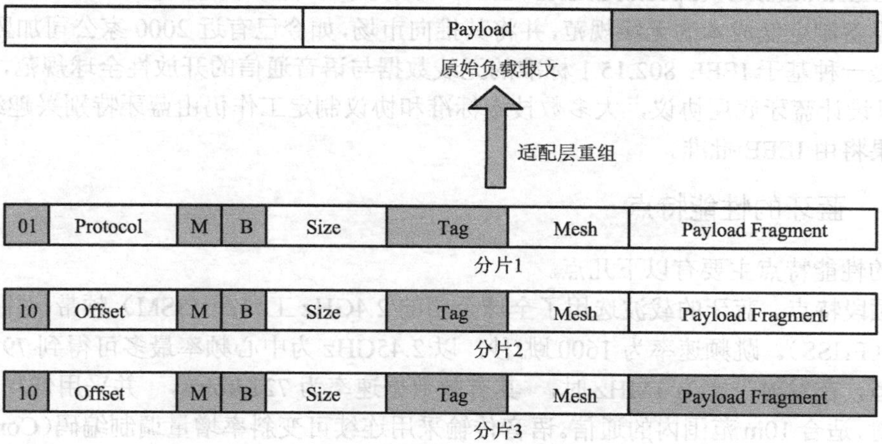

图 2-9　6LoWPAN 适配层重组过程

重组过程分为以下 3 步。

① 如果是第一次收到某负载报文的分片，则节点记录该分片的源 MAC 地址和 datagram_tag 字段以供后继重组使用。需要注意的是，这里的源 MAC 地址应该是适配层分片帧源发地址，若分片帧有 Mesh Delivery 字段，则源 MAC 地址应该是 Mesh Delivery 字段中的源地址（Originator Address）字段。

② 若已经收到该报文的其他分片，则根据当前分片帧的 fragment_offset 字段进行重组。若发现收到的是一个重复但不重叠的分片，则应使用新收到的分片替换。若本分片和前后分片重叠，则应丢弃当前分片，这样做的目的主要是简化处理，认为若出现这种情况一定是发

送方出现了错误，不应该继续接收。

③ 若成功收到所有分片，则将所有分片按 offset 进行重组，并将重组好的原始负载报文递交给上层。同时，还需要删除在步骤①中记录的源 MAC 地址和 datagram_tag 字段信息。

重组一个分片的负载报文时，需要使用一个重组队列来维护已经收到的分片以及其他一些信息（源 MAC 地址和 datagram_tag 字段）。同时，为了避免长时间等待未达到的分片，节点还应该在收到第一个分片后启动一个重组定时器，重组超时时间为 15s，定时器超时后，节点应该删除该重组队列中的所有分片及相关信息。

2.3 蓝牙

Bluetooth 即蓝牙技术，它是一种典型的支持设备短距离通信（一般 10m 内）的无线电技术，用于移动电话、PDA、无线耳机、笔记本电脑、相关外设等众多设备之间进行无线信息交换。蓝牙的名称来源于 10 世纪统一了丹麦的国王 Harald Blatand（英译为 Harold Bluetooth）的名字，取其“统一”的含义来命名，意在一统所有短距离无线通信标准。

利用蓝牙技术，能够有效地简化移动通信终端设备之间的通信，也能够成功地简化设备与因特网之间的通信，从而使得数据传输变得更加迅速高效，为无线通信拓宽了道路。蓝牙技术联盟 Bluetooth SIG（Special Interest Group）致力于推动蓝牙无线技术的发展，为短距离连接移动设备制定低成本的无线规范，并将其推向市场，如今已有近 2000 家公司加盟该组织。蓝牙技术是一种基于 IEEE 802.15.1 标准的无线数据与语音通信的开放性全球规范，但 IEEE 802.15.1 只设计蓝牙底层协议，大多数技术标准和协议制定工作仍由蓝牙特别兴趣组 SIG 负责，其成果将由 IEEE 批准。

2.3.1 蓝牙的性能特点

蓝牙的性能特点主要有以下几点。

（1）频段特点。蓝牙的载波选用了全球公用的 2.4GHz 工科医（ISM）频带，并采用跳频扩谱技术（FHSS）。跳频速率为 1600 跳/秒，以 2.45GHz 为中心频率最多可得到 79 个 1MHz 带宽的信道，在发射带宽为 1MHz 时， 其有效数据速率为 721 kbit/s， 并采用低功率时分复用方式发射，适合 10m 范围内的通信。语音传输采用连续可变斜率增量调制编码（Continuously Variable Slope Delta Modulation ，CVSD）技术，通信协议则采用时分多址（TDMA）协议。遵循 Bluetooth 协议的各类数据和语音设备都能够以无线方式接入到公共网络系统中。

（2）传输速率。早期蓝牙如 Bluetooth 2.0，其传输速率可以达到 1Mbit/s，后来发展的蓝牙如 Bluetooth 4.0，其传输速率可以达到 25Mbit/s。调试方式采用 BT=0.5 的 GFSK（Gauss Frequency Shift Keying）调制，调制指数为 0.28~0.35。采用跳频技术，跳频速率为 1600 跳/秒。在建立链路时（包括寻呼和查询）提高为 3200 跳/秒。蓝牙通过快跳频和短分组技术减少同频干扰，保证传输的可靠性。

（3）工作距离。蓝牙设备分为 3 个功率等级，分别是 100mW（20dBm）、2.5mW（4dBm）和 1mW（0dBm），相应的有效工作范围为 100m、10m 和 1m。

（4）语音调制方式。蓝牙采用连续可变斜率增量调制 CVSD，抗衰落性强，即使误码率达到 4%，话音质量也可接受。

（5）支持电路交换和分组交换业务。蓝牙支持实时的同步定向连接（SCO 链路）和非实时的异步不定向连接（ACL 链路），前者主要传送语音等实时性强的信息，后者以数据包为主。语音和数据可以单独或同时传输。蓝牙支持一个异步数据通道，或三个并发的同步话音通道，或同时传送异步数据和同步语音的通道。每个语音通道支持 64 kbit/s 的同步话音，异步通道支持 723.2/57.6 kbit/s 的非对称双工通信或 433.9 kbit/s 的对称全双工通信。

（6）支持点对点及点对多点通信。蓝牙设备按特定方式可组成两种网络：微微网（Piconet，也称匹克网）和分布式网络（Scatternet），其中微微网的建立由两台设备的连接开始，最多可由 8 台设备组成。在一个微微网中，只有一台为主设备（Master），其他均为从设备（Slave），如图 2-10 所示。不同的主从设备对可以采用不同的连接方式，在一次通信中，连接方式也可以任意改变。几个相互独立的微微网以特定方式连接在一起便构成了分布式网络。因为所有的蓝牙设备都是对等的，所以在蓝牙中没有基站的概念。

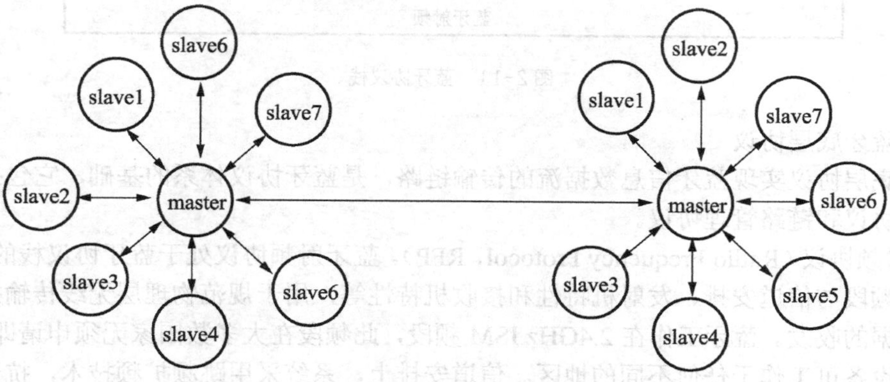

图 2-10 微微网的网络结构

2.3.2 蓝牙的体系结构

蓝牙技术规范的开放性保证了设备制造商可自由地选用其专利协议或常用的公共协议，在蓝牙技术规范基础上开发新的应用。由于蓝牙技术独立于不同的操作系统和通信协议之外，可以移植到许多应用领域，因而可应用于多种场合。蓝牙力求与不同的操作系统和通信协议有良好的接口，以保证有一定的兼容性。

设计蓝牙协议栈的主要原则是尽可能地利用现有的各种高层协议，保证现有协议与蓝牙技术的融合以及各种应用之间的互通性，充分利用兼容蓝牙技术规范的软硬件系统。蓝牙技术规范的开放性保证了设备制造商可自由地选用其专利协议或常用的公共协议，在蓝牙技术规范基础上开发新的应用。蓝牙技术规范包括 Core 和 Profiles 两大部分，Core 是蓝牙的核心，主要定义蓝牙的技术细节；Profiles 部分定义了在蓝牙的各种应用中的协议栈组成，并定义了相应的实现协议栈。按照各层协议在整个蓝牙协议体系中所处的位置，蓝牙协议可分为底层协议、中间层协议和高层协议三大类，如图 2-11 所示。

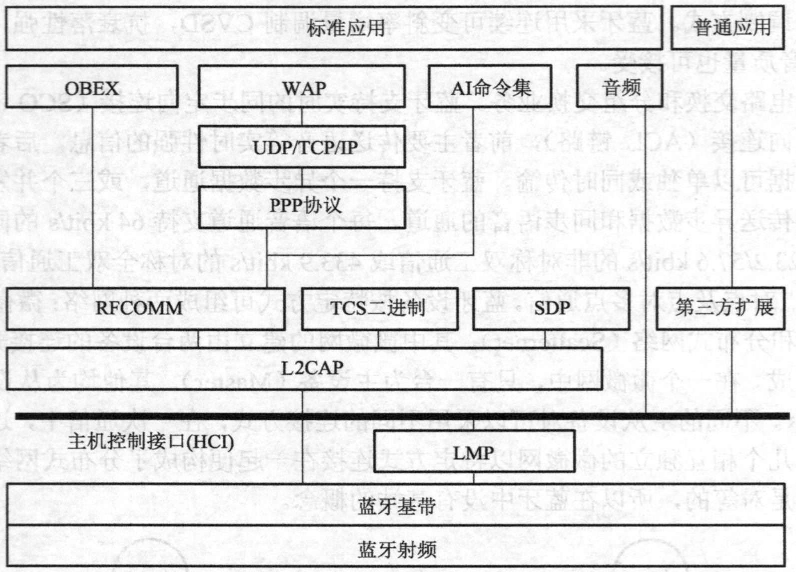

图 2-11　蓝牙协议栈

（1）蓝牙底层协议

蓝牙底层协议实现蓝牙信息数据流的传输链路，是蓝牙协议体系的基础，它包括射频协议、基带协议和链路管理协议。

① 射频协议（Radio Frequency Protocol，RFP）。蓝牙射频协议处于蓝牙协议栈的最底层，主要包括频段与信道安排、发射机特性和接收机特性等，用于规范物理层无线传输技术，实现空中数据的收发。蓝牙工作在 2.4GHz ISM 频段，此频段在大多数国家无须申请即可运营，使得蓝牙设备可工作于任何不同的地区。信道安排上，系统采用跳频扩频技术，抗干扰能力强、保密性好。蓝牙 SIG 制定了两套跳频方案，其一是分配 79 个跳频信道，每个频道的带宽为 1MHz，其二是 23 信道的分配方案，1.2 版本以后的蓝牙规范目前已经不再推荐使用第二套方案。

② 基带协议（Base Band Protocol，BBP）。基带层位于蓝牙射频层之上，同射频层一起构成了蓝牙的物理层。基带层的主要功能包括：链路控制，比如承载链路连接和功率控制这类链路级路由；管理物理链路——SCO 链路和 ACL 链路；定义基带分组格式和分组类型，其中 SCO 分组有 HVl、HV2、HV3 和 DV 等类型，而 ACL 分组有 DMl、DHl、DM3、DH3、DM5、DH5、AUXl 等类型；流量控制通过 STOP 和 GO 指令来实现；采用 13 比例前向纠错码、23 比例前向纠错码以及数据的自动重复请求 ARQ（Automatic Repeat Request）方案实现纠错功能；另外还有处理数据包、寻呼、查询接入和查询蓝牙设备等功能。

③ 链路管理协议（Link Manager Protocol，LMP）。链路管理协议 LMP 是在蓝牙协议栈中的一个数据链路层协议。LMP 执行链路设置、认证、链路配置和其他协议，链路管理器发现其他远程链路管理器（Link Management，LM）并与它们通过链路管理协议 LMP 进行通信。

（2）蓝牙中间层协议

蓝牙中间层协议完成数据帧的分解与重组、服务质量控制、组提取等功能，为上层应用提供服务，并提供与底层协议的接口，此部分包括主机控制器接口协议、逻辑链路控制与适配协议、串口仿真协议、电话控制协议和服务发现协议。

① 主机控制器接口协议（Host Controller Interface Protocol，HCI）。蓝牙 HCI 是位于蓝牙系统的逻辑链路控制与适配协议层和链路管理协议层之间的一层协议。HCI 为上层协议提供了进入链路管理器的统一接口和进入基带的统一方式。在 HCI 的主机和 HCI 主机控制器之间会存在若干传输层，这些传输层是透明的，只需完成传输数据的任务，不必清楚数据的具体格式。蓝牙的 SIG 规定了四种与硬件连接的物理总线方式，即四种 HCI 传输层：USB、RS232、UART 和 PC 卡。

② 逻辑链路控制与适配协议（Logical Link Control and Adaptation Protocol，L2CAP）。逻辑链路控制与适配层协议 L2CAP 是蓝牙系统中的核心协议，它是基带的高层协议，可以认为它与链路管理协议 LMP 并行工作。L2CAP 为高层提供数据服务，允许高层和应用层协议收发大小为 64 KB 的 L2CAP 数据包。L2CAP 只支持基带面向无连接的异步传输 ACE，不支持面向连接的同步传输（SCO）。L2CAP 采用了多路技术、分割和重组技术、组提取技术，主要提供协议复用、分段和重组、认证服务质量、组管理等功能。

③ 串口仿真协议（RFCOMM）。串口仿真协议在蓝牙协议栈中位于 L2CAP 协议层和应用层协议层之间，是基于 ETSI 标准 TS 07.10 的实现，在 L2CAP 协议层之上实现了仿真 9 针 RS 232 串口的功能，可实现设备间的串行通信，从而对现有使用串行线接口的应用提供支持。

④ 电话控制协议（Telephony Control Protocol Spectocol，TCS）。电话控制协议位于蓝牙协议栈的 L2CAP 层之上，包括电话控制规范二进制（TCS BIN）协议和一套电话控制命令（AT Commands）。其中，TCS BIN 定义了在蓝牙设备间建立话音和数据呼叫所需的呼叫控制信令。AT Commands 则是一套可在多使用模式下用于控制移动电话和调制解调器的命令，它是 SIG 在 ITU-TQ.931 的基础上开发而成。TCS 层不仅支持电话功能（包括呼叫控制和分组管理），同样可以用来建立数据呼叫，呼叫的内容在 L2CAP 上以标准数据包形式运载。

⑤ 服务发现协议（Service Discovery Protocol，SDP）。服务发现协议是蓝牙技术框架中至关重要的一层，它是所有应用模型的基础。任何一个蓝牙应用模型的实现都是利用某些服务的结果。在蓝牙无线通信系统中，建立在蓝牙链路上的任何两个或多个设备随时都有可能开始通信，仅仅静态设置是不够的。蓝牙服务发现协议就确定了这些业务位置的动态方式，可以动态地查询到设备信息和服务类型，从而建立起一条对应所需要服务的通信信道。

（3）蓝牙高层协议

蓝牙高层协议包括对象交换协议、无线应用协议和音频协议等。

① 对象交换协议（Object Exchange Protocol，OBEX）。OBEX 是由红外数据协会（IrDA）制定的用于红外数据链路上数据对象交换的会话层协议。蓝牙 SIG 采纳了该协议，使得原来基于红外链路的 OBEX 应用有可能方便地移植到蓝牙上或在两者之间进行切换。OBEX 是一种高效的二进制协议，采用简单和自发的方式来交换对象。它提供的功能类似于 HTTP 协议，在假定传输层可靠的基础上，采用客户机/服务器模式。它只定义传输对象，而不指定特定的传输数据类型，传输的数据可以是文件、商业电子贺卡、命令或数据库等，因而具有很好的平台独立性。

② 无线应用协议（Wireless Application Protocol，WAP）。无线应用协议由无线应用协议论坛制定，是由移动电话类的设备使用的无线网络定义的协议。WAP 融合了各种广域无线网络技术，其目的是将互联网内容和电话传送的业务传送到数字蜂窝电话和其他无线终端上。选用 WAP 可以充分利用为无线应用环境开发的高层应用软件。

③ 音频协议（Audio）。蓝牙音频是通过在基带上直接传输 SCO 分组实现的，目前蓝牙 SIG 并没有以规范的形式给出此部分。虽然严格意义上来讲它并不是蓝牙协议规范的一部分，但也可以视为蓝牙协议体系中的一个直接面向应用的层次。

2.3.3 蓝牙的功能单元

蓝牙系统一般由天线单元、链路控制（固件）单元、链路管理（软件）单元和蓝牙软件（协议栈）单元 4 个功能单元组成，如图 2-12 所示。

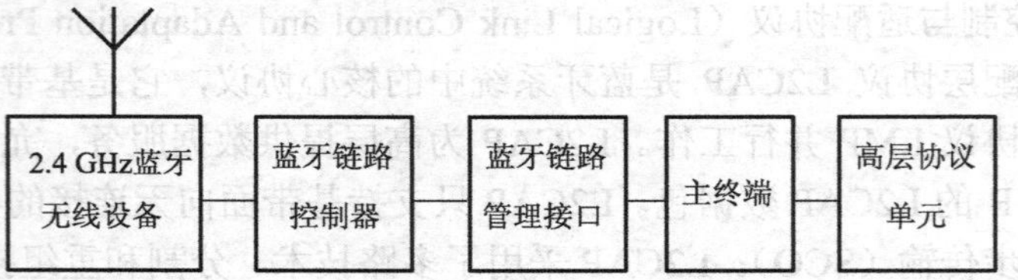

图 2-12 蓝牙功能单元

（1）天线单元。蓝牙的天线部分体积十分小巧、重量轻，属于微带天线。蓝牙空中接口建立在 0dBm（1mW）基础上，最大可达 20dBm（100mW），遵循美国联邦通信委员会（Federal Communications Commission，FFC）有关电平为 0 dBm 的 ISM 频段标准。

（2）链路控制（硬件）单元。目前，蓝牙产品的链路控制硬件单元包括 3 个集成芯片：连接控制器、基带处理器和射频传输/接收器，此外还使用了 3~5 个单独调谐元件。基带链路控制器负责处理基带协议和其他一些底层常规协议。蓝牙基带协议是电路交换与分组交换的结合，采用时分双工来实现全双工传输。

（3）链路管理（软件）单元。链路管理 LM 软件模块携带了链路的数据设置、鉴权、链路硬件配置和其他一些协议。LM 能够发现其他远端 LM 并通过 LMP（链路管理协议）与之通信。

（4）软件（协议栈）单元。蓝牙的规范接口可以直接集成到笔记本电脑，通过 PC 卡或 USB 接口连接到台式机，或者直接集成到蜂窝电话中与附加设备连接。蓝牙的软件是一个独立的操作系统，不与任何操作系统捆绑，它符合已经制定好的蓝牙规范。适用于几种不同商用操作系统（Windows、Linux/UNIX、Pocket PC 等）的蓝牙规范正在完善并逐步推广应用。

2.3.4 蓝牙的通信过程

任何蓝牙设备之间通信的建立都需要经过查询、建立连接、鉴权、通信等这几个过程。下面以 LAP（Lan Access Point）为例阐述它的通信过程。

（1）移动数据终端的某个应用要求接入局域网时，它先启动业务发现协议 SDP，向可以有回应的 LAP 发出查询请求。LAP 此时作为 SDP Server，具有一个业务发现数据库，里面记录接入点可以提供的服务及其属性，SDP 机制可以提取建立 RFCOMM 连接需要的所有服务信息。数据终端查询到可用的服务信息后，就可以开始建立连接。如果发现没有需要的服务，就放弃本次的连接请求。

（2）如果没有现存的基带物理链路，则要与所选的 LAP 建立一条物理链路。之后，设备进行底层的鉴权和加密密钥商议。

（3）设备终端由底层向上，逐层建立 L2CAP/RFCOMM/PPP 连接。这里，PPP 层提供了一种可选的高层的鉴权机制。同时，用适当的 PPP 机制来协商数据终端使用的 IP 地址。

（4）连接建立之后，数据终端的上层应用就可以在 PPP 连接上传送 IP 数据流了。

（5）任何时候，DT（数据终端）和 LMP 都可以终止已建立的连接。连接拆除各层的操作顺序与建立时刚好相反。

当前，蓝牙技术也在不断根据市场需要进行修改优化，推陈出新，如 2012 年蓝牙 4.0 规范推出全新的低功耗蓝牙（Bluetooth Low Energy，BLE），BLE 由于极低的运行和待机功耗、低成本和跨厂商互操作性以及 3ms 低延迟、AES-128 加密等诸多特色，可以用于计步器、心律监视器、传感器物联网等众多领域。为了解决蓝牙存在着点对点的拓扑结构的限制以及传输距离短、组网能力差、不能连接因特网等问题，蓝牙联盟又推出 BLE Mesh，它可以在不需要连接的情况下传输数据，同时也可以发起广播，并且可以通过 IPv6 建立网络连接，解决了在无 WiFi 情况下设备上网不易的问题，大大扩展蓝牙技术的应用范围。

2.4 Wi-Fi

Wi-Fi 的英文全称为 Wireless Fidelity，原先是无线保真的缩写，在无线局域网的范畴是指无线相容性认证。Wi-Fi 技术由 Wi-Fi 联盟（Wi-Fi Alliance）所持有，该组织成立于 1999 年，当时的名称叫作无线以太网相容联盟（Wireless Ethernet Compatibility Alliance，WECA），在 2002 年 10 月，正式改名为 Wi-Fi 联盟，目的是改善基于 IEEE 802.11 标准的无线网络产品之间的互通性，目前已经成无线局域网通信技术的品牌和无线设备高速互连的市场首选。

Wi-Fi 能在数十米范围内将个人电脑、手持设备（如手机、iPad）等终端设备以无线方式进行高速互连，同时通过因特网接入点（Access Point，AP）为用户提供无线的宽带互联网访问，这时的 AP 点也被人们称为热点（Hotspot）。

Wi-Fi 支持 IEEE 802.11 推出的各类标准，并还在不断更新之中。根据无线网卡使用的标准不同，Wi-Fi 的速度也有所不同，IEEE 802.11 推出的各类标准如下所述。

802.11：1997 年，原始标准传输速率 2Mbit/s 工作在 2.4GHz 频段。

802.11a：1999 年，物理层补充传输速率 54Mbit/s，工作在 5GHz 频段。

802.11b：1999 年，物理层补充传输速率 11Mbit/s 工作在 2.4GHz 频段。

802.11c：符合 802.1D 的媒体接入控制层（MAC）桥接（MAC Layer Bridging）。

802.11d：根据各国无线电规定做的调整。

802.11e：对服务等级（Quality of Service，QoS）的支持。

802.11f：基站的互连性（Interoperability）。

802.11g：物理层补充传输速率 54Mbit/s，工作在 2.4GHz 频段。

802.11h：无线覆盖半径的调整，室内（indoor）和室外（outdoor），工作在 5GHz 频段。

802.11i：安全和鉴权（Authentification）方面的补充。

802.11n：导入多重输入输出（MIMO）技术，基本上是 802.11a 的延伸版。

2.4.1 Wi-Fi 的性能特点

（1）工作距离远。Wi-Fi 的无线电波的覆盖范围广，Wi-Fi 的工作半径可达 100 m 左右，办公室自不用说，就是在整栋大楼中也可使用。随着技术的进步，Wi-Fi 的通信距离还在不断扩大，如美国 Vivato 公司推出的一款新型 Wi-Fi 交换机能够把目前 Wi-Fi 无线网络接近 100 m 的通信距离扩大到约 6.5km。

（2）传输速度快。虽然由 Wi-Fi 技术传输的无线通信质量不是很好，数据安全性能比蓝牙差一些，传输质量也有待改进，但传输速度非常快，可以达到 54 Mbit/s（802.11n 可以达到 600 Mbit/s），符合个人和社会信息化的高速互连需求。

（3）组网与高速互联网接入方便。利用 Wi-Fi 方式进行无线组网与因特网连接极为方便。架设 Wi-Fi 无线网络的基本配备就是无线网卡及一台 AP 设备，如此便能以无线的模式，配合既有的有线架构来分享网络资源，架设费用和复杂程度远远低于传统的有线网络。如果只是几台计算机的对等网，也可不要 AP 设备，只需要每台计算机配备无线网卡。AP 主要在媒体存取控制层 MAC 中扮演无线工作站及有线局域网络的桥梁。有了 AP，就像一般有线网络的 Hub 一般，无线工作站可以快速且轻易地与网络相连。特别是对于宽带的使用，Wi-Fi 更显优势，有线宽带网络（ADSL、小区 LAN 等）到户后，连接到一个 AP，然后在计算机中安装一块无线网卡即可。普通的家庭有一个 AP 已经足够，甚至用户的邻里得到授权后，无需增加端口也能以共享的方式上网。厂商只要在机场、车站、咖啡店、图书馆等人员较密集的地方设置"热点"，并通过高速线路将因特网接入上述场所，这样，由于"热点"所发射出的无线电波可以达到距接入点半径数十米至 100 米的地方，用户只要支持无线网络的笔记本电脑或智能手机进入该区域内，即可高速接入因特网。

2.4.2 Wi-Fi 的主要技术

1. CSMA/CA 协议

基于 802.11 的 Wi-Fi 技术的工作方式与基于 802.3 的以太网工作方式非常相似，都是在一个共享媒体之上支持多个用户共享资源，由发送者在发送数据前先进行网络的可用性检测，因此有时候也把 Wi-Fi 网称为"无线以太网（Ethernet）"。在 802.3 协议中，是由一种称为 CSMA/CD（Carrier Sense Multiple Access with Collision Detection）的协议来完成调节，这个协议解决了在以太网上的各个工作站如何在线缆上进行共享媒介进行传输的问题，利用它检测和避免当两个或两个以上的网络设备需要进行数据传送时网络上的冲突。在 802.11 无线局域网协议中，冲突的检测存在一定的问题，这个问题称为"Near/Far"现象，这是由于要检测冲突，设备必须能够一边接收数据信号一边传送数据信号，而这在无线系统中是无法办到的。鉴于这个差异，在 802.11 中对 CSMA/CD 进行了一些调整，采用了新的协议 CSMA/CA（Carrier Sense Multiple Access with Collision Avoidance）和 DCF（Distributed Coordination Function）。CSMA/CA 利用 ACK 信号来避免冲突的发生，也就是说，只有当客户端收到网络上返回的 ACK 信号后，才确认送出的数据已经正确到达目的地址。

CSMA/CA 协议的基本原理是：首先检测信道是否可以使用，如果检测出信道空闲，则等待一段随机时间后，才送出数据。接收端如果正确收到此帧，则经过一段时间间隔后，向发送端发送确认帧 ACK。发送端收到 ACK 帧，确定数据正确传输，在经历一段时间间隔后，会出现一段空闲时间，这段时间叫作帧间间隔 IFS（Interfram Space）。帧间间隔的长短取决于该站要发送的帧的类型。高优先级的帧需要等待的时间较短，因此可以优先获得发送权，但低优先级帧就必须等待较长的时间。若低优先级帧还没来得及发送而其他高优先级帧已发送到媒体，则媒体变为忙态，因而低优先级帧就只能再推迟发送了。这样就减少了发生碰撞的机会。至于各种帧间间隔的具体长度，则取决于使用的物理层特性。这种协议实际上就是在发送数据帧之前先预约信道，如图 2-13 所示。

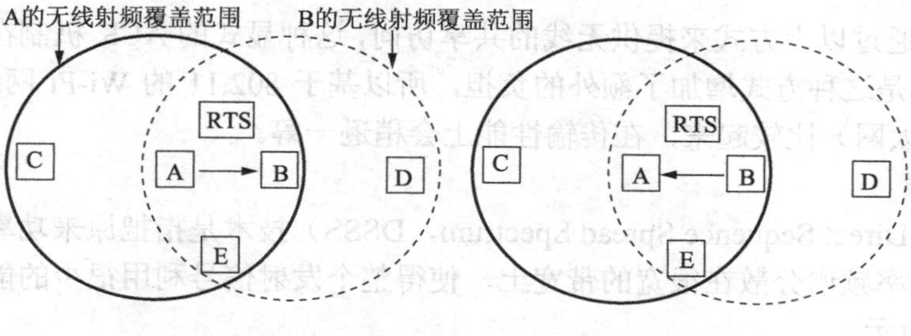

（a）A 发送 RTS 帧　　（b）B 响应 CTS 帧

图 2-13　CSMA/CA 的工作原理

在图 2-13 中，存在如下 2 种工作状态。

（1）站 B、站 C、站 E 在站 A 的无线信号覆盖范围内，而站 D 不在其内。

（2）站 A、站 E、站 D 在站 B 的无线信号覆盖范围内，而站 C 不在其内。

如果站 A 要向站 B 发送数据，那么站 A 在发送数据帧之前，要先向站 B 发送一个请求发送帧 RTS（Request To Send）。在 RTS 帧中已说明将要发送的数据帧的长度。站 B 收到 RTS 帧后就向站 A 回应一个允许发送帧 CTS（Clear To Send）。在 CTS 帧中也附上 A 欲发送的数据帧的长度（从 RTS 帧中将此数据复制到 CTS 帧中）。站 A 收到 CTS 帧后就可发送其数据帧了。现在讨论在 A 和 B 两个站附近的一些其他站将做出什么反应。

对于站 C，它处于站 A 的无线传输范围内，但不在站 B 的无线传输范围内。因此站 C 能够收听到站 A 发送的 RTS 帧，但经过一小段时间后，站 C 收听不到站 B 发送的 CTS 帧。这样，在站 A 向站 B 发送数据的同时，站 C 也可以发送自己的数据而不会干扰站 B 接收数据（注意：站 C 收听不到站 B 的信号表明，站 B 也收听不到站 C 的信号）。

对于站 D，它收听不到站 A 发送的 RTS 帧，但能收听到站 B 发送的 CTS 帧。因此，站 D 在收到站 B 发送的 CTS 帧后，应在站 B 随后接收数据帧的时间内关闭数据发送操作，以避免干扰站 B 接收自 A 站发来的数据。

对于站 E，它能收到 RTS 帧和 CTS 帧，因此，站 E 在站 A 发送数据帧的整个过程中不能发送数据。

虽然使用 RTS 和 CTS 帧会使整个网络的效率有所下降。但这两种控制帧都很短，它们的长度分别为 20 和 14 字节。而数据帧则最长可达 2346 字节，相比之下，控制帧开销并不算大。相反，若不使用这种控制帧，则一旦发生冲突而导致数据帧重发，则浪费的时间就更多。

虽然如此，但协议还是设有以下三种情况供用户选择。

（1）使用 RTS 和 CTS 帧。

（2）当数据帧的长度超过某一数值时才使用 RTS 和 CTS 帧。

（3）不使用 RTS 和 CTS 帧。

尽管协议经过了精心设计，但冲突仍然会发生。

例如，站 B 和站 C 同时向站 A 发送 RTS 帧。这两个 RTS 帧发生冲突后，使得站 A 收不到正确的 RTS 帧，因而站 A 就不会发送后续的 CTS 帧。这时，站 B 和站 C 像以太网发生冲突那样，各自随机地推迟一段时间后重新发送其 RTS 帧。推迟时间的算法也是使用二进制指数退避。

CSMA/CA 通过以上方式来提供无线的共享访问，这种显式的 ACK 机制在处理无线问题时非常有效。但是这种方式增加了额外的负担，所以基于 802.11 的 Wi-Fi 网络和基于 802.3 的 Ethernet（以太网）比较起来，在传输性能上会稍逊一筹。

2. 直序扩频

直序扩频（Direct Sequence Spread Spectrum，DSSS）技术是指把原来功率较高，而且带宽较窄的原始功率频谱分散在很宽的带宽上，使得整个发射信号利用很少的能量即可传送出去，如图 2-14 所示。

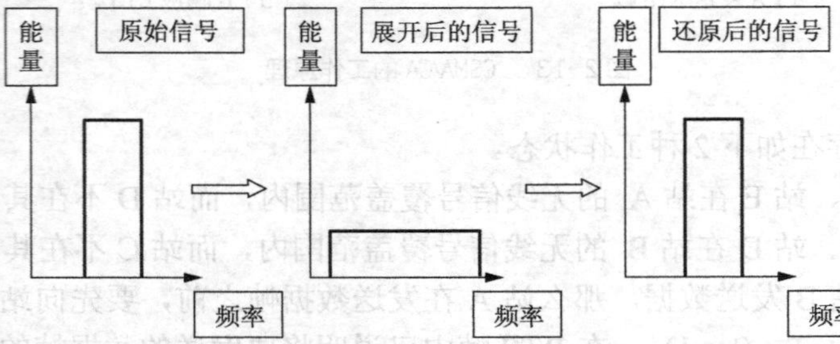

图 2-14 DSSS 的展频过程

在传输过程中，把单个 0 或 1 的二进制数据使用多个片段（chips）进行传输，然后接收方进行片段的数量统计来增加抵抗噪声干扰。例如要传送一个 1 的二进制数据到远程，那么 DSSS 会把这个 1 扩展成 3 个 1，也就是 111 进行传送。那么即使是在传送中因为干扰，使得原来的三个 1 成为 011、101、110、111 信号，但还是能统计 1 出现的次数来确认该数据为 1。通过这种发送多个相同 chips 的方式，能比较容易减少噪声对数据的干扰，提高接收方所得数据的正确性。

3. 跳频技术

跳频（Frequency-Hopping Spread Spectrum，FHSS）技术是指把整个无线带宽分割成不少于 75 个频道，每个不同的频道都可以单独地传送数据。当传送数据时，根据收发双方预定的协议，在一个频道传送一定时间后，就同步“跳”到另一个频道上继续通信。

FHSS 系统通常在若干个不同频段之间跳转来避免相同频段内其他传输信号的干扰。在每次跳频时，FHSS 信号表现为一个窄带信号。

该技术可用于军事中的电子反跟踪，即在传输过程中，不断地把频道跳转到协议好的频道上，即使敌方能从某个频道上监听到信号，但因为我方会不断跳转到其他频道上进行通信，所以敌方就很难追踪到我方下一个要跳转的频道，以达到反跟踪的目的。

如果把前面介绍的 DSSS 以及 FSSS 整合起来一起使用的话，将会成为 hybrid FH/DSSS。这样，整个展频技术就能把原来信号展频为能量很低、不断跳频的信号。使得信号抗干扰能力更强、敌方更难发现，即使敌方在某个频道上监听到信号，但不断地跳转频道，使敌方不能获得完整的信号内容，从而完成利用展频技术隐密通信的任务。

4. OFDM 技术

正交频分复用技术（Orthogonal Frequency Division Multiplexing，OFDM）是一种无线环境下的高速多载波传输技术，其主要思想是：在频域内将给定信道分成许多正交子信道，在每个子信道上使用一个子载波进行调制，各子载波并行传输，从而能有效地抑制无线信道的时间弥散所带来的符号间干扰 ISI（Inter Symbol Interference），这样就减少了接收机内均衡的复杂度，有时甚至可以不采用均衡器，仅通过插入循环前缀的方式消除 ISI 的不利影响。

OFDM 技术有非常广阔的发展前景，已成为第四代移动通信的核心技术。为了支持高速数据传输，IEEE 802.11a/g 标准就采用了 OFDM 调制技术。目前 OFDM 结合时空编码、分集、干扰（包括符号间干扰 ISI）和邻道干扰 ICI（Inter-channel Interference）抑制以及智能天线技术，最大限度地提高了物理层的可靠性。若再结合自适应调制、自适应编码以及动态子载波分配和动态比特分配算法等技术，可使其性能进一步优化。

2.4.3 Wi-Fi 的功能单元

Wi-Fi 无线局域网由端站（STA）、接入点（AP）、接入控制器（AC）、AAA（Authentication、Authorization、Accounting）服务器以及网元管理单元组成，其网络参考模型如图 2-15 所示。AAA 服务器是提供 AAA 服务的实体，其主要目的是管理哪些用户可以访问网络服务器，具有访问权的用户可以得到哪些服务以及如何对正在使用网络资源的用户进行记录等。在参考模型中，AAA 服务器支持远程身份验证拨入用户服务（Remote Authentication Dial In User Service，RADIUS）协议。

Portal 服务器适用于门户网站推送的实体，可以通过基于的 Web 方式来完成认证功能。Portal 服务器的主要功能有强制 Portal、认证页面推送、用户认证、门户网站推送、用户自服务、下线通知等。用户通过 WEB 浏览器发起因特网访问请求后，接入控制器可以将该请求强制到 Portal 服务器，Portal 服务器接收强制 Portal 请求，向用户推送符合要求的认证页面。Portal 服务器接收用户认证请求信息后，向接入控制器发起用户认证过程，用户认证成功后，由 Portal 服务器向用户推送门户网站页面。用户上网结束后，可以使用 Portal 功能通知接入控制器用户下线，当接入控制器侦测到用户下线或者主动切断用户连接时也能告知 Portal 服务器。

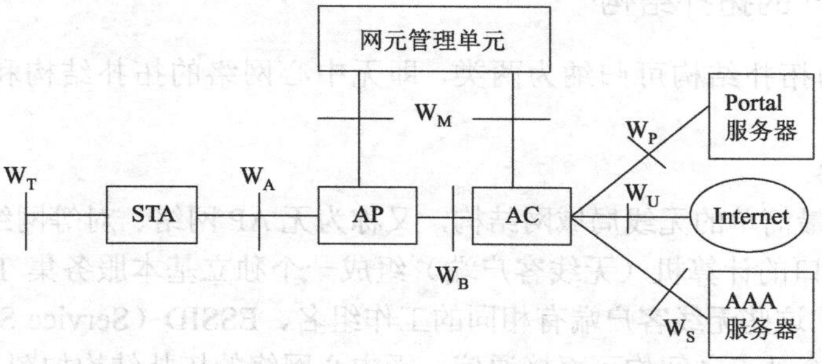

图 2-15 无线局域网网络参考模型

在图 2-15 所示的网络模型中，定义了如下接口。

（1）W_A 接口：STA 和接入点之间的接口，即空中接口。

（2）W_B 接口：在接入点和接入控制器之间，该接口为逻辑接口，可以不对应具体的物理接口。

（3）W_T 接口：STA 和用户终端的接口，该接口为逻辑接口，可以不对应具体的物理接口。

（4）W_U 接口：公共无线局域网（PWLAN）与 Internet 之间的接口。

（5）W_S接口：AC 与 AAA 服务器之间的接口，该接口为逻辑接口，可以不对应具体的物理接口。

（6）W_P接口：AC 与 Portal 服务器之间的接口，该接口为逻辑接口，可以不对应具体的物理接口。

（7）W_M接口：公众无线局域网网元管理单元之间的接口，该接口为逻辑接口。

各个网络单元的功能如下所述。

（1）端站（STA）是无线网络中的终端，可以通过不同接口接入计算机终端，也可以是非计算机终端上的嵌入式设备，STA 通过无线链路接入 AP，STA 和 AP 之间的接口称为空中接口。

（2）接入点（AP）通过无线链路和 STA 进行通信，无线链路采用标准的空中接口协议，AP 和 STA 均为可以寻址的实体，AP 上行方向通过 WB 接口采用有线方式与 AC 连接。

（3）接入控制器（AC）在无线局域网和外部网之间充当网管功能，AC 将来自不同 AP 的数据进行汇聚，与 Internet 相连。AC 支持用户安全控制、业务控制、计费信息采集及对网络的监控。AC 可以直接和 AAA 服务器相连，也可以与 Internet 相连。在特定的网络环境下，接入控制器 AC 和接入点 AP 对应的功能可以在物理实现上一体化。

（4）AAA 服务器具备认证、授权和计费（AAA）功能，AAA 服务器在物理上可以由具备不同功能的独立的服务器构成，即认证服务器（AS）、授权服务器和计费服务器。认证服务器保存用户的认证信息和相关属性，当接收到认证申请时，支持在数据库中查询用户数据。在认证完成后，服务器根据用户信息授权不同的功能属性。

（5）Portal 服务器负责完成公共无线局域网（Public WLAN，PWLAN）用户门户网站的推送，Portal 服务器为必选网络单元。

2.4.4 Wi-Fi 的拓扑结构

无线局域网的拓扑结构可归纳为两类，即无中心网络的拓扑结构和有中心网络的拓扑结构。

1. 无中心网络

无中心网络是最简单的无线局域网结构，又称为无 AP 网络、对等网络或 Ad-Hoc 网络，它由一组有无线接口的计算机（无线客户端）组成一个独立基本服务集 IBSS（Independent Basic Service Set），这些无线客户端有相同的工作组名、ESSID（Service Set Identifier）和密码，网络中任意两个站点之间均可直接通信。无中心网络的拓扑结构如图 2-16 所示。

无中心网络一般使用公用广播信道，每个站点都可竞争公用信道，而信道接入控制（MAC）协议大多采用 CSMA（载波监测多址接入）类型的多址接入协议。这种结构的优点是网络抗毁性好、建网容易、成本较低。其缺点是当网络中用户数量（站点数量）过多时，激烈的信道竞争将直接降低网络性能。此外，为了满足任意两个站点均可直接通信，网络中的站点布局受环境限制较大。因此，这种网络结构仅适应于工作站数量相对较少（一般不超过 15 台）的工作群，并且这些工作站应离得足够近。

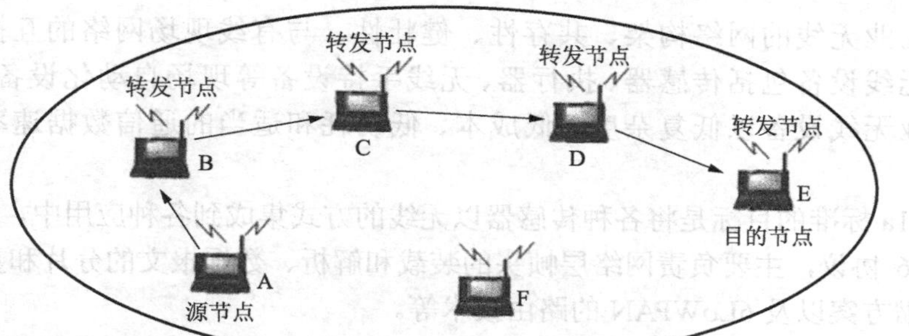

图 2-16 无中心网络的拓扑结构

2. 有中心网络

有中心网络也称结构化网络，它由一个或多个无线 AP 以及一系列无线客户端构成，网络拓扑结构如图 2-17 所示。在有中心网络中，一个无线 AP 以及与其关联（Associate）的无线客户端被称为一个基本服务集（Basic Service Set，BSS），两个或多个 BSS 可构成一个扩展服务集（Extended Service Set，ESS）。

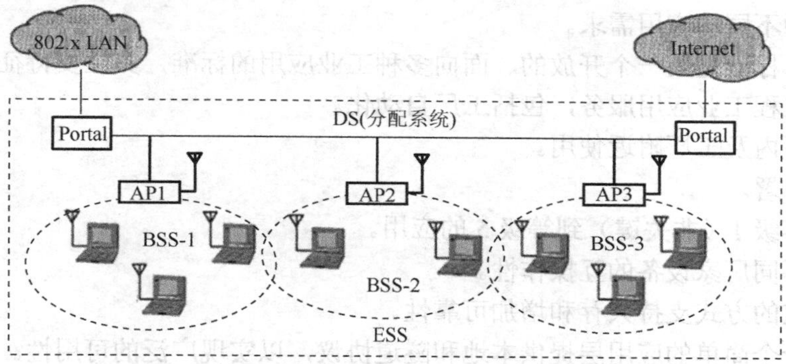

图 2-17 有中心网络的拓扑结构

有中心网络使用无线 AP 作为中心站，所有无线客户端对网络的访问均由无线 AP 控制。这样，当网络业务量增大时，网络吞吐性能及网络时延性能的恶化并不强烈。由于每个站点只要在中心站覆盖范围内，就可与其他站点通信，故网络布局受环境限制比较小。此外，中心站为接入有线主干网提供了一个逻辑访问点。有中心网络拓扑结构的弱点是抗毁性差，中心站点的故障容易导致整个网络瘫痪，并且中心站点的引入增加了网络成本。

2.5 其他短距离无线通信技术与标准

2.5.1 ISA100.11a

ISA100.11a 是由国际自动化学会（International Society of Automation，ISA）下属的 ISA100 工业无线委员会制定，该委员会致力于通过制定一系列标准、建议操作规程、起草技术报告来定义工业环境下的无线系统相关规程和实现技术。ISA100.11a 标准的主要内容包括工业无线的网络构架、共存性、健壮性、与有线现场网络的互操作性等，其定义的工业无线设备包括传感器、执行器、无线手持设备等现场自动化设备。ISA100.11a 标准希望工业无线设备以低复杂度、低成本、低功耗和适当的通信数据速率来支持工业现场应用。

ISA100.11a 标准的目标是将各种传感器以无线的方式集成到各种应用中，ISA100.11a 网络层采用 IPv6 协议，主要负责网络层帧头的装载和解析、数据报文的分片和重组、IPv6 帧头的 HC1 压缩方案以及 6LoWPAN 的路由技术等。

ISA100.11a 在遵循美国、欧洲、加拿大、日本等国家相关规范的前提下，可以在全世界范围内应用。如果一些地区的政策和法规不允许实现某些特征（如加解密算法的使用和无线电频谱使用限制等），可通过对 ISA100.11a 设备进行针对性的配置，使其不具备这些特征。

ISA100.11a 标准遵循公认的 ANSI 标准化流程，标准的制定过程一直立足于用户的需求。ISA100.11a 标准是用于工业传感器和执行器网络的多功能标准，它可以为众多应用提供可靠、安全的运行方案。ISA100.11a 通过简单的无线基础结构能够支持多种协议，如 HART（Highway Addressable Remote Transducer）、Profibus、Modbus、FF（Foudation Fieldbus）等，以满足工业自动化的多种不同的应用需求。

ISA100.11a 标准是第一个开放的、面向多种工业应用的标准，其主要特征如下。

（1）提供过程工业应用服务，包括工厂自动化。

（2）在工厂内及工厂附近使用。

（3）全球部署。

（4）提供等级 1（非关键）到等级 5 的应用。

（5）保证不同厂家设备的互操作性。

（6）跳信道的方式支持共存和增加可靠性。

（7）使用一个简单的应用层提供本地和隧道协议，以实现广泛的可用性。

（8）针对 IEEE 802.15.4-2006 安全的主要工业威胁，提供简单、灵活、可选的安全方法。

（9）现场设备具有支持网状和星型结构的能力。

为满足工业应用的需求，ISA100.11a 支持多种网络拓扑，如星型拓扑、网状拓扑等。星型网络拓扑结构容易实现，实时性高，但仅限单跳范围。网状结构拓扑结构灵活，便于配置和扩展，同时具备良好的稳定性。为了扩大网络覆盖面积，在 ISA100.11a 网络结构中引入了骨干网，骨干网是一个高速网络，可以减小数据时延。所有现场设备通过骨干路由器接入骨干网，由现场设备和骨干路由器组成的网络为 ISA100.11a DL 子网。ISA100.11a DL 子网不含骨干网就组成了 ISA100.11a 网络。如果 ISA100.11a 网络中没有骨干网，ISA100.11a DL 子网包括现场设备和网关，就等同于 ISA100.11a 网络。

如果ISA100.11a网络中有骨干网，ISA100.11a DL子网只包含现场设备和骨干路由器，否则 ISA100.11a 网络包含所有相关 DL 子网骨干路由器和网关。

ISA100.11a 定义了以下 5 种类型的设备角色。

（1）上位机控制系统。它是用户、工程师与 ISA100.11a 系统实现交互的平台。

（2）网关（Gateway）。它提供了上位机和网络的接口，也是与其他工厂级网络的接口。一个 ISA100.11a 网络系统中可以存在多个网关。

（3）骨干路由器（Backbone Router，BBR）。它是 ISA100.11a 骨干网络的基础设施，负

责骨干网中的数据路由。ISAl00.11a 骨干网上的通信协议可以是无线协议，如 Wi-Fi，也可以是有线协议，如标准以太网，即 ISA100.11a 的骨干网是其他高性能的网络。

（4）现场设备（Field Device，FD）。它有终端节点设备和现场路由器两种。终端节点设备一般带有传感器/执行器。现场路由器除了具有传感器/执行器外，还具有路由功能，可以在 ISA100.11a DL 子网内负责路由终端节点设备的数据。

（5）手持设备（Handheld Device）。它是访问 ISA100.11a 系统的设备，用于现场维护与配置设备。

2.5.2　WirelessHART

WirelessHART（Highway Addressable Remote Transducer）的全称是无线可寻址远程传感器高速通道，是第一个开放式的可互操作无线通信标准，用于满足流程工业对于实时工厂应用中可靠、稳定和安全的无线通信的关键需求。WirelessHART 通信标准是建立在已有的经过现场测试的国际标准上的，其包括 HART 协议（IEC 61158）、EDDL （IEC 61804-3）、IEEE 802.15.4 无线电和跳频、扩频和网状网络技术。2008 年 9 月，经过 29 个国家投票表决，WirelessHART 通信规范（HART7.1）正式获得国际电工标准委员会（IEC）的认可，成为一种公共可用的规范（IEC/PAS 62591Ed.1）。

WirelessHART 是用于过程自动化的无线网状网络通信协议，除了保持现有 HART 设备、命令和工具的能力，它增加了 HART 协议的无线能力。每个 WirelessHART 网络包括 3 个主要组成部分。

（1）连接到过程或工厂设备的无线现场设备。

（2）使这些设备能与连接到高速背板的主机应用程序或其他现有厂级通信网络进行连接的网关。

（3）负责配置网络、调度设备间通信、管理报文路由和监视网络健康的网管软件。网管软件能和网关、主机应用程序或过程自动化控制器集成到一起。

该网络使用兼容运行在 2.4GHz 工业、科学和医药（ISM）频段上的无线电 IEEE 802.15.4 标准。无线电采用直接序列扩频（DSSS）、通信安全与可靠的信道跳频、时分多址（TDMA）同步、网络上设备间延控通信（Latency-controlled Communications）等技术，实践证明，该技术在现场实验和各种过程控制行业的实际安装中是可行的。

在网状网络中的每个设备都能作为路由器用于转发其他设备的报文。换句话说，一个设备并不能直接与网关通信，但是可以转发它的报文到下一个最近的设备，这扩大了网络的范围，提供冗余的通信路由，从而增加可靠性。为确保冗余路由仍是开放的和畅通无阻的，报文持续在冗余的路径间交替。因此，就像因特网一样，如果报文不能到达一个路径的目的地，它会自动重新路由，从而沿着一个已知好的、冗余的路径传输而没有数据损失。

网状设计也使增加或移动设备容易。只要设备在网络其他设备的范围内，它就能通信。此外，WirelessHART 协议支持多种报文模式，包括过程和控制值单向发布、异常自发通知、Ad-Hoc 请求响应和海量数据包的自动分段成组传输（Auto-segmented Block Transfers）。这些能力允许按应用要求定制通信，从而可以降低功率消耗和使用费用。

2.5.3 WIA-PA

面向工业过程自动化的工业无线网络标准（Wireless Networks for Industrial Automation Process Automation，WIA-PA）是具有中国自主知识产权、符合中国工业应用国情的一种无线标准体系。WIA-PA 标准是由 863 先进制造技术领域《工业无线技术及网络化测控系统研究与开发》项目（2007AA041201）提出的，是基于 IEEE 802.15.4 标准的用于工业过程测量、监视与控制的无线网络系统。WIA-PA 网络采用星型和网状结合的两层网络拓扑结构，如图 2-18 所示。第一层的网状结构，由网关和路由设备组成；第二层的星型结构，由路由设备及现场设备或手持设备组成。

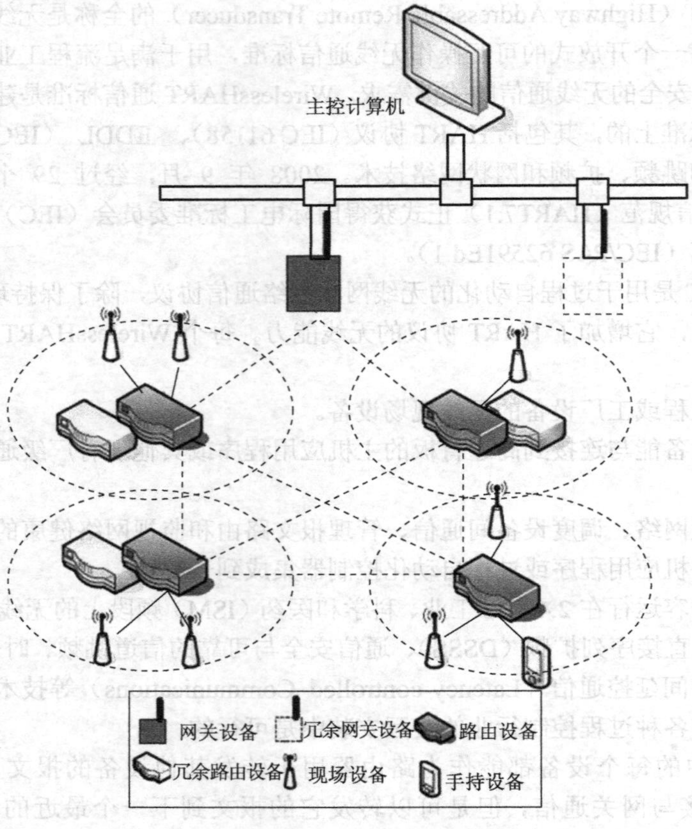

图 2-18 WIA-PA 网络拓扑结构

WIA-PA 网络由主控计算机、网关设备、路由设备、现场设备和手持设备 5 类物理设备构成。此外还定义了两类逻辑设备：网络管理器、安全管理器，在实现时可位于网关或者主控计算机中。

WIA-PA 网络协议遵循 ISO/OSI 的七层结构，但只定义了数据链路子层、网络层、应用子层，如图 2-19 所示。

WIA-PA 为两层拓扑结构，其下层为星型结构，由簇首和簇成员构成；上层为网状结构，由网关和各簇首（兼作路由设备）构成。这样的设计保证簇成员不必选择传输路径，仅一跳即可将测量信息传送给簇首，克服了网状拓扑传送延迟的不确定性，又能利用网状结构节点部署的灵活性和多路径抗干扰的能力，平衡了工业自动化要求无线传输确定性和可靠性的矛盾。

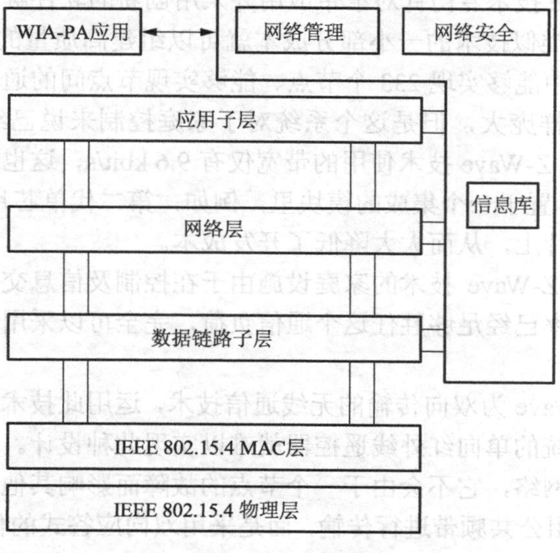

图 2-19　WIA-PA 体系结构

WIA-PA 网络中使用集中式管理和分布式管理相结合的管理架构。集中式管理由网络管理者和安全管理者集中完成，它们直接管理路由设备和现场设备。在网络管理者和安全管理者直接对现场设备进行管理时，路由设备只执行管理信息的转发，不承担簇首角色。分布式管理由网络管理者/安全管理者和簇首共同完成，网络管理者/安全管理者直接管理路由设备，并将对现场设备的管理权限下放给路由设备，路由设备承担簇首角色，执行网络管理者/安全管理者代理的功能。这一设计克服了全网状结构的网管采用集中管理的可能弊端，便于维护网络的长期可靠运行。

2.5.4　Z-Wave

Z-Wave 是一种新兴的基于射频的、低成本、低功耗、高可靠、适于网络的短距离无线通信技术。Z-Wave 是由丹麦公司 Zensys 一手主导的无线组网规格，Z-wave 联盟（Z-wave Alliance）虽然没有 ZigBee 联盟强大，但是 Z-wave 联盟的成员均是已经在智能家居领域有现行产品的厂商，该联盟已经拥有 160 多家国际知名公司，范围基本覆盖全球各个国家和地区。Z-Wave 的工作频段为 908.42MHz（美国）和 868.42MHz（欧洲），采用 FSK（BFSK/GFSK）调制方式，数据传输速率为 9.6 kbit/s，信号的有效覆盖范围在室内是 30m，室外可超过 100m，适合于窄带宽应用场合。随着通信距离的增大，设备的复杂度、功耗以及系统成本都在增加，相对于现有的各种无线通信技术，Z-Wave 技术将是最低功耗和最低成本的技术，有力地推动了低速率无线个人区域网的应用。

Z-Wave 采用了动态路由技术，每个 Slave 内部都存有一个路由表，该路由表由 Controller 写入。存储信息为该 Slave 入网时周边存在的其他 Slave 的 NodeID 信息。这样每个 Slave 都知道周围有哪些 Slaves，而 Controller 存储了所有 Slaves 的路由信息。当控制节点 Controller 与受控 Slave 的距离超出最大控制距离时，Controller 会调用最后一次正确控制该 Slave 的路径发送命令，如该路径失败，则从第一个 Slave 开始重新检索新的路径。

Z-Wave 的优点主要体现在以下几个方面。

（1）成本低。Z-Wave 技术专门针对窄带应用并采用创新的软件解决方案取代成本高的硬件，因此只需花费其他类似技术的一小部分成本就可以组建高质量的无线网络。Z-Wave 系统在一个家庭应用系统中能够实现 233 个节点、能够实现节点间的通信路由。虽然它的系统没能做到像 ZigBee 那样庞大，但是这个系统对于家庭控制来说已经足够了，这就保证了 Z-Wave 的低成本。另外 Z-Wave 技术使用的带宽仅有 9.6 kbit/s，这也是低成本的一个重要因素，除此之外，Z-Wave 置于一个集成的模块里，例如，第二代单芯片 ZW02012-Wave 就是多种器件集成在单个芯片上，从而大大降低了开发成本。

（2）功耗低。使用 Z-Wave 技术的家庭设施由于在控制及信息交换中的通信量较低，因此十几 kbit/s 的通信速率已经足够胜任这个通信负荷，完全可以采用电池供电，从而降低了家用设施的运行功耗。

（3）可靠性高。Z-Wave 为双向传输的无线通信技术，运用此技术可以在摇控器上显示操控信息与状态信息，传统的单向红外线遥控器就难以实现此种设计。同时 Z-Wave 网络是一种以点对点为主的通信网络，它不会由于一个节点的故障而影响其他节点的工作。该技术不像其他的射频技术，使用公共频带进行传输，而是采用双向应答式的传送机制、压缩帧格式、随机式的逆演算法减少失真和干扰。另外，现在 Z-Wave 的传输带宽从最初的 9.6 kbit/s 提升至 40 kbit/s 后，也将会进一步开始考虑提供加密的措施。此举一旦成功，在安全可靠性方面，Z-Wave 将会进一步加强。

（4）覆盖面广。控制系统大都受距离和可靠性的限制，因此以往大部分控制系统需要有线连接来确保对整幢建筑的覆盖。Z-Wave 可支持网状网络拓扑，其多点对多点的连接方式可提供更高的可靠性以及更大的覆盖范围。该技术中集成的动态路由机制实现了虚拟的无限制信号传输范围，每个 Z-Wave 设备都可以将信号从一个设备重传至另一个设备，从而可以保证信号非常可靠地传输覆盖到整个家庭范围。

Z-Wave 是一种结构简单、成本低廉、性能可靠的无线通信技术，通过 Z-Wave 技术构建的无线网络，不仅可以通过本网络设备实现对家电的遥控，甚至可以通过因特网对 Z-Wave 网络中的设备进行控制，如远程监控、远程照明控制等。随着 Z-Wave 联盟的不断扩大，该技术的应用也将不仅仅局限于智能家居方面，在酒店控制系统、工业自动化、农业自动化等多个领域，都将会发现 Z-Wave 无线网络的身影。

2.5.5 RFID

无线射频识别（Radio Frequency Identification，RFID）是 20 世纪 90 年代开始兴起的一种近距离非接触双向通信与识别技术。RFID 利用射频信号通过空间耦合（交变电磁场）实现无接触式的信息传递，通过传递的信息识别特定目标并读写相关数据，而无需识别系统与特定目标之间建立机械或光学接触。

射频识别应用占据的频段或频点大部分位于 ISM 波段之中。典型的工作频率有：125 kHz、13.56 MHz、433 MHz、902~928 MHz、2.45 GHz、5.8 GHz 等。从应用概念来说，射频标签的工作频率也就是射频识别系统的工作频率。从信息传递的基本原理来说，RFID 技术在低频段采用基于类似变压器耦合模型的初级与次级之间的能量传递及信号传递，在高频段采用基于雷达探测目标的空间耦合模型，雷达发射电磁波信号碰到目标后，携带目标信息返回雷达接收机。

RFID 被公认为是 21 世纪十大重要技术之一。与传统的识别方式相比，RFID 技术无需直接接触、无需光学可视、无需人工干预即可完成信息输入和处理，且操作方便快捷，能够广泛应用于生产、物流、交通、运输、医疗、防伪、跟踪、设备和资产管理等需要收集和处理大批量目标数据的应用领域。随着 RFID 技术的不断发展和标准的不断完善，RFID 产业链从硬件制造技术、中间件到系统集成应用等各环节都将得到提升和发展，产品将更加成熟、廉价和多样性，应用领域将更加广泛。RFID 技术在未来的发展中将会结合其他高新技术，如 GPS、生物识别等技术，在由单一识别向多功能方向发展的同时，将结合现代通信及计算机技术，实现跨区域、跨行业应用。

1. RFID系统的工作原理

RFID 的基本原理就是将 RFID 电子标签安装在被识别的物体上，当被标识的物体进入 RFID 系统的阅读范围时，利用空间电感耦合或者电磁反向散射耦合方式进行通信，实现标签和读写器之间的非接触式信息通信，标签向读写器发送携带信息，读写器接收这些信息并解码，通过串口 RS-232/485，将读写器采集到的数据实时送入客户机的终端处理系统，并通过网络传输给服务器，从而完成信息的全部采集与处理过程，以达到自动识别被标识物体的目的。

2. RFID应用系统的组成单元

一般的 RFID 应用系统主要包括 RFID 电子标签、读写器、天线、中间件、应用软件 5 个部分，如图 2-20 所示。

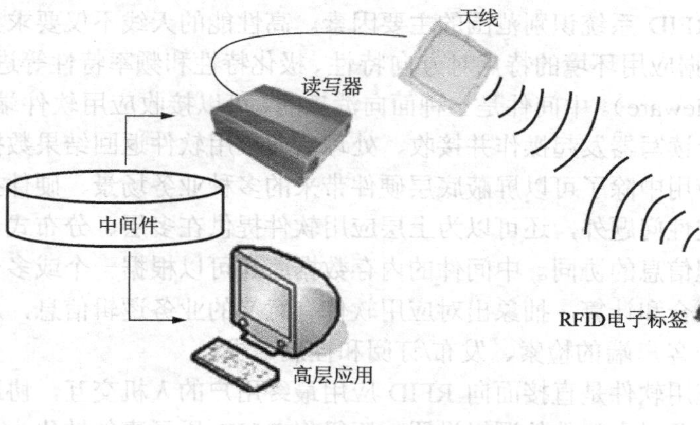

图 2-20 RFID 系统基本组成

（1）RFID 电子标签。RFID 标签俗称电子标签，也称应答器，根据工作方式可分为主动式（有源）和被动式（无源）两大类，其中无源 RFID 标签由于通过耦合方式获取工作电源而无需外部供电，使得使用起来极为方便，因而得到了最广泛的应用。无源 RFID 标签由标签芯片和标签天线或线圈组成，利用电感耦合或电磁反向散射耦合原理实现与读写器之间的通信。RFID 标签中存储一个唯一编码，通常为 64bits、96bits 甚至更高，其地址空间大大高于条码所能提供的空间，因此可以实现单品级的物品编码。RFID 标签进入读写器的作用区域时，可以根据电感耦合原理（近场作用范围内）或电磁反向散射耦合原理（远场作用范围内）在标签天线两端产生感应电势差，并在标签芯片通路中形成微弱电流，如果这个电流强度超过一个阈值，就激活 RFID 标签芯片电路工作，从而对标签芯片中的存储器进行读/写操作，微控制器还可以进一步加入诸如密码或防碰撞算法等复杂功能。RFID 标签芯片的内部结构主要包括射频前端、模拟前端、数字基带处理单元和 EEPROM 存储单元 4 部分。

（2）读写器。读写器也称阅读器（Reader）、询问器（Interrogator），是对 RFID 标签进行读/写操作的设备，主要包括射频模块和数字信号处理单元两部分。读写器是 RFID 系统中最重要的基础设施，一方面，RFID 标签返回的微弱电磁信号通过天线进入读写器的射频模块中转换为数字信号，再经过读写器的数字信号处理单元对其进行必要的加工整形，最后从中解调出返回的信息，完成对 RFID 标签的识别或读/写操作。另一方面，上层中间件及应用软件与读写器进行交互，实现操作指令的执行和数据汇总上传。在上传数据时，读写器会对 RFID 标签原子事件进行去重过滤或简单的条件过滤，将其加工为读写器事件后再上传，减少与中间件及应用软件之间数据交换的流量，因此在很多读写器中还集成了微处理器和嵌入式系统，实现一部分中间件的功能，如信号状态控制、奇偶位错误校验与修正等。未来的读写器呈现出智能化、小型化和集成化趋势，还将具备更加强大的前端控制功能，例如直接与工业现场的其他设备进行交互，甚至是作为控制器进行在线调度。在物联网中，读写器将成为同时具有通信、控制和计算功能的 3C（Communication，Control，Computing）核心设备。

（3）天线（Antenna）。天线是 RFID 标签和读写器之间实现射频信号空间传播和建立无线通信连接的设备。RFID 系统包括两类天线，一类是 RFID 标签上的天线，由于它已经和 RFID 标签集成为一体，因此不再单独讨论；另一类是读写器天线，既可以内置于读写器中，也可以通过同轴电缆与读写器的射频输出端口相连。目前的天线产品多采用收发分离技术来实现发射和接收功能的集成。天线在 RFID 系统中的重要性往往被人们忽视，在实际应用中，天线设计参数是影响 RFID 系统识别范围的主要因素。高性能的天线不仅要求具有良好的阻抗匹配特性，还需要根据应用环境的特点对方向特性、极化特性和频率特性等进行专门设计。

（4）中间件（Middleware）。中间件是一种面向消息的、可以接收应用软件端发出的请求、对指定的一个或者多个读写器发起操作并接收、处理后向应用软件返回结果数据的特殊化软件。中间件在 RFID 应用中除了可以屏蔽底层硬件带来的多种业务场景、硬件接口、适用标准造成的可靠性和稳定性问题外，还可以为上层应用软件提供在多层、分布式、异构的信息环境下业务信息和管理信息的协同。中间件的内存数据库还可以根据一个或多个读写器的读写器事件进行过滤、聚合和计算，抽象出对应用软件有意义的业务逻辑信息，从而构成业务事件，以满足来自多个客户端的检索、发布/订阅和控制请求。

（5）高层应用。应用软件是直接面向 RFID 应用最终用户的人机交互，协助使用者完成对读写器的指令操作以及对中间件的逻辑设置，逐级将 RFID 原子事件转化为使用者可以理解的业务事件，并使用可视化界面进行展示。

3. RFID 技术的发展趋势

未来，RFID 技术将向如下几个方面发展。

（1）建立统一的国际标准。标准的不统一是制约 RFID 技术发展的首要因素。因为每个 RFID 标签的 UID 数据格式有很多种且互不兼容，所以不同标准的 RFID 产品不能通用，这对经济全球化下的物品流通十分不利，对未来的 RFID 产品互通和发展造成了阻碍。目前，RFID 存在 3 个主要的技术标准：ISO/IEC RFID 标准、EPCglobal RFID 标准和泛在识别 UID 标准（Ubiquitous ID）。随着 RFID 技术的发展和标准制定的统一，三大标准体系将逐步兼容。

（2）实现产品的低成本、小体积。从长远来看，电子标签的市场在未来几年内将逐渐成熟，成为 IC（Integrated Circuit Card）卡领域继公交、手机、身份证之后又一个具有广阔市场前景和巨大容量的市场。因此，电子标签的成本需要降低，目前的价格还是比较高，虽然有些标签已降低了成本，但是性能又不能满足。由于实际应用的限制，一般要求电子标签的体积比被标记的商品小。体积非常小的商品以及其他一些特殊的应用场合，对标签体积提出了更小、更易于使用的要求。

（3）隐私保护和安全问题。保护好 RFID 系统用户的隐私也是目前研究的重点。在某些对安全性要求较高的应用领域，需要对标签的数据进行严格的加密，并对通信过程进行加密。当前广泛使用的无源 RFID 系统并没有可靠的安全机制，无法对数据进行很好的保密。如果电子标签中的信息被窃取、复制并被非法使用的话，就可能会带来无法估量的损失。

2.5.6 NFC

近场通信（Near Field Communication，NFC）是一种短距高频的无线电技术，这个技术由非接触式射频识别（RFID）演变而来，由飞利浦半导体（现恩智浦半导体公司）、诺基亚和索尼共同研制开发，其基础是 RFID 及互连技术。NFC 在 13.56 MHz 频率运行于 20cm 距离内。其传输速度有 3 种：106 kbit/s、212 kbit/s、424 kbit/s。目前近场通信已通过成为 ISO/IEC IS 18092 国际标准、ECMA-340 标准与 ETSI TS 102 190 标准。NFC 采用主动和被动两种读取模式。

NFC 近场通信技术由非接触式射频识别（RFID）及互连互通技术整合演变而来，在单一芯片上结合感应式读卡器、感应式卡片和点对点功能，能在短距离内识别兼容设备并进行数据交换。NFC 工作频率为 13.56MHz，因此使用这种手机支付方案的用户必须更换特制的手机。目前，这项技术在日韩被广泛应用。手机用户只需配置了支付功能的手机，就可以行遍全国，如机场登机验证、大厦的门禁钥匙、交通一卡通、信用卡、支付卡等。

与 RFID 一样，NFC 信息也是通过频谱中无线频率部分的电磁感应耦合方式传递，但两者之间还是存在很大的区别。首先，NFC 是一种提供轻松、安全、迅速的无线通信连接技术，其传输范围比 RFID 小。其次，NFC 与现有非接触智能卡技术兼容，已经成为越来越多主要厂商支持的正式标准。再次，NFC 还是一种近距离连接协议，提供各种设备间轻松、安全、迅速而自动的通信。与无线世界中的其他连接方式相比，NFC 是一种近距离的私密通信方式。

NFC 具有成本低廉、方便易用和更富直观性等特点。近年来 NFC 设备被很多手机厂商应用，具体如下。

（1）接触通过（Touch and Go）：如门禁管理、车票和门票等，用户将储存车票证或门控密码的设备靠近读卡器即可，也可用于物流管理。

（2）接触支付（Touch and Pay）：如非接触式移动支付，用户将设备靠近嵌有 NFC 模块的 POS 机可进行支付，并确认交易。

（3）接触连接（Touch and Connect）：如把两个 NFC 设备相连接，进行点对点（Peer-to-Peer）数据传输，如下载音乐、图片互传和交换通信录等。

（4）接触浏览（Touch and Explore）：用户可将 NFC 手机接靠近具有 NFC 功能的智能公用电话或海报来浏览交通信息等。

（5）下载接触（Load and Touch）：用户可通过 GPRS 网络接收或下载信息，用于支付或门禁等功能，用户可发送特定格式的短信至家政服务员的手机来控制家政服务员进出住宅的权限。

2.5.7 UWB

UWB（Ultra Wide Band）是一种超宽带无线通信技术，它利用纳秒至微微秒级的非正弦波窄脉冲传输数据，通过在较宽的频谱上传送极低功率的信号，使得 UWB 能在 10m 左右的范围内实现数百 Mbit/s 至数 Gbit/s 的数据传输速率。

UWB 无线通信是一种不用载波而采用时间间隔极短（小于 1ns）的脉冲进行通信的方式，也称作脉冲无线电（Impulse Radio）、时域（Time Domain）或无载波（Carrier Free）通信。与普通二进制移相键控（BIT/SK）信号波形相比，UWB 方式不利用余弦波进行载波调制而发送许多小于 1ns 的脉冲，因此这种通信方式占用带宽非常大，且由于频谱的功率密度极小，它通常具有扩频通信的特点。

UWB 技术最初是被作为军用雷达技术开发的，早期主要用于雷达技术领域。2002 年 2 月，美国联邦通信委员会（Federal Communications Commission，FCC）批准了 UWB 技术用于民用，UWB 的发展步伐开始逐步加快。与蓝牙和 Wi-Fi 等带宽相对较窄的传统无线系统不同，UWB 能在宽频上发送一系列非常窄的低功率脉冲。较宽的频谱、较低的功率、脉冲化数据等特性意味着 UWB 引起的干扰小于传统的窄带无线解决方案，并能够在室内无线环境中提供与有线相媲美的高速性能。由于 UWB 与传统通信系统相比，工作原理迥异，因此 UWB 具有其他短距离无线通信系统无法比拟的技术特点，具体如下所述。

（1）系统结构实现简单。当前的无线通信技术使用的通信载波是连续的电波，载波的频率和功率在一定范围内变化，从而利用载波的状态变化来传输信息。UWB 则不使用载波，它通过发送纳秒级脉冲来传输数据信号。UWB 发射器直接用脉冲小型激励天线，不需要传统收发器所需的上、下变频，也不需要功用本地振荡器、功率放大器和混频器。因此，UWB 允许采用非常低廉的宽带发射器。同时在接收端，UWB 接收机也有别于传统的接收机，不需要中频处理，因此 UWB 系统结构的实现比较简单。

（2）数据传输极高。在民用商品中，一般要求 UWB 信号的传输范围为 10m 以内，再根据经过修改的信道容量公式，其传输速率可达 500Mbit/s，是实现个人通信和无线局域网的一种理想调制技术。UWB 以非常宽的频率带宽来换取高速的数据传输，并且不单独占用已经拥挤不堪的频率资源，而是共享其他无线技术使用的频带。在军事应用中，可以利用巨大的扩频增益来实现远距离、低截获率、低检测率、高安全性和高速的数据传输。

（3）功耗低。UWB 系统使用间歇的脉冲来发送数据，脉冲持续时间很短，一般为 0.20ns～1.5ns，有很低的占空因数，系统耗电可以做到很低，在高速通信时，系统的耗电量仅为几百 μW～几十 mW。民用的 UWB 设备功率一般是传统移动电话所需功率的 1/100 左右，是蓝牙设备所需功率的 1/20 左右。军用的 UWB 电台耗电也很低。因此，UWB 设备在电池寿命和电磁辐射上，相对于传统无线设备有很大的优越性。

（4）安全性高。作为通信系统的物理层技术具有天然的安全性能。由于 UWB 信号一般把信号能量弥散在极宽的频带范围内，对一般通信系统，UWB 信号相当于白噪声信号，并且大多数情况下，UWB 信号的功率谱密度低于自然的电子噪声，从电子噪声中将脉冲信号检测出来是一件非常困难的事。采用编码对脉冲参数进行伪随机化后，脉冲的检测将更加困难。

（5）多径分辨能力强。常规无线通信的射频信号大多为连续信号或其持续时间远大于多径传播时间，多径传播效应限制了通信质量和数据传输速率。由于超宽带无线电发射的是持续时间极短的单周期脉冲且占空比极低，多径信号在时间上是可分离的。假如多径脉冲要在时间上发生交叠，其多径传输路径长度应小于脉冲宽度与传播速度的乘积。由于脉冲多径信号在时间上不重叠，很容易分离出多径分量，以充分利用发射信号的能量。大量的实验表明，对常规无线电信号多径衰落深达 10~30 dB 的多径环境，对超宽带无线电信号的衰落最多不到 5 dB。

（6）定位精确。冲激脉冲具有很高的定位精度，采用超宽带无线电通信，很容易将定位与通信合一，而常规无线电难以做到这一点。超宽带无线电具有极强的穿透能力，可在室内和地下进行精确定位，而GPS定位系统只能工作在GPS 定位卫星的可视范围之内。与GPS 提供绝对地理位置不同，超短脉冲定位器可以给出相对位置，其定位精度可达厘米级。此外，超宽带无线电定位器更为便宜。

（7）工程简单造价便宜。在工程实现上，UWB 比其他无线技术要简单得多，可全数字化实现。它只需要以一种数学方式产生脉冲，并对脉冲产生调制，这些电路就可以集成到一个芯片上，设备的成本很低。

本 章 小 结

在计算机网络通信中，一般由 IEEE 委员会解决物理层、媒体访问控制层等与传输媒介以及信道接入方式等有关的底层技术标准，而由一些公司企业等组建产业联盟来推动这些技术的进步，如 IEEE 802.15.4 与 ZigBee、ISA100.11a、WirelessHART、WIA-PA 等、IEEE 802.15.1 与 Bluetooth、IEEE 802.11 与 Wi-Fi 等。本章对无线传感网络中有可能使用到的各种短距离无线通信技术与标准进行详细介绍。下面选取几种较常采用的短距离无线通信技术加以比较，其性能指标如表 2-6 所示。

表 2-6　短距离无线通信技术与标准性能比较

名称	Wi-Fi	蓝牙	ZigBee	RFID	NFC
传输速度	11~54 Mbit/s	1 Mbit/s	100 kbit/s	53~480 Mbit/s	424 kbit/s
通信距离	20~200m	2~20m	0.2~40m	1m	20m
频段	2.4GHz	2.4GHz	2.4GHz	3.1~10.6GHz	13.56 MHz
安全性	低	高	中等	高	极高
功耗	10~0mA	20mA	5mA	10~50mA	10mA
应用领域	高速无线互连	通信、汽车、IT、多媒体、工业、医疗、教育等	控制网络，传感网网络，家庭网络	非接触式目标识别、移动目标识别等	手机支付等近场通信技术

课后思考题

1. 什么是短距无线通信？请简述几种典型的短距无线通信技术与标准。
2. 描述 IEEE 802.15.4 协议物理层的帧格式和协议 MAC 层的通用帧结构。
3. ZigBee 的物理设备有哪些类型？它们分别具有什么特点？
4. 什么是 6LoWPAN？请简述 6LoWPAN 在 ZigBee 基础上做了哪些改进和优化。
5. 蓝牙技术有哪些特点？简述其通信过程。
6. 简述 Wi-Fi 系统结构。
7. 举例说明 3 个支持 IEEE 802.15.4 底层协议的应用技术标准，并指出各自的适用领域。

第3章 无线传感网络拓扑控制

无线传感网络中的拓扑控制（Topology Control）是一种协调节点间各自传输范围的技术，用以构建具有某些期望的全局特性（如覆盖度、连通性等）的网络拓扑结构，同时减少节点的能耗，增加网络的传输能力。无线传感网络类似于 Ad-Hoc 网络拓扑，可自组织网络节点接入连接和分布式管理，因此网络的拓扑控制是无线传感网络主要解决的问题之一。在由无线传感网络生成的网络拓扑中，一般将可以直接通信的两个节点之间视为存在一条拓扑边，如果没有拓扑控制，所有节点都会沿着这些拓扑边以最大无线传输功率工作。在这种情况下，一方面，节点有限的能量将被通信部件快速消耗，降低了网络的生命周期，同时，网络中每个节点的无线信号将覆盖大量其他节点，造成无线信号冲突频繁，影响节点的无线通信质量，降低网络的吞吐率；另一方面，在生成的网络拓扑中将存在大量的边，从而导致网络拓扑信息量大，路由计算复杂，浪费了宝贵的计算资源。因此，需要研究无线传感网络中的拓扑控制问题，在维持拓扑的某些全局性质的前提下，通过调整节点的发送功率来延长网络生命周期，提高网络吞吐量，降低网络干扰，节约节点资源。

通过本章的学习，读者将可以了解无线传感网络拓扑控制的任务和目标，了解无线传感网络拓扑结构形式，掌握各种拓扑控制方法。

3.1 拓扑控制的主要任务和目标

在无线传感网络应用系统中，许多传感器节点需要把数据传送到监控中心，一个好的网络结构是保证传感数据进行高效传递的关键。对于位置灵活性很大的传感节点，无法保证其所工作的区域具有基站的支持，或者不是每个节点发射的信号都可以被基站获得。在这种情况下，每一个节点都是路由器，都有义务为别的节点转发数据包，所表现的网络拓扑结构是无规则型的多跳转发结构，所有节点都有义务参与到网络的路由寻找和维护。另外，工作在某个区域内的传感器节点状态是无法预测的，所有网络必须具有良好的抗毁性，即不能由于某个节点的失效而导致整个网络瘫痪。每个传感器节点都使用自己选择的电台半径而不是最大电台的半径来组建网络，这就是拓扑控制需要完成的内容，即在保证网络良好的覆盖控制和网络连通性的前提下，通过设置或调整传感器节点的电台发射功率，按一定规则选择合适的节点作为骨干节点协调参与数据的处理和转发传输，实现网络拓扑结构的优化。

拓扑控制为无线传感网络决定合适的拓扑结构，是实现传感网络节能的重要手段，其研究内容包括能量分配、拓扑生成和节点调度等。网络设备的物理通信能力、节点的位置以及外部的设置决定了无线传感网络原始的拓扑结构，然而可以通过一些限制使其成为面向应用的较简单的子结构。拓扑控制的基本策略就是在保证一定的网络连通度和覆盖度的前提下，以延长网络生命周期为主要目标，兼顾通信干扰、网络延迟、负载均衡、简单性、可靠性、可扩展性等其他性能，从而形成优化的网络拓扑结构。

拓扑控制需要实现的目标主要有以下几点。

（1）连通度。无线传感网络一般规模较大，传感器节点所获取的数据通常以多跳的方式传送至汇聚节点，这就要求拓扑控制必须保证网络的连通性。如果至少要去掉 k 个节点才能使网络不连通，就称其为 k-连通。拓扑控制要保证网络至少是 1-连通的。

（2）覆盖度。覆盖度可以看作是对无线传感网络服务质量的度量。在覆盖问题中，最重要的因素是网络对物理世界的感知能力。生成的拓扑必须保证足够大的覆盖度，即覆盖面积足够大的监视区域。覆盖度问题可以分为区域覆盖、点覆盖和栅栏覆盖。如果目标区域中任意一个点均在 k 个传感器节点的传输范围内，就称网络是 k-覆盖网络。

（3）吞吐量。吞吐量是指网络承载数据传输的能力，尤其是在有大量数据出现时，吞吐量是影响网络通信能力的因素之一。设目标区域是一个凸区域，每个节点的吞吐率为 λbit/s，在理想情况下吞吐量 λ 的计算公式为

$$\frac{16\times A\times W/\pi\times \varDelta^2\times L}{n\times r} \tag{3-1}$$

式 3-1 中，A 是目标区域面积，W 是节点的最高传输速率，π 是圆周率，$\varDelta$ 是大于 0 的常数，L 是源节点到目标节点的平均距离，n 是节点数，r 是理想状态下的发射半径。由此可以看出，通过减小发射半径或减小网络规模，在节省能量的同时，可以在一定程度上提高网络的吞吐能力。

（4）网络生命周期。网络生命周期的定义有多种，一般将网络生命周期定义为直到死亡节点的百分比低于某个阈值的持续时间，也可以通过对网络服务质量的度量来定义网络的生命期。

此外，拓扑控制还要考虑均衡负载、简单性、可靠性、可扩展性等其他方面内容。拓扑控制的各种设计目标之间有着错综复杂的关系，对这些关系的研究也是拓扑控制研究的重要内容。

3.2　无线传感网络拓扑结构形式

无线传感网络的拓扑结构有多种形态和组成方式。从无线传感网络的组网形态和方法来划分，有集中式、分布式和混合式。集中式类似于移动通信的蜂窝结构，可以集中管理。分布式结构类似于 Ad-Hoc 网络结构，可自组织网络接入连接，进行分步管理。混合式结构是集中式和分布式结构的组合。按节点功能及结构层次来看，无线传感网络的拓扑结构又可分为平面网络结构、分级网络结构、混合网络结构和 Mesh 网络结构。下面对按照结构层次划分的网络拓扑结构进行介绍。

3.2.1　平面网络结构

平面网络结构是无线传感网络中最简单的一种拓扑结构，所有节点为对等结构，具有完全

一致的功能特性，也就是说每个节点均包含相同的 MAC、路由、管理和安全等协议。这种网络拓扑结构简单、易维护、具有较好的健壮性，事实上就是一种 Ad-Hoc 网络结构形式。由于没有中心管理节点，故采用自组织协同算法形成网络，其组网算法比较复杂。平面网络结构如图 3-1 所示。

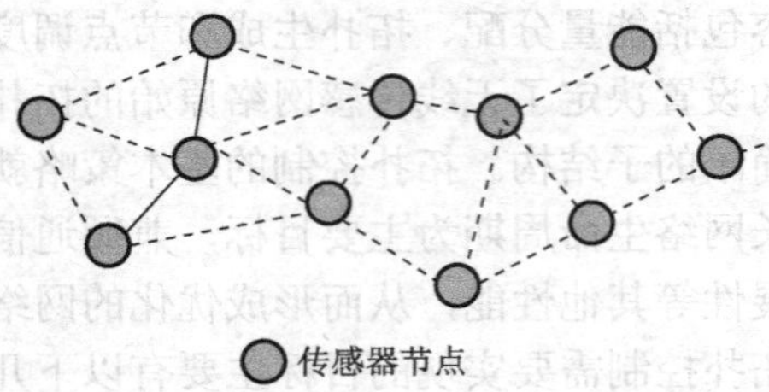

图 3-1　平面网络结构

3.2.2　层次网络结构

层次网络结构也叫分级网络结构，是无线传感网络中平面网络结构的一种扩展拓扑结构，如图 3-2 所示。网络分为上层和下层两个部分：上层为中心骨干节点互连形成的子网拓扑，下层为一般传感器节点互连形成的子网拓扑。骨干节点之间或者一般传感器节点间采用平面网络结构，具有汇聚功能的骨干节点和一般节点之间采用层次网络结构。所有骨干节点互连形成的子网拓扑为对等结构，骨干节点和一般传感器节点有不同的功能特性，骨干节点包含相同的 MAC、路由、管理和安全等协议，而一般传感器节点可能没有路由、管理和汇聚处理等功能。这种层次网络结构通常以簇的形式存在，按功能分为簇首（具有汇聚功能的骨干节点）和成员节点（即用于现场数据采集的一般传感器节点）。

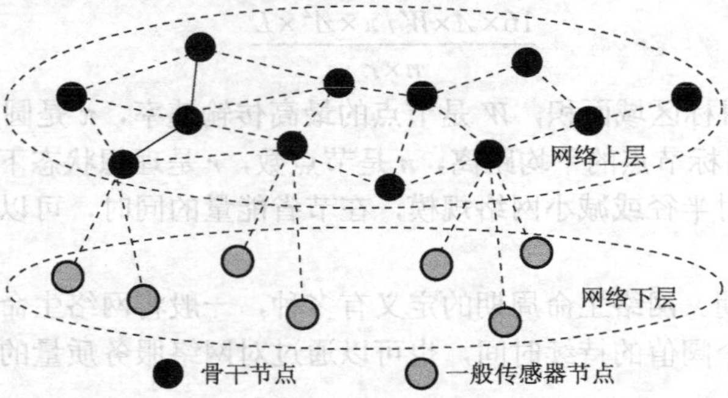

图 3-2　层次网络结构

3.2.3　混合网络结构

混合网络结构是无线传感网络中平面网络结构和层次网络结构的一种混合拓扑结构，如图 3-3 所示。网络骨干节点之间及一般传感器节点之间都采用平面网络结构，而网络骨干节点和一般传感器节点之间采用分级网络结构。

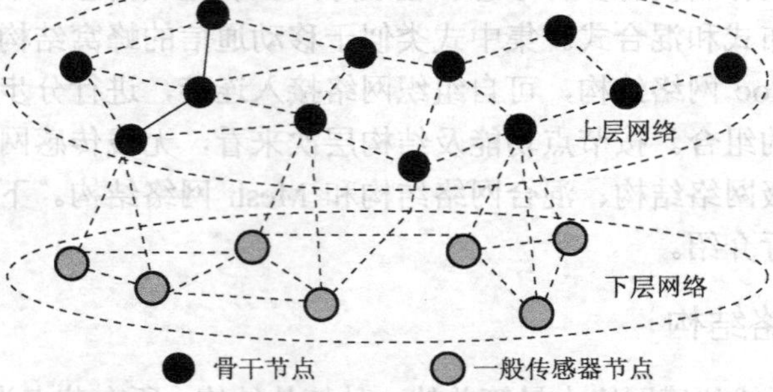

图 3-3　混合网络结构

混合结构和分级网络结构不同的是一般传感器节点之间可以直接通信，可不需要通过汇聚骨干节点来转发数据，支持的功能更为强大，但是所需硬件成本更高。

3.2.4 Mesh 网络结构

Mesh 网络结构是一种新型的无线传感网络结构，如图 3-4 所示。从结构上看，Mesh 网络是规则分布的网络，网络内部节点一般都是相同的，因此 Mesh 网络也称对等网。Mesh 网络结构最大的优点就是尽量使所有节点都处于对等的地位，且具有相同的计算和通信传输功能，某个节点可被指定为簇首节点，而且可执行额外的功能。一旦簇首节点失效，另外一个节点可以立刻补充并接管原簇首那些额外执行的功能。由于 Mesh 网络结构节点之间存在多条路由路径，网络对于单点或单个链路故障具有较强的容错能力和鲁棒性。

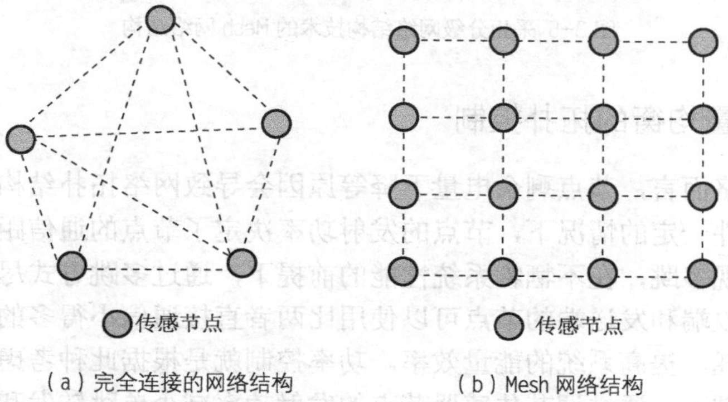

图 3-4 无线传感网络的 Mesh 网络结构

从技术上看，基于 Mesh 网络结构的无线传感器具有以下特点。

（1）由无线节点构成网络。这种类型的网络节点是由一个传感器或执行器构成且连接到一个双向无线收发器。

（2）节点按照 Mesh 拓扑结构部署。网内每个节点至少可以和一个其他节点通信，这种方式可以实现比传统的集线式或星型拓扑更好地网络连接性。具有自我形成、自我愈合功能，以确保存在一条更加可靠的通信路径。

（3）支持多跳路由。来自一个节点的数据在其到达一个主机网关或控制器前，可以通过多个其余节点转发。通过 Mesh 方式的网络连接，只需短距离的通信链路，遭受较少的干扰，因而可以为网络提供较高的吞吐率及较高的频谱复用效率。

（4）功耗限制和移动性取决于节点类型及应用的特点：通常基站或汇聚节点移动性较低，感应节点可移动性较高。基站不受电源限制，而感应节点通常由电池供电。

（5）存在多种网络接入方式。可以通过星型、Mesh 等节点方式和其他网络集成。

Mesh 网络结构的缺点是不同的网络结构对路由协议和 MAC 协议的实现性能影响较大，例如，一个 $n \times m$ 的二维 Mesh 网络结构的无线传感网络拥有 nm 条连接链路，每个源节点到目的节点都有多条路径。对于完全连接的分布式网络的路由表随着节点数增加而成指数增加，且路由设计复杂度是个非确定性 NP（Non-deterministic Polynomial）问题。

现在出现一种采用分级的网络结构，如图 3-5 所示，这种网络结构使 Mesh 网络路由设计要简单得多。由于一些数据处理可以在每个分级的层次里完成，因而比较适合于无线传感网络的分布式信号处理和决策。

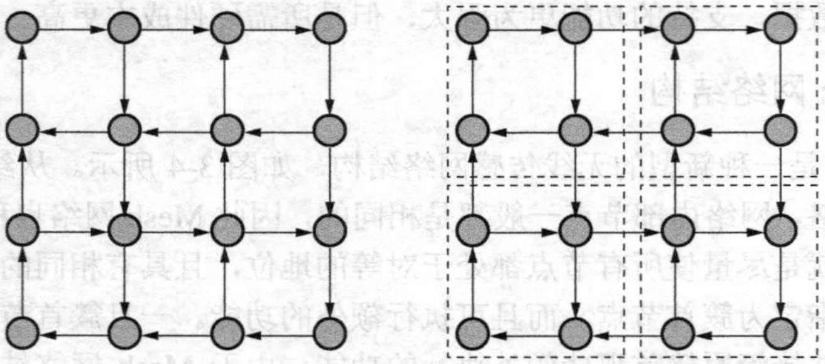

图 3-5 采用分级网络结构技术的 Mesh 网络结构

3.3 基于能量均衡的拓扑控制

对无线传感网络而言，节点剩余电量下降等原因会导致网络拓扑结构发生变化。在无线发射参数及信道条件一定的情况下，节点的发射功率决定了节点的通信距离。无线传感网络的特点就是可以实现多跳，在不牺牲系统性能的前提下，通过多跳方式尽可能地降低节点的发射功率，使得接收端和发送端的节点可以使用比两者直接通信小得多的功率通信，因而大大节约电池能量损耗，提高系统的能量效率。功率控制就是根据此种考虑，在保证整个网络拓扑结构连通的基础上，通过调节传感器节点的发射功率减少单跳转发和接收数据包的直接邻居数目，降低传感器节点间的通信干扰，保证网络的通信连通，实现节点能耗最小，延长网络生存时间。

功率控制是一个涉及跨层的技术，与无线传感网络的许多协议层都紧密相关。功率控制对无线传感网络性能的优化主要集中在物理层的链路质量、MAC 的带宽和空间复用度、网络层的拓扑控制、传输层的拥塞控制等多个层面。其中功率控制对网络层的影响与拓扑控制联系紧密。如果功率控制得不好，发射功率太小会导致网络不能连通，若干节点会形成彼此无法到达的孤立节点，从而使网络性能受到严重影响。而发射功率太大，虽然可以保证网络的连通性，但却造成了能量的浪费，而且降低了频谱的空间复用度，加剧了 MAC 层的竞争冲突。因此功率控制要以提高系统的能量效率为目标，在节点分布特定的情况下，以最小的发射功率确保整个网络的连通性，即维持全网络的最小连通性，在保证网络连通的条件下动态调整网络的拓扑结构和选路，从而有效提高网络系统的能量效率，在满足性能要求的同时，使全网的性能达到最优。下面分别介绍基于功率控制的拓扑控制方法。

3.3.1 基于统一功率分配的控制方法

统一功率分配方法是一种简单的将功率控制与路由协议相结合的方法，其基本思想是将所有的传感节点使用一致的发射功率，在保证网络连通的前提下将功率最小化。基于统一功率分配的拓扑控制方法中，需要每个节点维护多张路由表，分别对应于不同的发生功率级别，节点间同级别的路由表交换控制消息。通过对比不同路由表中的表项，节点可以决定确保最多节点连通最小功率级别，然后统一用该功率发射。

这种统一功率分配方法只适用于节点分配均匀的拓扑结构，如果节点的分布不均匀，那么全网的通信功率可能会消耗很大。

3.3.2 基于节点度数的控制方法

一个无线传感节点的节点度数是指所有距离该节点下一跳的邻居节点的数目。如果对传感器节点的节点度数限定在一个范围，即控制该节点的节点度数的上限值和下限值，进而控制传感器节点的发射功率，降低传感器节点的能耗，这种方法就叫基于节点度数的控制算法。

实施该方法的基础是利用局部信息来调整相邻节点间的连通性，从而保证整个网络通信的连通性，同时使节点间的通信链路具有一定的冗余性和可扩展性。

本地平均算法（Local MeanAlgorithm，LMA）和本地邻居平均算法（Local Mean of Neighbors Algorithm，LMN）是两种典型的基于节点度数的控制算法，它们都是基于每个节点具有全网唯一的标识符 ID，通过动态调节节点的发射功率使得节点的度数处于合理的区间。两种方法实施基本步骤相同，唯一的区别只是在于计算节点度的策略不同，在 LMN 算法中，节点定期检测邻居数量，并根据邻居数量来调节发射功率，而在 LMA 算法中是求该节点邻居的平均邻居数，将平均值作为自己的邻居数。

LMA 算法的主要思想是给定节点度数的上限和下限，动态调整节点的发射功率，使得节点的度数落在要求区间内，具体步骤如下。

（1）开始时，所有节点都有相同的发射功率 TransPower ，每个节点定期广播一个包含有 ID 的 LifeMsg 消息。

（2）如果节点接收到 LifeMsg 消息，就发送一个 LifeAckMsg 应答消息。该消息中包含所应答的 LifeMsg 消息中的节点 ID。

（3）每个节点在下一次发送 LifeMsg 时，首先检查已经收到的 LifeAckMsg 消息，利用这些消息统计出自己的邻居数 NodeResp。

（4）如果 NodeResp 小于邻居数下限 NodeMinThresh，那么节点在这轮发送中将增大发射功率，但发射功率不能超过初始发射功率的 B_{max} 倍，如式 3-2 所示。同理，如果 NodeResp 大于邻居节点数上限 NodeMaxThresh，那么节点将减小发射功率，用式 3-3 表示，其中 B_{max}、B_{min}、A_{inc} 和 A_{dec} 是 4 个可调参数 ，它们会影响功率调节的精度和范围。

$$\text{TransPower}=\min\{B_{max}\times\text{TransPower},\ A_{mc}\times(\text{NodeMintResh}-\text{Node Resp})\times\text{TransPower}\} \tag{3-2}$$

$$\text{TransPower}=\max\{B_{min}\times\text{TransPower},\ A_{dec}\times(1-(\text{Node Resp}-\text{NodeMaxTresh}))\times\text{TransPower}\} \tag{3-3}$$

本地邻居平均算法 LMN 与本地平均算法 LMA 类似，唯一的区别是在邻居数 NodeResp 的计算方法上。在 LMN 算法中，每个节点发送 LifeAckMsg 消息时，将自己的邻居数放入消息中，发送 LifeMsg 消息的节点在收集完所有 LifeAckMsg 消息后，求所有邻居的平均邻居数并作为自己的邻居数。

这两种算法都是利用少量的局部信息达到了一定程度的优化效果，它们对传感节点的要求不高，也不需要很强的时钟同步。但是算法中还存在一些明显的不足，例如，需要进一步研究合理的邻居判断条件，根据信号的强弱对从邻居节点得到的信息给予不同的权重。

3.3.3 基于邻近图的拓扑控制

无线传感网络的节点分布可以用邻近图的方式表示，常用的表达式描述图通常用 $G=(V, E)$

表示，V 是图 G 中所有顶点的集合，E 是所有边的集合，E 集合中的元素表示为(u, v)，u，$v \in V$。如果由图 $G=(V, E)$导出另外一个图 $G'=(P, E')$，其中 E' 是 E 的子集，对任何一个顶点都有 $p \in P$。根据给定的邻近判断条件 q，集合 E 中满足判断条件 q 的边$(u, v) \in E'$，这样一个被导出的图 $G'=(V, E')$称为图 $G=(V, E)$的邻近图。

那么，在无线传感网络中可以用 V 来表示某个节点，E 表示两个节点的距离和方向。基于邻近图的功率拓扑控制算法的基本思想是：在所有传感节点都使用最大功率发射时形成的拓扑图 $G=(V, E)$为基础，按照一定的规则 q，求出该图的邻近图 $G'(V, E')$，在邻近图 G' 中，每个节点以自己所邻接的最远通信节点来确定发射功率。这是一种解决功率分配问题的近似解法。考虑到无线传感网络中两个节点形成的边是有向的，为了避免形成单向边，一般在运用基于邻近图的算法形成网络拓扑之后，还需要增删节点之间的边，以使最后得到的网络拓扑是双向连通的。

比较典型的基于邻近图的功率控制算法有 LMST 算法和 DRNG 算法。

1. LMST 算法

无线传感网络属于分布式网络，网络中没有中心节点，不适合使用全局拓扑控制算法。LMST（Local Minimum Spanning Tree）算法是一种典型的基于邻近图的功率控制算法，适用于分布式环境。该算法的基本思想是对平面内的任何一个节点，用最大通信半径 dmax 发送 HELLO 包，收集所有的邻居节点信息，然后运行贪心算法（通常为 Prim 算法或者 Kruskal 算法）构造以自己为根节点的局部最小生成树，并设置该节点的通信功率，将通信半径调整为能够到达其局部最小生成树上的所有一跳邻居，从而达到局部最小通信总能耗的目的。最后，因为所获拓扑中可能存在单向链接，所以，为了使网络具有双向连通这一良好特性，还要对当前形成拓扑中的单向链接实施添加或删除。该算法事实上是对全局最小生成树算法的一种分布式近似最优的实现。

LMST 算法通过调整局部独立构建的最小生成树，最终实现拓扑的双连通，能有效降低维持全局连通的传输功率，缓解 MAC 层冲突。LMST 算法基于本地收集的信息构建拓扑，因此所需的交互报文量和时延均较小，且针对节点移动问题能有的放矢地进行局部拓扑修复。

虽然 LMST 算法能有效构造具有局部最小总能耗的网络拓扑，但是该算法存在不可忽视的缺陷。首先，LMST 算法构造的网络拓扑具有低连通性，链路冗余率低，不利于路径失效恢复，维护困难。其次，该算法没有考虑能量均衡问题。整个网络通信链路构成树状结构，靠近 Sink 节点的中间节点负责转发大量数据的任务，负载过大，能量损耗比叶节点要大，因此节点生命周期相对较短。一旦任意某个中间节点失效，该网络拓扑结构被切断，需要在该节点重新运行 LMST 算法获得新的局部最小生成树。运行一定时间后失效节点过多，会导致网络过于稀疏，网络连通性受到影响，网络生命期缩短，因此该算法可以在能量均衡方面改进。

2. DRNG 算法

DRNG（Directed Relative Neihborhood Graph）算法以经典的邻近图（Relative Neighborhood Graph，RNG）、局部最小生成树（Local Minimum Spanning Tree，LMST）为基础，并在全面考虑网络连通性和双向连通性的情况下，在节点发射功率不一致时解决网络拓扑控制的优化方法。

DRNG 算法的实施步骤如下。

（1）每个节点以最大的发射功率广播 HELLO 消息，该消息至少包括节点 ID、最大发射功率、自身的位置。节点收到 HELLO 消息后，确定自己可以达到的邻居集合。

（2）以优先选择与自己节点最近的邻居节点的原则来确定邻居集合。

（3）确定邻居节点后，将发射半径调整到最远邻居节点的距离，进一步增删拓扑图的边，使网络达到双向连通。

3.4　基于分簇的拓扑控制

无线传感网络中传感的工作节点通过控制可以分别处于发送数据状态、接收数据状态、空闲状态、休眠状态四种状态。传感器节点的无线通信模块处于发送状态下的功耗最高，接收状态和空闲状态次之，休眠状态功耗最低。例如，目前用于无线传感网络的主流传感网 Berkeley Motes 的通信模块处于发送状态的功耗为 60mW，接收状态的功耗为 12mW，空闲状态的功耗为 12mW，休眠状态的功耗为 0.03mW，四者的功耗比达到 2000:400:400:1。

从这里可以看出，传感器节点传输信息时要比执行计算时更消耗电能，事实上，传输 1bit 信息 100m，需要的能量大约相当于执行 3000 条计算指令消耗的能量。因此，降低能耗的关键是降低网络中的通信流量，使更多的节点在更长的时间段内处于休眠状态。未来大幅降低无线通信模块的能耗，可以考虑依据一定的机制选择部分节点作为骨干节点，这些节点的通信模块处于打开状态，而关闭其他非骨干节点的通信模块，由骨干节点构建一个连通的网络来处理和传输数据。

基于分簇的拓扑控制核心思想是通过控制网络拓扑结构，将传感器节点分为骨干节点和普通节点，使用骨干节点组织数据传输的连通网络，同时骨干节点对普通节点进行管理，控制普通节点状态的转换，调度骨干节点的轮换工作，可以起到很好的节能效果。这种机制使用的算法称为分簇算法。骨干节点是簇头节点，普通节点是簇内节点。簇头节点负责管理簇内节点协调工作，负责簇内数据的转发和数据融合，因此簇头节点的能耗是最高的。只有通过算法调节簇头节点的轮换以及簇头节点角色的转换，才能使传感器节点和整个网络保持均衡运行。层次拓扑结构的传感器节点主要以簇的形式存在，具有汇聚功能的簇首担负数据融合的任务，这就大幅度减少了网络的数据通信量。分簇式的拓扑结构适合于分布式算法的应用，能很好地应用于规模较大的无线传感网络中。由于网络内的许多传感器节点大部分时间通信模块都处于休眠状态，所以能显著地延长网络的生存时间。一个简单的分簇结构的网络拓扑示意图如图 3-6 所示。

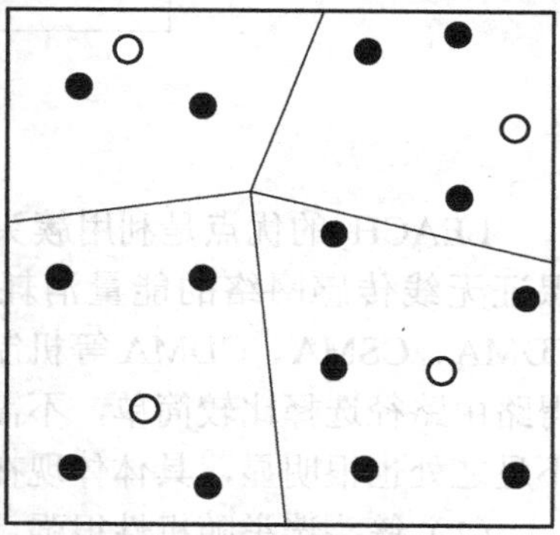

图 3-6　简单分簇结构的网络拓扑示意图

3.4.1　LEACH 算法

低功耗自适应聚类层次算法（Low Energy Adaptive Clustering Hierarchy，LEACH）是一种经典的分布式、自组织的分簇协议。运行 LEACH 协议的无线传感网络会随机选择一些节点成为簇头，并令所有节点周期性地轮换成为簇头，使整个网络的能量负载达到均衡。在 LEACH 协议中，簇头节点将来自其成员节点的数据进行压缩聚合，然后将聚合后的数据通过单跳的方式直接发送给基站节点，大大减小了整个网络中的数据交换量，使得总体能耗大幅度下降。LEACH 算法适用于周期性信息报告，对时延不敏感。网络布设范围小，所有节点到 Sink 的距离可以认为是相等的，比较适用于如博物馆的文物保护检测等应用领域。

LEACH 的目的是确保所有节点大致在相同时刻耗尽能量而停止工作，延长网络的生命周期，其关键是簇头选择，包括确定最优簇头数目以及计算每个节点成为簇头的概率。因而该算法需要掌握全网的节点数、簇头数目、能量评估（单节点与全网）、当前的循环数等技术参数。其实现流程如图 3-7 所示。

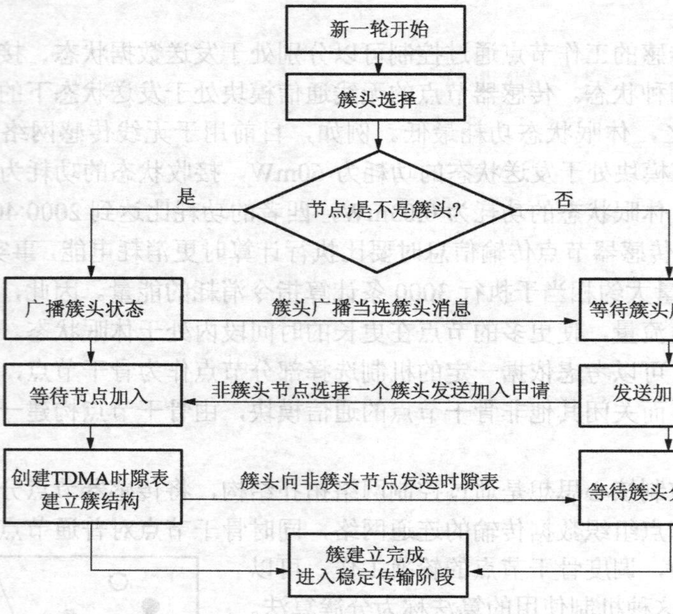

图 3-7 LEACH 工作流程

LEACH 的优点是利用簇头进行数据融合，大大减少冗余数据量。采用选举簇头算法，保证无线传感网络的能量消耗平均负载到各节点上。LEACH 算法在 MAC 层中使用了 TDMA、CSMA、CDMA 等机制来共同处理簇内与簇间的冲突问题。采用层次路由的方法使得路由路径选择比较简单，不需要存储很大的路由信息。其不足之处也很明显，具体体现在以下几个方面。

（1）簇头选举随机性很强，可能会出现簇头集中在某一个区域的现象，造成簇头分布不均匀，如图 3-8 所示。

（2）信息的融合和传输都是通过簇头节点进行，造成簇头节点能量消耗过快的问题。

（3）发射机和接收机必须严格遵守时隙的要求，避免在时间上互相重叠。然而，维持时间同步又增加了一些额外的信令通信量，节点的时间表可能会需要较大的存储器。

（4）LEACH 要求节点之间和节点与 Sink 点之间都能进行直接通信，网络的扩展性差，对于大规模网络而言，节点直接进行通信需要消耗大量的能量，并且采用单跳路由方式，增加了交换数据的能量。

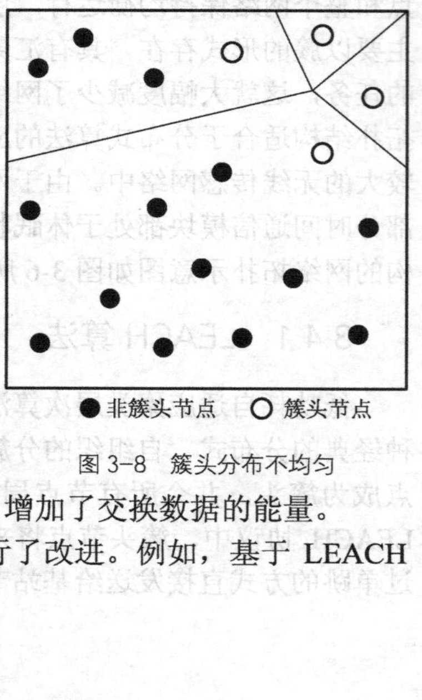

图 3-8 簇头分布不均匀

鉴于 LEACH 的缺点，现在又有一些算法对 LEACH 进行了改进。例如，基于 LEACH

的多跳 LEACH-MH（Multi-Hops）算法，这个算法相比 LEACH 协议，在数据稳定传输阶段，采用簇头多跳传输，增强网路的扩展性，以减少单个簇头的能量消耗，如图 3-9 所示。但 LEACH-MH 算法采用多跳又造成了多跳路由选择的耗能。

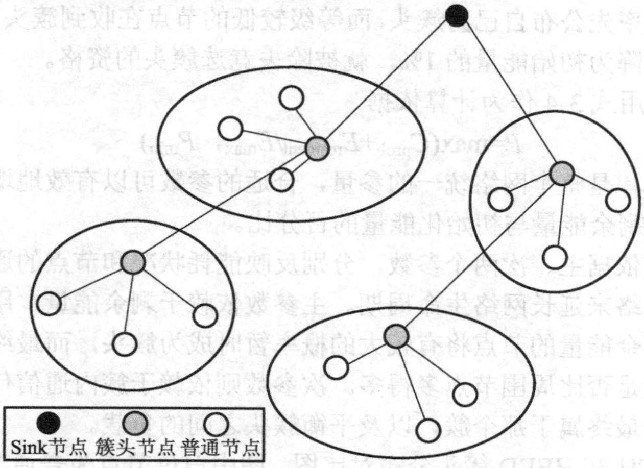

图 3-9 LEACH-MH 簇头多跳传输

基于 LEACH 的协同算法 LEACH-COOP 也是一种基于 LEACH 的改进算法，该算法引入了协同节点，在最后数据融合后，发送数据到 Sink 节点时，采用群内选择好的协同节点发送，以减少由于原 LEACH 协议中存在的簇头节点分布不均匀造成的通信传输消耗大的问题，如图 3-10 所示。

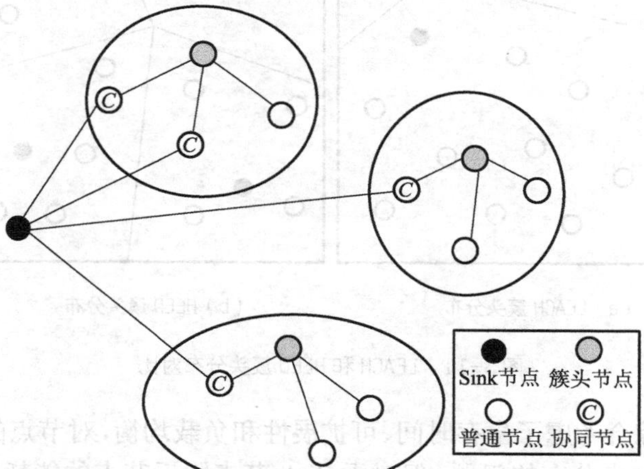

图 3-10 LEACH-MH 簇头多跳传输

3.4.2 HEED 算法

混合能量高效分布式分簇算法（Hybrid Energy-Efficient Distributed Clustering，HEED）是在 LEACH 算法簇头分布不均匀这一问题基础上做出的对 LEACH 协议分簇算法的改进，它以簇内平均可达能量（Average Minimum Reachability Power，AMRP）作为衡量簇内通信成本的标准。

HEED 算法的实质是在 LEACH 算法基础上，重点修改了选举簇头的算法，如图 3-11 所示。在全网时间同步的基础上，将节点根据当前剩余能量占初始能量的比例 P 划分为若干“等级”，等级较高的节点率先公布自己为簇头，而等级较低的节点在收到簇头广播后加入这个簇。如果节点的剩余能量降为初始能量的 1%，就被除去竞选簇头的资格。

HEED 分簇可采用式 3-4 作为计算依据

$$P=\max(C_{prob}+E_{resident}/E_{max},\ P_{min}) \tag{3-4}$$

其中 C_{prob} 和 P_{min} 是整个网络统一的参量，合适的参数可以有效地增加算法的收敛性。$E_{resident}/E_{max}$ 代表节点剩余能量与初始化能量的百分比。

HEED 协议主要依据主、次两个参数，分别反映能耗状况和节点的通信代价，通过将能耗平均分布到整个网络来延长网络生命周期。主参数依赖于剩余能量，用于随机选取初始簇头集合，具有较多剩余能量的节点将有较大的概率暂时成为簇头，而最终该节点是否一定是簇头取决于剩余能量是否比周围节点多得多。次参数则依赖于簇内通信代价，用于确定落在多个簇范围内的节点最终属于那个簇，以及平衡簇头之间的负载。

图 3-11 为 LEACH 和 HEED 簇头分布对比图，图中白色节点为普通节点，黑色节点为簇头节点。从图 3-11 中可以看出，相较于 LEACH 算法，HEED 主要改进是在簇头选择中考虑了节点的剩余能量，并以主从关系引入多个约束条件。HEED 分簇速度更快，能产生更加分布均匀的簇头、更合理的网络拓扑。

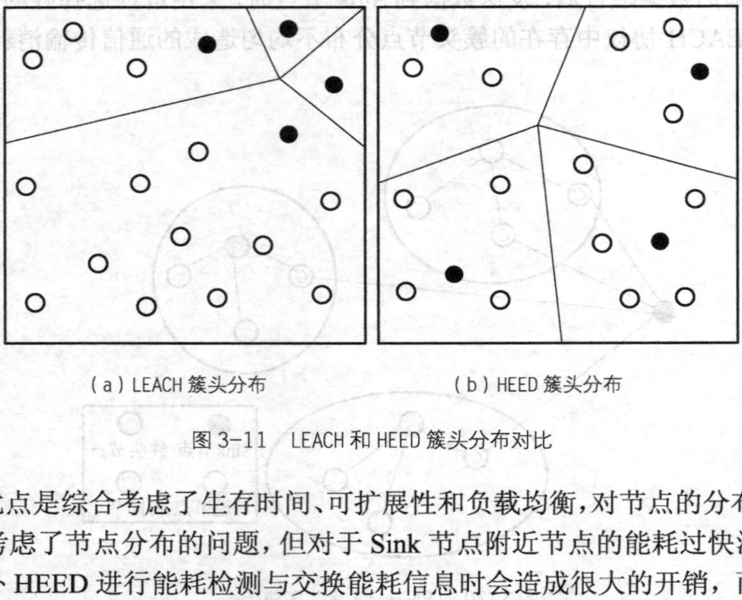

（a）LEACH 簇头分布　　（b）HEED 簇头分布

图 3-11　LEACH 和 HEED 簇头分布对比

HEED 的优点是综合考虑了生存时间、可扩展性和负载均衡，对节点的分布更均匀。HEED 的缺点是虽然考虑了节点分布的问题，但对于 Sink 节点附近节点的能耗过快消耗的问题还是没有解决。另外 HEED 进行能耗检测与交换能耗信息时会造成很大的开销，而且由于需要周期性更换簇头，所以能耗相当大。

3.4.3　TopDisc 算法

TopDisc（Topology Discovery）算法来源于图论中提出的思想，是基于最小支配集问题的经典算法。利用颜色区分节点状态，解决骨干网拓扑结构的形成问题。TopDisc 算法的过程包括 3 个步骤，分别是发现、传播、建立，具体如下。

（1）发现：由网络中的一个节点启动发送用于发现邻居节点的查询消息（拓扑发现探测数据包）。

（2）传播：随着查询消息在网络中传播，算法依次为每个节点标记颜色。

（3）建立：按节点颜色区分出簇头节点，并通过反向寻找查询消息的传播路径在簇头节点之间建立通信链路。

下面以三色算法来介绍 TopDisc 的实现过程。在三色算法中，节点可以处于 3 种状态，分别用白、灰和黑 3 种颜色表示，如图 3-12 所示。

其中白色节点为还没有被发现的节点。黑色节点为簇头节点，负责响应拓扑发现请求。灰色节点为簇内普通节点，其至少被一个标记为黑色的簇头节点覆盖，为该簇头节点的邻居节点。具体步骤如下。

（1）在初始阶段，所有节点都标记为白色，如 3-13 所示。

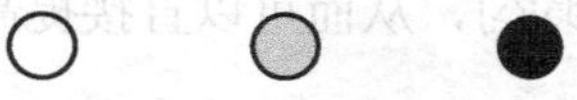

图 3-12　三色算法示意图

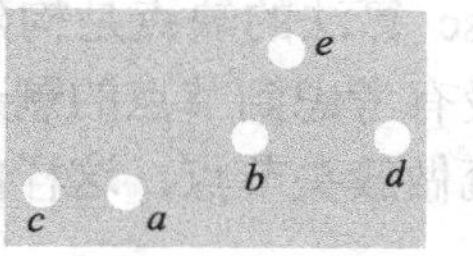

图 3-13　初设阶段设置

（2）初始节点 a 将自己标记为黑色，并广播查询消息，如图 3-14 所示。

（3）白色节点 b、c 收到黑色节点 a 的查询消息时变为灰色，等待一定时间再广播查询消息。等待时间的长度与这个白色节点到向它发出查询消息的灰色节点的距离成反比，如图 3-15 所示。

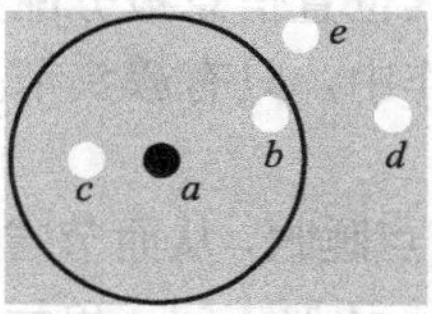

图 3-14　初始节点设置并广播查询消息

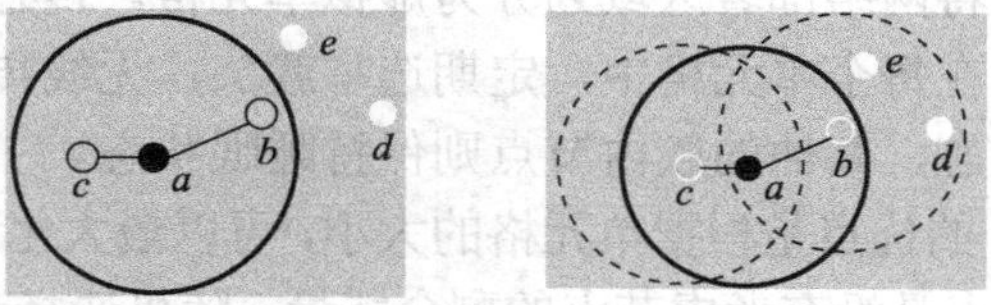

图 3-15　相邻节点收到查询消息

（4）由于节点 b 比节点 c 距离节点 a 更远，所以节点 b 先开始发送查询信息，如图 3-16 所示。

（5）当白色节点收到一个灰色节点的查询消息时，先等待一段时间。等待时间的长度与这个白色节点到向它发出查询消息的灰色节点的距离成反比。如果节点在等待时间内，又收到来自黑色节点的查询消息，节点立即变成灰色节点，否则，节点变为黑色节点，如图 3-17 所示。

（6）由于节点 d 比节点 e 距离节点 b 更远，所以节点 d 先超时，并将自己标记为黑色，如图 3-18 所示。

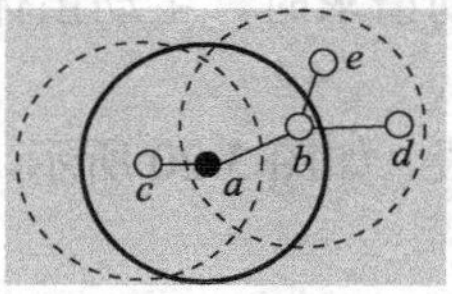

图 3-16　距离越远优选节点选择

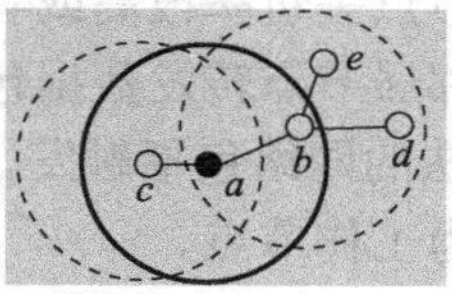

图 3-17　节点消息传递初始状态

（7）节点 *d* 继续向外发送查询消息，这时节点 *e* 收到来自节点 *d* 的消息，变为灰色，如图 3-19 所示。

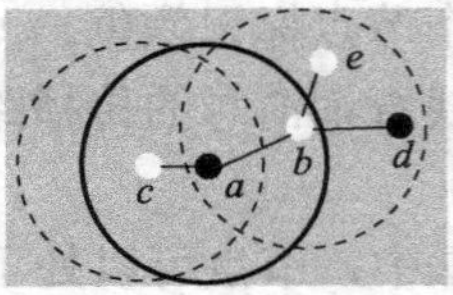

图 3-18　节点 d 由于超时先置黑

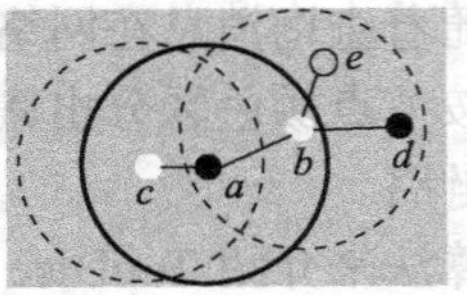

图 3-19　e 节点收到消息变为灰色

（8）当节点变为黑色或者灰色后，它将忽略其他节点的查询消息。

（9）通过反向查找查询消息的传播路径形成骨干网，黑色节点成为簇头，灰色节点成为簇内节点。

TopDisc 算法的缺点是构建成的层次型网络的灵活性不强，重复执行算法的开销过大，且该算法没有考虑到节点的剩余能量问题。如果把剩余能量控制信息加入 TopDisc 算法中，让节点轮流做簇头节点，这样能使得网络中能量的消耗更均匀，从而可以直接提高网络的生存周期。

3.4.4　GAF 算法

GAF（Geographical Adaptive Fidelity）是一种以地理位置为依据的分簇算法，其核心思想是在各数据到数据目的地之间存在有效通路的前提下，尽量减少参与数据传输的节点数，从而减少用于数据包侦听所带来的能量开销。GAF 算法根据节点的地理位置和节点的通信覆盖范围，将网络部署区域划分为虚拟单元格。传感器节点按照其位置信息被分配到不同的单元格中。在每个单元格中，定期选举簇头，无线传感网络在工作中，只有簇头节点处于激活的工作状态，其他的簇内节点则保持睡眠状态。

GAF 的优点是根据单元格的大小，可以最大化地使大部分节点睡眠，从而节省了网络总能耗。其缺点是没有考虑节点的剩余能量，随机选择节点作为簇头，还要求同一单元格的节点保持时间同步，没有考虑移动节点的存在。还有一个比较严重的问题是负载不均匀，在 Sink 节点附近的单元格消耗能量最严重，很容易失去与 Sink 节点相邻单元格的通信，造成网络断开。

虽然 GAF 算法存在一些不足，但是它提出的节点状态转换机制和按虚拟单元格划分分簇等思想具有一定的借鉴意义。

3.4.5　ASCENT 算法

自适应自配置传感网络拓扑（Adaptive Self-Configuring sEnsor Network Topology，ASCENT）算法着重于均衡网络中骨干节点的数量，并保证数据通路的畅通。其基本工作原理是当节点在接收数据时发现丢包严重，就向数据源方向的邻居节点发送请求信息。节点探测到周围的通信节点丢包率很高或者收到邻居节点发出的帮助请求时，主动由休眠状态变为活动状态，帮助邻居节点转发数据包。

ASCENT 算法的网络包括触发、建立和稳定 3 个主要阶段，如图 3-20 所示，其中白圈为侦听节点，黑圈为工作节点。

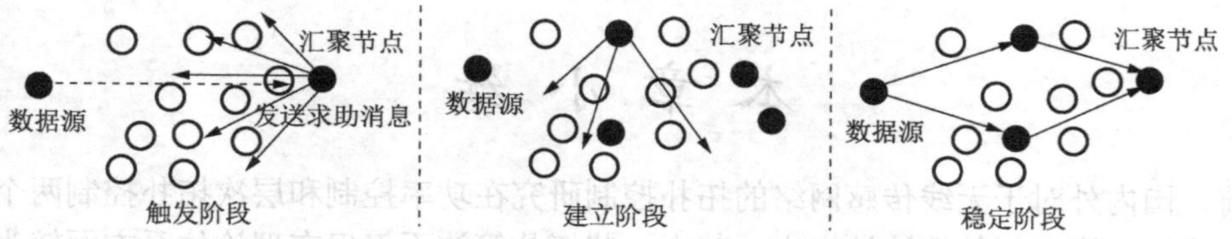

图 3-20　ASCENT 算法建立的三个阶段

在 ASCENT 算法中，节点可以处于 4 种状态：休眠状态，即节点关闭通信模块，能量消耗最小；侦听状态，即节点只对信息进行侦听，不进行数据包的转发；测试状态，这是一个暂态，参与数据包的转发，并且进行一定的运算，判断自己是否需要变为活动状态；活动状态，节点负责数据包的转发，能量消耗最大。4 种状态之间的转换关系如图 3-21 所示。

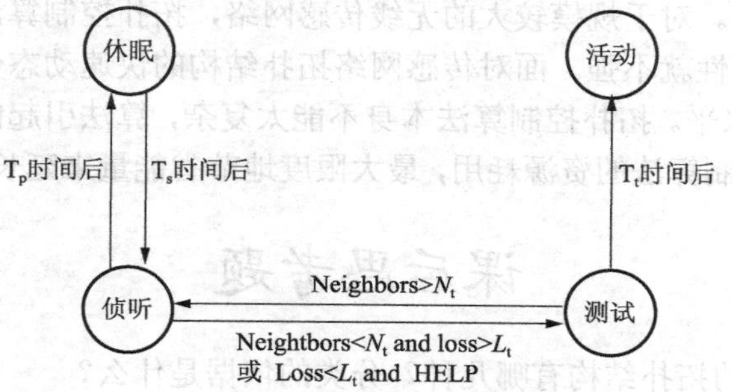

图 3-21　4 种状态之间的转换

其中 N_t 表示节点的邻居数上限，L_t（Lossy）表示丢包上限，T_s 表示睡眠态定时器，T_p 表示侦听态定时器，T_t 表示测试态定时器，Neighbors 代表邻居，Loss 代表丢包率。

图 3-21 中状态之间的转换关系如下。

（1）休眠态与侦听态：处于休眠态的节点设置定时器 T_s，当定时器超时后，节点由休眠态进入侦听态；处于侦听态的节点设置定时器 T_p，当定时器超时后，节点由侦听态进入休眠态。

（2）侦听态与测试态：处于侦听态的节点侦听信道，如果在定时器 T_p 超时前发现节点邻居数小于邻居节点上限，而且信道的平均丢包率大于丢包上限时，或者当平均丢包率小于丢包上限但收到来自邻居节点的求助信息时，则该节点由侦听态切换到测试态。处于测试态的节点在定时器 T_t 超时前发现节点邻居数小于邻居节点上限，或者平均丢包率比该节点进入测试前还大时，说明该节点不适合成为活动节点，工作状态切换到侦听态。否则当定时器 T_t 超时后，节点工作状态切换到活动态。

（3）测试态与活动态：处于测试态的节点如果在定时器 T_t 超时前一直没有满足跳转到侦听态的条件，则在定时器超时后进入活动态，负责数据转发。

ASCENT 算法的优点是可以随具体应用要求而动态地改变拓扑结构，并且节点只根据本地信息进行计算，不依赖于无线通信模块、节点的地理分布和所采用的路由协议等。其缺点也很明显，如只提出了网络局部优化的一种机制，不能适应于大规模网络，也未考虑节点剩余能量等。

本章小结

当前，国内外对于无线传感网络的拓扑控制研究在功率控制和层次拓扑控制两个方面取得了很多成果，许多新的算法被提出，其中一些拓扑算法不仅仅在理论体系方面较为完备，而且在实际工程中得到了应用。还有一些拓扑控制算法通过计算机仿真，效果良好，但算法还处于理论研究阶段。在研究特点上，也出现了同时使用多种方式、多种算法结合形成的拓扑控制机制，拓扑研究的分类也更加灵活等。

此外，传感器节点技术的发展，使得传感器节点的通信能力、计算能力、续航能力和存储能力大幅度提高，这也对无线传感网络的拓扑控制带来新的变化。

尽管无线传感网络的拓扑控制已经取得了许多成果和较大的进展，但还面临着一些重要的关键性问题需要解决。对于规模较大的无线传感网络，拓扑控制算法如果没有较快的收敛速度，在工程上的实用性就不强。面对传感网络拓扑结构的快速动态变化，拓扑控制应进一步提高自适应和 QoS 水平。拓扑控制算法本身不能太复杂，算法引起的数据通信量也不能过多，要尽量降低拓扑控制算法的资源耗用，最大限度地节省能量来延长整个网络的生存时间。

课后思考题

1．无线传感网络的拓扑结构有哪几种？分类的依据是什么？

2．Mesh 结构的无线传感网络的特点是什么？有哪些具体应用？

3．拓扑控制是否是一个单独的技术？它与 MAC 层、数据链路层、网络层、应用层等有没有联系？

4. 无线传感网络的主要拓扑控制算法有哪几类？试述其各自原理，并比较它们的优劣。

第 4 章 无线传感网络覆盖控制

覆盖控制（Coverage Control）技术是关乎无线传感网络监测效能的另外一个支撑性和基础性的技术。无线传感网络要想对指定区域进行全面的监测，必须研究覆盖控制。首先要使网络中的感知节点对被监测区域进行有效覆盖，不要形成覆盖盲区或死区，造成部分区域的监测无法进行，另外一个方面要研究了解被监测区域及目标的分布情况，对传感器节点的部署进行规划，保证网络对被监测区域的全覆盖或者满足要求概率的覆盖。无线传感网络中融入高效的覆盖控制策略后，不但可以在更大范围内更精确地对目标进行探测、跟踪，还可以显著节约网络的能量消耗，延长网络的生存时间。

通过本章的学习，读者可以了解无线传感网络覆盖控制的基本概念、评价指标、节点部署方式和感知模型等知识，了解主要的覆盖类型，进而掌握几种典型的覆盖控制算法及其实现。

4.1 覆盖控制的主要内容

无线传感网络的覆盖控制技术直接决定了无线传感网络监测性能和水平。覆盖控制技术要求合理规定各节点工作状态，在保证网络覆盖性能的前提下，减少处于激活工作状态的传感器节点的数量，并降低网络能耗、优化网络连接性能。无线传感网络覆盖控制技术应用的目标通常是最大化网络工作寿命和最小化节点数量。根据应用的环境和使用情况，合理经济地选用适当的覆盖控制算法。

无线传感网络覆盖控制技术主要研究以下内容。

（1）确定传感节点布置方法。无线传感网络由大量的节点协同工作组成，而这些节点有时候可能随机地部署在监测区域。如果这些节点是用来监测环境比较恶劣的地方或者是监控危险性区域，人为去部署传感器节点几乎是不可能的。例如，需要在有核辐射的实验场所部署节点、将节点部署用来检测有害气体的泄漏、探测前方敌情区域，等等。大量节点的随机部署很难确定某一个节点最终的精确位置，这样的随机部署可能会造成两种极端情况：第一种是节点像簇一样集中部署在某一块很小的区域；第二种是节点过于分散开来，导致节点之间不能够有效地通信。这两种情况都不能高效成功地监测目标区域，这样也是我们最不想看到的情况。当然，可以让有移动能力的节点在随机部署之后根据具体环境和要求合适地调节各自的位置。如果节点都能够获取自己的位置信息，并且它们都有一定的移动能力，那么节点的部署问题将会变得越来越简单。在节点的部署过程中，每个节点都可以通过计算以获取部署之后最大的覆盖率以及最小移动路径。然而，如果节点的位置信息不可获取，那么在节点部署中要想获得更好的覆盖效果以及更小的节点移动距离将变得十分困难。

（2）处理好传感节点感知和通信范围的关系。无线传感网络中传感节点的感知范围和通信范围可能相同，也可能不同。传感器节点的无线通信模块的发射功率强，通信范围就大。应根据传感器节点的感知范围和通信范围情况选用合适的覆盖方法。当覆盖方法确定后，适当地调节通信范围和感知半径是否合理、经济地使用资源。

（3）必须同时保证覆盖和连通的质量。无线传感网络覆盖控制技术除了需要扩大网络覆盖范围外，还要确保网络覆盖的能效性和网络连通的有效性。

4.2 覆盖控制的概念和指标

4.2.1 基本概念

覆盖控制的基本概念如下所述。

（1）感知范围。在无线传感网络中，单个传感器节点所能感知的物理世界的最大范围，称为节点的感知范围，有时也称为节点的覆盖范围或者节点的探测访问范围。在实际应用中，节点的感知范围由节点本身的硬件特性等条件决定。在网络覆盖研究中，传感器节点的感知范围一般都是通过节点的感知模型确定，在布尔（Boolean）模型中，感知范围也称为感知半径。

（2）感知精度。节点的感知精度是指节点采集被监测对象信息的准确程度，一般用节点感知数据与物理世界真实数据的比值表示。网络的感知精度是指网络提供的被监测对象信息的准确程度，也可以用网络监测值与物理世界真实值的比值表示，见式 4-1。

$$p = \frac{v_s}{v_t} \tag{4-1}$$

式 4-1 中，p 表示感知精度，v_s 表示节点或者网络的监测值，v_t 表示物理世界的真实值。传统覆盖的定义是基于布尔模型，认为如果节点与监测对象的距离小于感知半径，则称该节点覆盖监测对象。

在环境监测应用中，网络的监测精度是指网络的感知精度。有时也用感知误差来代替表示感知精度，感知误差定义为网络的感知数据与真实数据的差值。

（3）感知概率。感知概率也称为覆盖概率，一般是指在目标覆盖中，监测对象被节点或者网络感知的可能性。在覆盖算法研究中，感知概率一般和节点或者网络的感知模型密切相关。

（4）漏检率。在目标覆盖中，漏检率和感知概率相对应，是指监测对象被节点或者网络漏检的可能性，其大小和节点本身特性以及应用环境密切相关。

（5）覆盖程度。覆盖程度定义为所有节点覆盖的总面积与目标区域总面积的比值。其中节点覆盖的总面积取集合概念中的并集，所以覆盖程度一般小于或等于 1，见式 4-2。

$$C = \frac{\bigcap_{i=1\cdots n} A_i}{A} \tag{4-2}$$

式 4-2 中，C 代表覆盖程度，A 表示整个目标区域的面积，n 代表节点数目，A_i 表示第 i 个节点的覆盖面积。

（6）覆盖效率。覆盖效率用来衡量节点覆盖范围的利用率，它定义为区域中所有节点的有效覆盖范围的并集与所有节点覆盖范围之和的比值。一方面可以反映覆盖的情况，另一方面可以反映整个网络的能量消耗情况。覆盖效率 C_E 的计算如式 4-3 所示。

$$C_E=\frac{\bigcap_{i=1\cdots n} A_i}{\sum_{i=1\cdots n} A_i} \tag{4-3}$$

根据覆盖效率的定义不难发现，覆盖效率同时也反映了节点的冗余程度。覆盖效率越高节点冗余度越小，反之节点冗余度越大。

（7）网络寿命。不同的无线传感网络应用，对网络寿命的定义是不同的。有些定义网络中所有节点全部死亡时，网络寿命结束；有些定义网络中失效的节点数量超过某个阈值时，网络寿命结束；有些定义在网络出现不连通情况时，网络寿命结束；有些定义网络提供的覆盖率低于某个阈值时，网络寿命结束，等等。

（8）覆盖时间。覆盖时间是指目标区域被完全覆盖或者跟踪时，所有工作节点从启动到就绪所需的时间（在有移动传感器节点的覆盖中，是指移动传感器节点移动到最终位置所需的时间）。覆盖时间在营救或者突发事件监测中是一个很重要的节点覆盖衡量指标，可以通过算法优化和改进硬件设施来减少覆盖时间。

（9）平均移动距离。在移动传感器节点的覆盖方案中，平均移动距离是指每个节点到达最终位置所移动距离的平均值。这个距离越小，系统消耗的总能量就越少。在实际应用中，不仅要减少节点移动的平均距离，而且要尽量减少节点间能量消耗的差异。因此距离可以用节点移动的平均距离和标准方差来表示更为准确，即用每个节点移动的距离与整个网络中节点移动平均距离的偏差来表示。这个标准差越小，系统中节点消耗的能量就越均衡，不易导致网络因为某个节点能量的过多消耗而中断。

4.2.2 算法的评价指标

无线传感网络覆盖控制技术的应用有助于节点能量的有效控制、提高感知服务质量和延长网络寿命。此外也会带来数据传输、管理、存储和计算等代价的提高。所以无线传感网络覆盖控制算法的性能评价标准对于分析一个覆盖控制算法的可用性与有效性非常重要。

（1）覆盖能力。无线传感网络最基本的功能是利用节点监测部署区域的情况进行数据收集，因此网络覆盖能力是评价网络服务质量的重要指标之一，也是衡量一个无线传感网络覆盖控制协议（或算法）是否优劣的首要标准。对于区域覆盖而言，若网络中的节点可以监测整个区域，则称为 1 重覆盖（或单覆盖）。若整个监测区域至少被 k 个不同的节点同时监测，则称为 k 重覆盖。某些应用并不要求网络提供完全覆盖，当网络的覆盖率大于某个阈值时即可满足要求，这称为部分覆盖。

（2）网络连通性。由于无线传感网络是一种无基础设施的网络，大量节点采用自组织方式协同完成数据查询、搜集等任务，因此网络节点之间需要能以无线多跳的方式直接或间接地通信。网络的连通性将有效保证网络自身以无线多跳自组织方式协同工作，并直接决定了无线传感网络感知、监视、传感、通信等各种服务的质量。

（3）能量有效性。由于传感器节点能力受限、节点数量巨大、实际应用的环境条件复杂且大多不允许对节点更换电池，因此如何减少节点的能量消耗、延长整体网络的生存时间已成为无线传感网络的重要性能指标。现有的覆盖控制技术通常采用减小节点通信发射功率、节点状态调度、减少节点间消息交换开销、减少节点信息维护开销等方法减少网络能耗，使网络寿命最大化。

（4）能耗负载平衡。在无线传感网络中，若某些节点能耗负载过大，会导致节点过早死亡，使网络监控产生盲点或使网络产生分割，节点数据不能转发到基站，因此节点能耗负载平衡也是覆盖控制协议设计的目标之一。覆盖控制协议通常采用定期轮询运行的方式，实现节点能耗负载平衡。

（5）算法复杂性。不同无线传感网络覆盖控制算法的实现方式不同导致算法复杂程度也有较大差别。衡量一个覆盖控制算法是否优化的一项重要标准就是其算法的复杂性程度，通常包括时间复杂度、通信复杂度和实现复杂度等。

（6）网络可扩展性。可扩展性是无线传感网络覆盖控制的一项关键需求。通常无线传感网络采用大规模的随机部署方式，若没有网络可扩展性的保证，网络的性能会随着网络规模的增加而显著降低。因此，网络的可扩展性需求在无线传感网络中尤为明显。

（7）算法实施策略。无线传感网络覆盖控制算法的执行可以有分布式、集中式和两者结合的混合式三种方式。通常来说，无线传感网络自身的能量消耗、协议操作代价、网络性能和精度等要求，使得利用本地信息执行的分布式算法更为适用。在一些特殊的网络操作环境下，分布式、集中式两种方式混合执行更有效。

4.3 节点部署方式和感知模型

4.3.1 节点部署方式

目前，无线传感网络中节点的部署方式主要有以下几种。

（1）确定性部署。确定性部署是指事先根据业务需求和传感器节点性能设计节点放置的位置，将节点逐个定点部署。例如，现有的规则部署，部署的节点可以构成规则的拓扑结构，如网格、立方体等。这种部署方式适用于环境状况良好、定点部署代价低、网络规模小的情况。无线传感网络采用确定性部署方式，通常具有良好的网络特性和业务特性，网络资源使用合理，可最大限度地满足用户需求并延长网络寿命。其缺点是适用条件相对苛刻，无法适应无线传感网络广泛的应用需求。

（2）随机部署。随机部署是指采用抛撒方式批量部署传感器节点。根据具体的部署手段，通常认为节点在目标区域内呈均匀分布或者高斯分布等。这种部署方式适用于恶劣环境或者大规模网络，其优点是部署易于实现，价格低廉。对于预先未知监测区域情况的应用场景，可采用随机部署方式。目前，大多数的研究是基于节点随机部署方式的。其存在的主要问题是有可能存在感知盲区或局部资源高度重复，网络的覆盖性、连通性等都处于非最佳状态，需要通过一定的策略控制改善网络性能。

（3）可移动分布。可移动分布分为节点全部可以自由移动和部分可以移动两种情况。前者自由程度较高，在带来较高覆盖质量的同时会增加能量的消耗。后者是一种混合型网络，可以弥补静止节点覆盖的不足，又可以给网络带来一定的灵活性。

节点部署方式的不同对网络拓扑控制将会产生很大的影响，因此需要根据不同的部署方式采用不同的覆盖控制技术。

最近的一些研究方向是将这些节点组织成簇结构，一小部分的节点被选来当作簇头，控制其他节点的位置部署。在这种结构中，节点部署的问题被简化为将这些节点部署为一个一个的簇结构。当然这种结构的缺点是缺乏可靠性，因为一旦簇头节点失效，则以这个簇头为簇结构的整个簇内节点都会失效，进而和整个网络失去通信，造成某些区域不能被有效监测。

近年来，虚拟力（Virtual Force，VF）算法得到广泛关注。该算法中各个节点之间存在一个定义的相互作用关系，称之为虚拟力。节点部署的过程实际上就是所有节点都均衡受力的这么一个动态变化过程。但是这种方法的缺点是受力均衡后，节点的位置也就相对固定了，不符合动态优化的要求。

最近又有一些新的研究，例如，将节点视为是电子模型或者分子模型，每个节点之间都会类似于电子力或分子力的一种力存在，可以将这种力理解为是接收到的信号强度。在部署过程中，每个节点的地位是平等的，当所有节点都保持受力平衡时，部署过程结束，部署完成，这种方法有效地避免上述簇结构会带来簇头失效的问题。但是因为这两种模型下的节点部署方式会存在节点需要在某个范围内来回移动，以达到最终受力平衡的条件，这样也造成了节点能源的浪费，所以这两种方法与传感器节点能源有限相矛盾。

要使得网络中的传感器节点对被监测区域进行有效覆盖，不出现覆盖盲区或者死区，以至造成部分区域的监测无法进行，就需要规划被监测区域以及目标的分布情况、传感器节点的部署情况等，保证传感网络对被监测区域的全覆盖或者满足要求概率的覆盖。无线传感网络覆盖控制直接影响网络节点能源的经济使用、网络工作的效能和生存时间，直接决定无线传感网络的监测性能水平。无线传感网络的覆盖控制就是要求合理规划节点工作状态，在保证网络覆盖性能的前提下，减少处于激活工作状态的传感器节点的数量，并降低网络能耗、优化网络连接性能。无线传感网络覆盖控制的主要内容如下。

（1）确定传感器节点布置方法。在多数环境应用中采用确定型传感器节点部署，在一些恶劣环境中，则采用随机性传感器节点部署。

（2）处理好传感器节点和通信范围的关系。无线传感网络中传感器节点的感知范围和通信范围可能相同，也可能不同。传感器节点的无线通信模块的发射功率强，通信范围就大。应根据传感器节点的感知范围和通信范围情况选用合适的覆盖方法。当覆盖方法确定后，适当地调节通信范围和感知半径来合理、经济地使用资源。

（3）必须同时保证覆盖和连通的质量。无线传感网络覆盖控制技术除了需要扩大网络覆盖范围外，还需要确保网络覆盖的能效性和网络通信连通的有效性。

（4）无线传感网络覆盖控制技术应用的目标通常是最大化网络工作寿命或最小化节点数量。

（5）根据应用的环境和各种情况，合理经济地选用恰当的覆盖控制算法。

4.3.2 节点感知模型

在无线传感网络中，主要使用二元感知模型和概率感知模型来分析传感器节点的覆盖范围和监测能力。

1. *二元感知模型*

要分析无线传感网络的覆盖范围，必须确定传感器节点的覆盖范围。在平面区域上，传感器节点的覆盖范围以传感器为圆心，以传感器节点的感知范围为半径来衡量。

节点的感知范围是一个以节点为圆心，以感知距离为半径的圆形区域，只有落在该圆形区域内的点才能被该节点覆盖，其数学表达式见式 4-4。

$$p_{ij} = \begin{cases} 1 & d(i,j) \leqslant r \\ 0 & d(i,j) > r \end{cases} \tag{4-4}$$

此模型简称为 0/1 模型，即当监控对象处在节点的感应区域时，它被节点监控到的概率恒为 1，而当监控对象处在感应区域之外时，它被监控到的概率恒为 0。

在二元感知模型中，传感器节点侦测某点事件的概率随监测点与节点的距离增大而减少。

2. 概率感知模型

由于传感器节点对周围区域某点发生事件检测的概率，除了受距离影响以外，还受到环境噪声、传感器节点的检测能力不稳定等因素的影响。这样就只能通过概率感知来分析传感器节点的覆盖范围。

在节点的圆形感知范围内，目标被感知到的概率并不是一个常量，而是由目标到节点间的距离、节点物理特性等诸多因素决定的变量。通常会存在两种情况：第一种是节点不存在邻居节点；第二种是节点存在邻居节点。

对于第一种情况，节点 i 对监测区域内目标 j 的感知概率有如下三种定义形式，分别如式 4-5，式 4-6，式 4-7 所示。

$$d=(T_1-T_0)\times v \tag{4-5}$$

$$p_{ij}\begin{cases}1 & d(i,j)\leqslant r_1\\ \mathrm{e}^{-a[d(i,j)-r]} & r_1<d(i,j)\leqslant r_2\\ 0 & d(i,j)>r_2\end{cases} \tag{4-6}$$

$$p_{ij}\begin{cases}0 & d(i,j)>r\\ \dfrac{1}{[1+\alpha d(i,j)]^{\beta}} & d(i,j)\leqslant r\end{cases} \tag{4-7}$$

在上面三个公式中，d（i，j）为节点 i 与目标 j 之间的欧式距离，α 和 β 为与传感器物理特性有关的类型参数。通常 β 取值为[1，4]的整数，而 α 是个可调参数。

对于第二种情况，由于邻居节点的感应区域与节点自身的感应区域存在交叠，所以，如果节点 j 落在交叠区域内，则节点 j 的感知概率会受到邻居节点的影响。假设节点 i 存在 N 个邻居节点 n_1，n_2，…，n_N，节点 i 及邻居节点的感知区域分别记为 $R(i)$，$R(n_1)$，$R(n_2)$，…，$R(n_N)$，则这些感知区域的重叠区域为

$$M = R(i)\cap R(n_1)\cap R(n_2)\cap\cdots\cap R(n_N) \tag{4-8}$$

假设每个节点对目标的感知是独立的，根据概率计算公式，M 中任一节点 j 的感知概率计算式为

$$G_j=1-(1-p_{ij})\prod_{k=1}^{N}(1-p_{n_k j}) \tag{4-9}$$

4.4 覆盖分类

无线传感网络的应用目的、应用环境差异极大，每一种具体的应用目标和环境对应一种网络规模、组成、结构，覆盖控制完全受应用目的和应用环境制约。

在无线传感网络应用中，根据应用目的需要在特定环境中进行传感器节点的布设，如果可以确定性地将网络内的所有传感器部署在确定的位置上，即部署区域、布置数量、部署位

置等都是确定性的，这种部署方式称为确定性部署。如果对被监测区域内部署传感器节点受条件限制，不能控制某区域内布设传感器的具体位置，传感器节点布设具有随机性，这种部署方式称为随机部署。

根据实际目标区域的环境和节点类型的不同，还可以分为二维区域覆盖和三维区域覆盖。根据网络中覆盖对象的差异，无线传感网络中将覆盖控制分为点覆盖、区域覆盖、栅栏覆盖三种，下面分别介绍这三种覆盖类型。

1. 点覆盖

在某些应用环境中，如果被监测区域布设有限个离散的目标点，要求每一个目标点至少被一个传感器节点覆盖，这类覆盖控制称为点覆盖控制，如图 4-1 所示。当有限个离散目标点的物理位置完全确定，布设传感器节点时，如果使用传感器节点的二元感知模型，则任何一个节点都至少被一个传感器二元感知圆盘所覆盖。如果传感器节点随机布设，进行覆盖控制时，要考虑节能覆盖，使网络生存时间最大、监测性能最可靠。

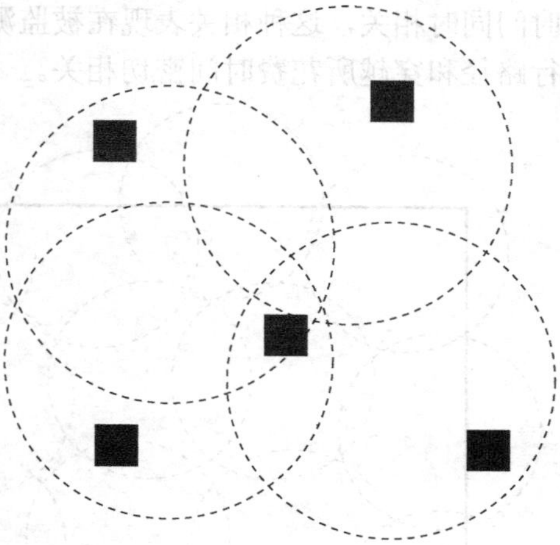

图 4-1 点覆盖类型

点覆盖分为随机型点覆盖和确定性点覆盖。

设定无线传感网络需要对一系列位置已知目标点的集合进行监测，许多传感器节点散布在目标点的周围采集监测信息。随机型点覆盖控制应该能够实现每个目标点在任何时间内都至少被一个无线传感节点感知和监测到。

将传感器节点划分为几个离散的集合，要求每个集合都能完全覆盖所有目标。这些离散的集合都能随时被激活。但在同一时间内，仅有一个集合处于激活工作状态。由于所有的目标点都能被每一个传感器集合监测到，如果最大化这类传感器节点集合的数量，就能降低传感器节点的工作时间，有效地经济使用传感器节点和网络的资源。这种随机型点覆盖可以将所有的离散集合看作是离散覆盖集合，而后确保每个覆盖集合能够监测所有的目标点。随机点覆盖控制主要考虑通过能量高效的自组织实现对离散目标的经济节能型覆盖。

确定性点覆盖也要求用最少的成本实现对有限离散目标点的完全覆盖，并保证通信网络的连通性。在研究确定性点覆盖问题时，一般假设所有传感器都具有相同的感知范围，并且其感知范围就是传感器节点的通信范围。在实际应用中，常通过在网络中构造树状通信结构、最小化通信节点数量的方式实现对确定型点覆盖问题的优化控制。

2. 区域覆盖

限定被监测区域内的任意一点都要求至少被一个传感器节点感知到，即对设定区域，传感器群的侦测感知无盲区，这样的覆盖称为区域覆盖，如图 4-2 所示。如果被监测区域是确定的，则对应有确定性区域覆盖控制。覆盖控制的目标是确定无线传感网络的最优化布置，使传感器节点及整个网络系统处于经济运行状态中，实现无盲区覆盖，使通信网络数据传递通畅。

如果被监测区域不确定或以随机方式确定，对应的则是随机区域覆盖控制。控制目标是进行能量高效实用的自组织网、网络寿命最大化等。在随机区域覆盖控制问题的研究中，一个要解决的重要问题是优化网络覆盖的质量以及使用具有移动能力的传感器节点与不移动的传感器节点进行配合覆盖，消除覆盖盲区，提高网络覆盖质量。

3. 栅栏覆盖控制

栅栏覆盖（见图 4-3）是指当移动目标沿任意路径穿越传感器节点部署区域时，工作节点要能够检测移动目标的全程移动轨迹。它考查了目标穿越无线传感网络时被检测的情况，反映了给定无线传感网络所能提供的传感、监视能力。

当一个移动目标沿任意轨迹穿越无线传感网络的部署及监测区域时，需要确定感知监测以及跟踪的概率，这类控制称为栅栏覆盖控制。栅栏覆盖分成暴露穿越和最坏、最佳情况的覆盖。所谓暴露穿越是指被监测目标在穿过网络覆盖区域被传感器节点感知的概率与空间和时间同时相关，这种相关表现在被监测目标进行暴露穿越时，被侦测感知的概率与目标的穿行路径和穿越所花费时间密切相关。

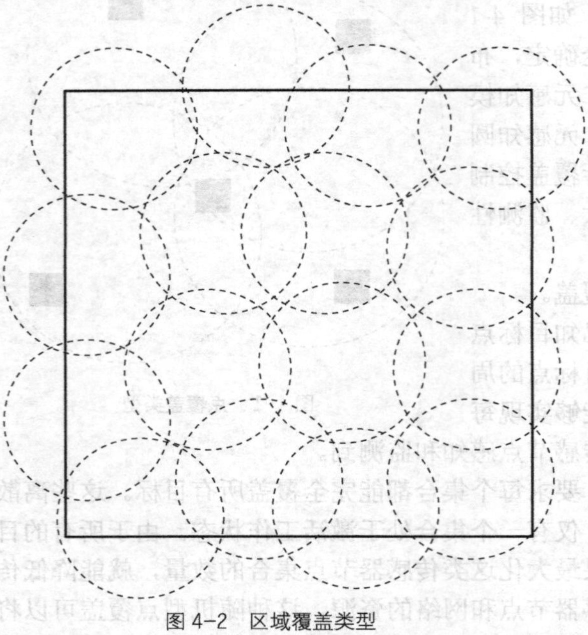

图 4-2　区域覆盖类型

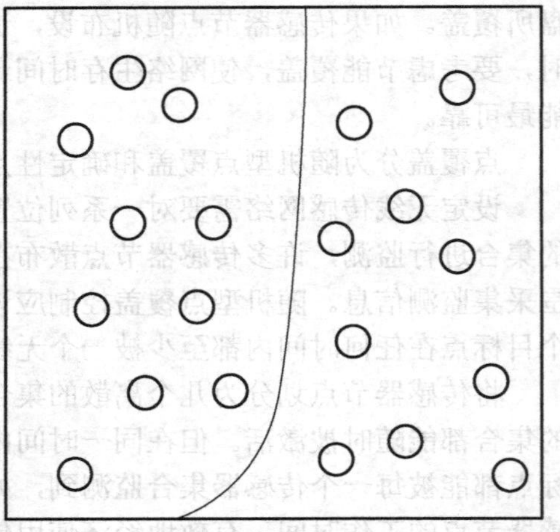

图 4-3　栅栏覆盖类型

根据目标穿越无线传感网络时所采用模型的不同，栅栏覆盖又可以具体分为“最坏与最佳情况覆盖”和“暴露穿越”两种类型。在“最坏与最佳情况覆盖”问题中，对于穿越网络的目标而言，最坏情况是指考察所有穿越路径中不被网络传感器节点检测的概率最小情况，对应最佳的情况是指考察所有穿越路径中被网络传感器节点发现的概率最大情况。与单纯考虑传感器节点距离的“最坏与最佳情况覆盖”不同，“暴露穿越”同时考虑了“目标暴露（Target Exposure）”的时间因素和传感器节点对于目标的“感应强度”因素。这种覆盖模型更为符合实际环境中移动目标由于穿越无线传感网络区域的时间增加而导致“感应强度”累加值增大的情况。

4.5　典型的覆盖控制算法

4.5.1　基于网格的覆盖控制

基于网格的覆盖控制算法是基于网格的目标覆盖类型（确定性覆盖）中的一种，同时也属于目标定位覆盖的内容。该算法考虑网络传感器节点以及目标点都采用网格形式配置，传感器节点采用 0/1 覆盖模型，并使用能量矢量来表示格点的覆盖。

如图 4-4 所示，网络中的各格点都可至少被一个传感器节点覆盖（即该点能量矢量中至少一位为 1），此时区域达到了完全覆盖。例如，格点位置 8 的能量矢量为（0，0，1，1，0，0）。在网络资源受限而无法达到格点完全识别时就需要考虑如何提高定位精度的问题。而错误距离是衡量位置精度的一个最直接的标准，错误距离越小，覆盖识别结果越优化。

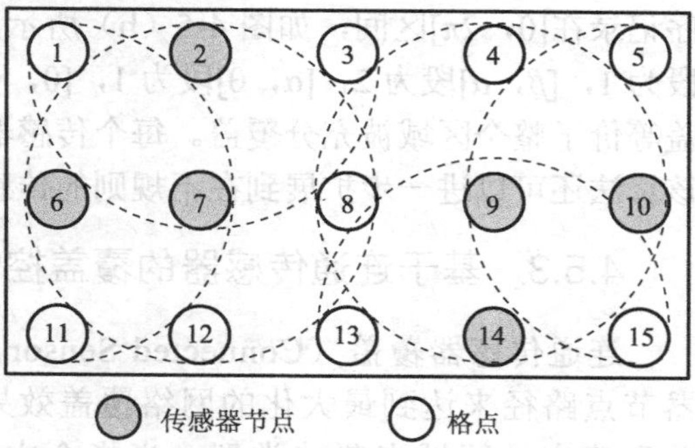

图 4-4 基于网格的覆盖控制

可以设计一种模拟退火（Simulated Annealing，SA）算法来最小化距离错误。初始时刻假设每个格点都配置有传感器，若配置代价上限值没有达到，就循环执行以下过程：首先试图删除一个传感器节点，之后评价配置代价。如果评价不通过，就将该节点移动到另外一个随机选择的位置，之后再评价配置代价。循环得到优化值后，同时保存新的节点配置情况。最后，改进算法停止执行的准则。

这种方法与采用随机配置达到完全覆盖的方案相比更为有效，具有鲁棒性并易于扩展，适用于不规则的无线传感网络区域。缺点是网格化的网络建模方式会掩盖网络的实际拓扑特征。同时由于网络中均为同质节点，不适用于网络中存在节点配置代价和覆盖能力有差异的情况。

4.5.2 基于圆周的覆盖控制

基于圆周的覆盖控制算法就是将随机节点覆盖类型的圆周覆盖归纳为决策问题：目标区域中配置一组传感器节点，看看该区域能否满足 k 覆盖，即目标区域中每个点都至少被 k 个节点覆盖。同时考虑每个传感节点覆盖区域的圆周重叠情况，进而根据邻居节点信息来确定是否一个给定传感器的圆周被完全覆盖，如图 4-5 所示。

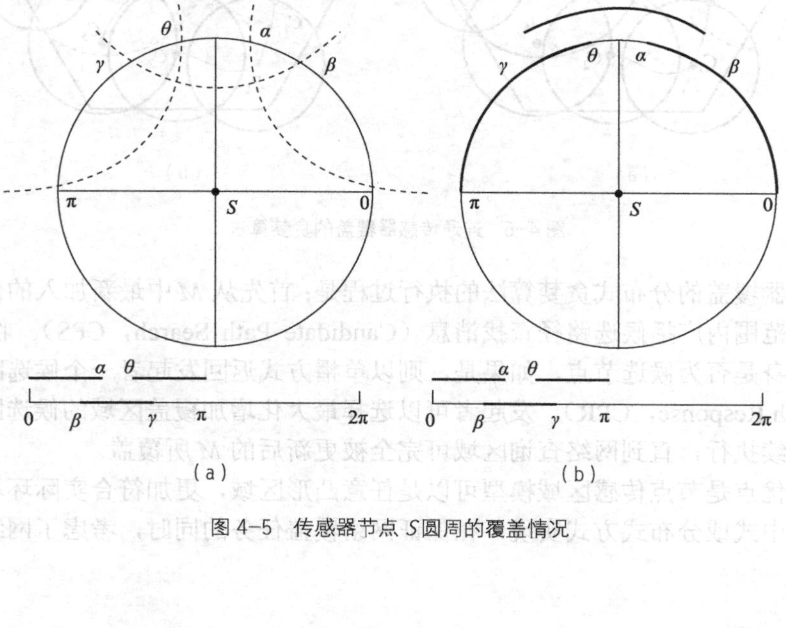

图 4-5 传感器节点 S 圆周的覆盖情况

该算法可以用分布式方式实现：传感器 S 首先确定圆周被邻居节点覆盖的情况，如图 4-5（a）所示，3 段圆周[0，α]、[β，γ]、[θ，π]分别被 S 的 3 个邻居节点覆盖。再将结果按照升序记录在[0，2π]区间，如图 4-5（b）所示，这样就可以得到节点 S 的圆周覆盖情况：[0，β]段为 1，[β，α]段为 2，[α，θ]段为 1，[θ，γ]段为 2，[γ，π]段为 1。传感器节点圆周被充分覆盖等价于整个区域被充分覆盖。每个传感器节点收集本地信息来判断本节点圆周覆盖，并且该算法还可以进一步扩展到在不规则的传感区域中使用。

4.5.3 基于连通传感器的覆盖控制

连通传感器覆盖（Connected Sensor Cover，CSC）控制算法是通过选择连通的传感器节点路径来达到最大化的网络覆盖效果，该算法同时属于连通性覆盖中的连通路径覆盖和确定性区域点覆盖类型。当指令中心向无线传感网络发送一个感应区域查询消息时，连通传感器覆盖的目标是选择最小的连通传感器节点集合并充分覆盖无线传感网络区域。

目前，针对连通传感器覆盖算法有集中与分布式两种。假设已选择的传感器节点集为 M，剩余与 M 有相交传感区域的传感器节点称为候选节点。集中式算法初始节点随机选择构成 M 之后，在所有从初始节点集合出发到候选节点的路径中选择一条可以覆盖更多未覆盖子区域的路径。将该路径经过的节点加入 M，算法继续执行，直到网络查询区域可以完全被更新后的 M 所覆盖。图 4-6 为该贪婪算法执行的方式。在图 4-6（a）中，贪婪算法会选择路径 P_2 得到图 4-6（b），这是由于在所有备选路径中，选择 C_3 和 C_4 组成的路径 P_2 可以覆盖更多未覆盖子区域。

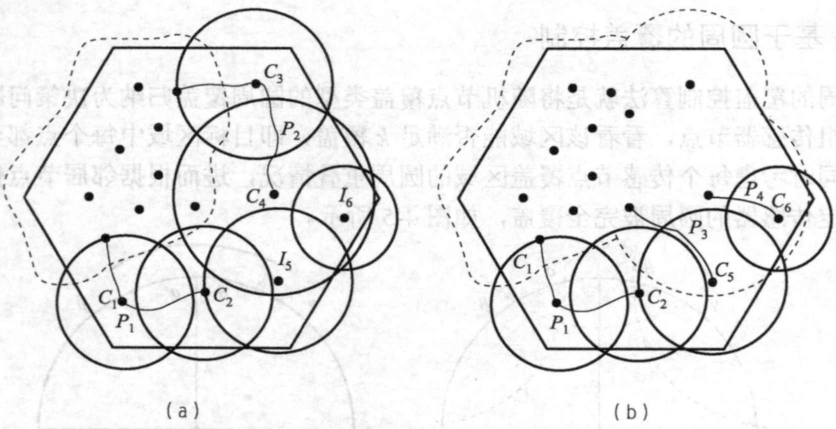

图 4-6 连通传感器覆盖的贪婪算法

连通传感器覆盖的分布式贪婪算法的执行过程是：首先从 M 中最新加入的候选节点开始执行，在一定范围内广播候选路径查找消息（Candidate Path Search，CPS）。收到 CPS 消息的节点判断自身是否为候选节点，如果是，则以单播方式返回发起者一个候选路径响应消息（Candidate Path Response，CPR）。发起者可以选择最大化增加覆盖区域的候选路径。更新各参数，算法继续执行，直到网络查询区域可完全被更新后的 M 所覆盖。

该算法的优点是节点传感区域模型可以是任意凸形区域，更加符合实际环境，可以灵活地选择使用集中式或分布式方式实现，在保证网络覆盖任务的同时，考虑了网络的连通性，算法周期执行降低了网络通信代价，并可以延长网络的生存时间。其缺点是虽然同时考虑了连通性与网络的覆盖性，但不能保证查询返回结果的精度。没有考虑实际无线信道中出现的通信干扰和消息丢失，是一种单纯考虑消息传递的理想情况。

4.5.4 基于轮换活跃/休眠的覆盖控制

采用轮换活跃和休眠节点的自我调度（Self-Scheduling）覆盖协议可以有效延长网络生存时间，该协议同时属于确定型面/点覆盖和节能覆盖类型。

协议采用节点轮换周期工作机制，每个周期由一个自我调度（Self-Scheduling）阶段和一个工作（Working）阶段组成。在 Self-Scheduling 阶段：各节点首先向传感半径内邻居节点广播通告消息，其中包括节点 ID 和位置。节点检查自身传感任务是否可由邻居节点完成，可替代的节点返回一条状态通告消息，之后进入“休眠状态”，需要继续工作的节点执行传感任务。在判断节点是否可以休眠时，如果邻居节点同时检查到自身的传感任务可由对方完成并同时进入“休眠状态”，就会出现如图 4-7 所示的“盲点”。为了避免“盲点”的出现，每个节点在进入“休眠状态”之前，还将等待 T_{w} 时间来监听邻居节点的状态更新。

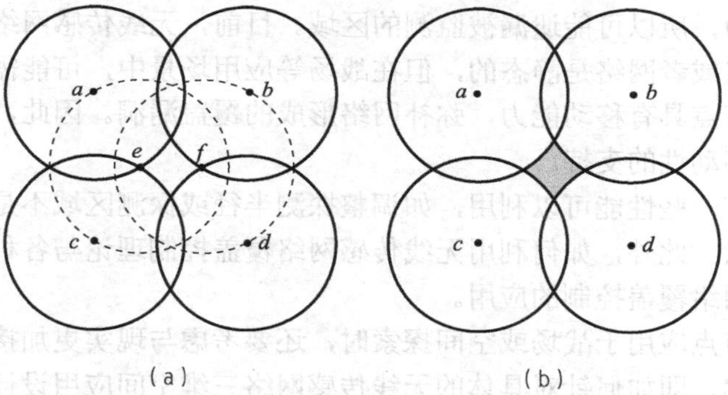

图 4–7　网络中出现的“盲点”

在图 4-7（a）中，节点 e 和 f 的整个传感区域都可以被相邻的邻居节点代替覆盖。e 和 f 节点满足进入“休眠状态”条件之后，将关闭自身节点的传感单元进入“休眠状态”，但这时出现了不能被无线传感网络检测的区域，即网络中出现“盲点”，如图 4-7（b）所示。为了避免这种情况发生，节点在 Self-scheduling 阶段检查之前执行一个退避机制：每个节点在一个随机产生的 T_{d} 时间之后再开始检查工作。此外，退避时间还可以根据周围节点密度而计算，这样可以有效控制网络“活跃”节点的密度。为了进一步避免“盲点”的出现，每个节点在进入“休眠状态”之前，还将等待 T_{w} 时间来监听邻居节点的状态更新。该协议是作为 LEACH 分簇协议的一个扩展来实现，其优点是不会出现覆盖“盲点”，因而可以保持网络的充分覆盖。

该算法可以有效控制网络节点的冗余，同时保持一定的传感可靠性。节点轮换机制周期工作有效地延长了网络生存时间。节点轮换机制对出现位置错误、包丢失以及节点失效等问题时，依然可以保持网络的充分覆盖。但缺点是需要预先确定节点位置，并要求整个网络同时具有时间同步支持，给网络带来了附加实现代价，无法使无线传感网络区域上的边界节点“休眠”，这就影响了整个网络生存时间。节点轮换机制只适用于传感器节点覆盖区域为圆周（或圆球），不适用于不规则节点感应模型，需要综合优化考虑活跃节点数量和网络覆盖效果。

本章小结

当前无线传感网络覆盖算法还有如下许多问题与挑战需要解决。

（1）节能问题。传感器节点在能量、运算能力及存储容量方面都受到极大的限制，因为通过更换电池延长网络寿命的方法不现实，所以在解决覆盖问题的同时，考虑节能问题是研究趋势之一。

（2）完善感知模型种类。目前使用的传感器节点感知模型有限，不能适用于实际无线传感网络环境下感知模型多样化需要。此外，目前节点感知模型大多没有考虑实际无线信道中出现的通信干扰，是一种理想模型。大量的覆盖控制算法都是在理想的模型下设计的，而在真实的环境中，无线传感节点及其传输范围可能不同，因此需要研究更多的异类网络的感知覆盖模型。

（3）提供移动性的支持。在多数情况下，传感器节点是随机布设的，而传感器节点通常被认为没有移动能力，所以可能遗漏被监测的区域。目前，无线传感网络覆盖控制理论与算法大都假定传感节点或者网络是静态的，但在战场等应用场景中，可能需要节点或网络具有移动性。这就要求节点具有移动能力，弥补网络形成的覆盖漏洞。因此，新的覆盖控制理论与算法需要提供对移动性的支持。

（4）传感器还有一些性能可以利用，如调整探测半径或探测区域不是圆，而是一个角度范围或者不规则形状。此外，如何利用无线传感网络覆盖控制理论与各种算法，开发和设计更多结合无线传感网络覆盖控制的应用。

（5）当传感器节点应用于战场或空间探索时，还要考虑与现实更加接近的三维世界下的建模与节能覆盖方案，即如何针对具体的无线传感网络三维空间应用设计出有效的算法与协议，这些问题都有待进一步研究和设计。

（6）无线传感网络覆盖控制的性能评价标准的设置。无线传感网络覆盖控制策略及算法的应用，有助于有效控制网络节点能量、提高感知服务质量和延长整体生存时间，但另一方面也会带来网络相关传输、管理、存储和计算等代价的提高。因此，无线传感网络覆盖控制的性能评价标准对于分析一个覆盖控制策略及算法的可用性与有效性至关重要。

课后思考题

1．无线传感网络的结构有哪几种？分类的依据是什么？
2．Mesh 结构的无线传感网络的特点是什么？有哪些具体应用？
3．无线传感网络的覆盖控制算法有哪几类？如何划分？
4．无线传感网络的区域覆盖主要有哪些方法？其原理是什么？
5．无线传感网络的点覆盖主要有哪些方法？其原理是什么？
6．无线传感网络的边界覆盖有哪些模型？其原理是什么？
7．请列举几种典型的覆盖控制算法，并分析各自的性能优劣。

第5章 无线传感网络节点定位

无线传感网络中的节点定位主要是指对位置信息未知的移动节点或者静止节点进行一个相对位置或者绝对位置的标定与获知，基本方法是根据少数已知位置的节点，按照某种算法计算出自身位置信息的过程。确定节点的位置信息在无线传感网络中有两层含义，一层是确定自己在系统中的位置信息，另外一层就是确定目标在系统中的位置信息。根据这两层含义，可以将无线传感网络节点定位分为节点自身定位和目标定位。节点自身定位就是确定网络中节点本身坐标位置的信息，目标定位就是确定网络覆盖范围内其他目标节点的坐标位置。

通过本章的学习，读者可以掌握无线传感网络应用中节点定位的基本概念和原理，掌握当前节点定位的几种常用实现方法。

5.1 概述

无线传感网络中感知节点的定位具有特殊的意义，这是因为传感器节点只有明确自身的位置，才能为用户提供有用的信息。因为事件发生的位置信息和采集事件信息数据的传感器节点位置信息都是在无线传感网络工作时不能离开的重要内容，传感器节点只有明确自身位置，才能详细说明“在什么位置发生了什么事件”，从而实现对外部目标的定位和跟踪。另外一个方面，传感器节点往往是被随机地分散在特定的区域，事前并不能得知这些传感器节点的地理位置，因而只有等部署完成以后通过定位技术才能较为准确地获取其位置信息。

除此以外，在目标跟踪与导向、定向信息的查询与传递、预测目标的前进轨迹、协助路由并为路由协议的实现提供基础信息、为网络拓扑控制及各种算法的实现提供基础信息、为网络覆盖以及覆盖控制各种算法的实现提供基础信息，以及利用这些节点传送过来的位置信息来构成网络的拓扑结构，进而实现网络的有效管理等方面内容，都需要以传感节点的定位为基础。

在无线传感网络节点定位中，没有严格统一的最优定位算法，只有针对某种特定环境较为适应的方法，因此在选取定位算法的时候，可以根据应用场景和使用特点进行酌情设计和优化。

无线传感网络的节点定位需要考虑如下特性。

（1）自组织性。在大量应用场合中，无线网络传感节点的部署是随机的，因此不能依靠全局性的基础设施来实施定位，只能通过自组织的方式来获取定位信息。

（2）容错性好。由于传感节点及网络整体的能量耗用是无线传感网络设计、组织中主要考虑的问题，而在此情况下，通信以及位置的测量必然会产生一定的误差，定位技术必须能够很好地与之适应。

（3）分布式计算的结构。最大限度地节约能量要求在定位机制中只能采用分布式结构，而不能将监测区域中各节点采集的信息全部送给某一个节点集中统一处理。

（4）必须遵循能量高效的原则。无线传感网络节点定位有两种最简单的方法，一种是人工配置每个节点信息，但是无线传感网络通常部署在人类不可达的区域，人工配置大量节点的位置，不仅容易造成人为错误，影响网络的快速部署，并且违背无线传感网络的自组织原则。另外一种是利用 GPS/移动网络/WLAN 定位来实现。但是，在无线传感网络中，使用 GPS/移动网络/WLAN 来获得所有节点的位置受到价格、体积、功耗以及可扩展性等因素限制，存在一些困难。因此在无线传感网络中，通常利用其自身传输所需的无线电波信号的特征参数计算节点在某种参考系中的坐标位置。下面主要介绍利用无线传感网络中少量已知位置的节点来获得其他未知位置节点的位置信息进行定位的方法。

5.2 定位原理与基本术语

在无线传感网络中，为了实现定位的需要，随机播撒的节点主要有两种：信标节点（Beacon Node）和未知节点（Unknown Node）。通常将已知自身位置的节点称为信标节点，信标节点可以通过携带 GPS 定位设备或北斗卫星导航定位系统（BeiDou Navigation Satellite System，BDS），或预置其位置等手段获得自身的精确位置，而其他节点称为未知节点，在无线传感网络中，信标节点只占很少的比例。未知节点以信标节点作为参考点，通过信标节点的位置信息来确定自身位置。无线传感网络的节点构成如图 5-1 所示：

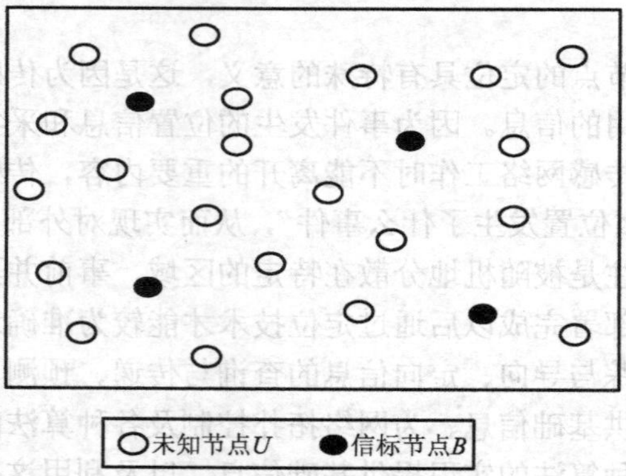

图 5-1　无线传感网络中信标节点和未知节点

在图 5-1 中，整个无线传感网络由 4 个信标节点和数量众多的未知节点组成。信标节点用 B 来表示，它在整个网络中占较少的比例。未知节点用 U 来表示，未知节点通过周围的信标节点或已实现自身定位的未知节点通过一定的算法来实现自身定位。

下面是无线传感网络中关于定位的一些常用术语。

（1）邻居节点（Neighbor Nodes）：无需经过其他节点就能够直接与之通信的节点。

（2）跳数（Hop Count）：两个要实现通信的节点之间信息转发所需的最小跳段总数。

（3）连通度（Connectivity）：一个节点拥有的邻居节点数目。

（4）跳段距离（Hop Distance）：两个节点间隔之间最小跳段距离的总和。

（5）接收信号传播时间差（Time Difference of Arrival，TDOA）：信号传输过程中，同时发出的两种不同频率的信号到达同一目的地时由于不同的传输速度所造成的时间差。

（6）接收信号传播时间（Time of Arrival，TOA）：信号在两个不同节点之间传播所需的时间。

（7）信号返回时间（Round-trip Time of Flight，RTOF）：信号从一个节点传到另一个节点后又返回来的时间。

（8）到达角度（Angle of Arrival，AOA）：节点自身轴线相对于其接收到的信号之间的角度。

（9）接收信号强度指示（Received Signal Strength Indicator，RSSI）：无线信号到达传感器节点后的强弱值。

（10）LOS 视线关系（Line Of Sight）：两个节点间没有障碍物间隔，能够直接通信，称为两个节点间存在视线关系。

5.3 方法分类

节点定位方法的分类特别丰富，下面介绍几种常见的分类方法。

1. 基于集中式的定位方法和分布式的定位方法

根据无线传感节点位置的计算方式，节点定位方法可划分为分布式和集中式两种。集中式定位方法需要一个中心节点负责所有节点的定位。在分布式定位方法中，节点根据本地信息进行自我定位。该策略获得了大多数研究者的青睐，因为分布式定位方法符合了无线传感网络本身的设计特点，这种方法具有较好的容错性。

2. 基于绝对定位和相对定位的定位方法

根据是否有参考节点进行划分，节点定位方法分为有参考节点的绝对定位方法和无参考节点参与的相对定位方法。在目前研究中，大多数方法关注的都是绝对定位，如质心、DV-Hop、Amorphous、APIT 等。绝对定位中节点位置唯一，受节点移动性影响较小，应用广泛。相对定位无需信标节点，对系统硬件要求较低，可以节约成本，并且可以满足一定的应用需求，如基于地理位置的路由等。此外，给定具有绝对坐标的参考点后，相对坐标可转变成绝对坐标，增加适用性。

3. 基于紧密耦合和松散耦合的定位方法

根据信标节点是否需要有线媒介连接到中心控制器，把定位方法分为紧密耦合和松散耦合定位。在紧密耦合定位系统中，信标节点的部署经过预先设计，并连接到控制中心，方便节点间的时间同步和协调，实时性强、定位精度较高。但也存在扩展性差、部署成本和时间开销大的问题，在室内等小范围场景中比较适合。在松散型定位系统中，网络以 Ad-Hoc 方式部署，无需中心控制器的连接，采用分布式自协调方式，部署灵活，可扩展性好，适用范围较广。目前大多数定位算法都属于松散型的，如 APS、APIT、MAP 等。然而与紧密耦合型定位相比，松散型定位方法精确性相对较差，且由于缺乏中心节点的协调，节点间因信道竞争而产生较大的通信干扰，造成通信不稳定。

4. 基于测距的定位方法和非测距的定位方法

如果根据在定位过程中是使用特定硬件测量节点间的距离或角度，还是直接使用节点间的跳数，可以将现有定位方法分为基于测距和非测距定位方法。

（1）基于测距的定位方法。基于测距算法定位精度较高，但成本、功耗也相对较大。常用的测距技术有RSSI、TOA、TDOA和AOA。在目前的测距定位研究中，RSSI技术用得较多，这种技术主要使用RF信号，不需要额外硬件，并且功率低、成本小，具有实际的应用价值。然而，此项测距技术主要根据接收的信号强度，使用理论或者经验模型转换成距离，在实际应用中可能受环境影响较大，如多径、阴影等，测距误差较大，影响定位精度。TOA（Time of Arrival）是根据信号的传播时间和传播速度计算两点间的距离，如大家熟知的GPS定位系统，此种测距技术需要精确的时钟同步，硬件和功耗上的要求都很高，对无线传感网络来说不是合适的选择。TDOA（Time Difference On Arrival）发送端同时发送两种信号，根据到达时间差和传播速度估计距离，硬件要求也比较高。AOA（Angle of arrival）是接收节点通过天线阵列或多个无线电波接收节点感知发射节点信号的到达方向，从而构成一条从接收节点到发射节点的方位线，两根方位线的交点即为普通节点的位置。

（2）基于非测距的定位方法。由于功耗和成本因素的约束，加上易受环境因素的影响，测距定位在实际应用中并无太大优势。为此，许多学者运用了非测距的定位方法，常见的如质心法、DV-Hop法、Amorphous法、APIT法、凸规划法及MAP法等。由于非测距方法直接使用连通信息，无需测距硬件，因而节约成本，但存在着定位精度相对较低或者通信开销过大等缺点。

本章将主要从这基于测距的定位方法和非测距的定位方法两个分类来介绍当前无线传感网络节点定位的主要方法。

5.4 技术指标

在无线传感网络的节点定位技术中，不同的定位方法对定位结果有不同的影响，下面叙述衡量这些影响的技术指标。

1. 定位精度

无线传感网络节点定位首先要考虑的是精度问题，定位精度是指空间实体位置信息（通常为坐标）与其真实位置之间的接近程度，它是衡量无线传感网络节点定位的首要指标，只有达到一定定位精度的定位算法才是真实有效的。定位精度分为绝对节点精度和相对节点精度，绝对节点精度是指误差的绝对值，以长度为单位表示；相对节点精度是指误差值与节点之间距离的百分比。在基于测距定位的方法中，可以用定位坐标与实际坐标的距离来对比。在非测距定位的方法中，常用误差值和节点通信半径的比例来表示。

2. 代价

定位算法需要很多代价，包括以下几个方面。

（1）时间代价：包括一个系统的安装时间、配置时间、定位所需时间。

（2）资金代价：包括实现定位系统的基础设施和节点设备的总费用。

（3）硬件代价：包括一个定位系统或算法所需的基础设施和网络节点的数量、硬件尺寸等。

3. 实施规模

不同的定位方法适用的应用场合范围和规模也不同。大规模的定位方法可在大范围的场合应用，如森林和城市内。中等规模方法可在大型商场、小区和学校内可进行定位应用。小规模的定位方法只能在一栋楼内或者一个房间内实现定位应用。

4. 定位覆盖率

定位覆盖率是指在定位系统中，能够实现定位的未知节点的数目占整个未知节点数目的比例。在无线传感网络中要满足大多数节点能被定位，只有覆盖大范围的节点定位才有意义。

5. 锚节点密度

锚节点通常需要人工部署，这些节点常常会受到网络部署环境的制约，会严重影响无线传感网络应用的可扩展性。锚节点的密度严重影响整个无线传感网络的成本。因此，锚节点密度也是评价定位系统和算法性能的重要指标之一。

6. 网络连通度

在无线传感网络节点定位系统中，网络的连通性直接影响到定位算法的精度。例如，距离向量路由算法对网络连通度要求就很高。节点的密度是影响网络连通度的主要原因，节点密度提高了，随之无线传感网络的成本也升高了。

7. 鲁棒性（Robustness）

鲁棒是Robustness的音译，就是健壮和强壮的意思。所谓"鲁棒性"就是指某类控制系统在一定的参数摄动下，依然能维持其它某些性能的特性，对于无线传感网络而言，需要工作节点定位在外界因素的干扰下，依然具有较好的抗干扰性和鲁棒性。在理想的实验室环境内，无线传感网络中的工作节点大部分定位方法误差性比较小。但是在实际应用场合，有许多干扰因素影响测量结果，例如，障碍物引起的非视距NLOS、大气中存在严重的多径传播、部分传感器节点电能耗尽、节点间通信阻塞等问题，都容易造成定位误差突发性增大，甚至造成整个定位系统的瘫痪。因此，无线传感网络定位算法必须具有很强的鲁棒性，减小各种误差的影响，以提高定位精度和可靠性。

8. 安全性

安全性指的是系统对合法用户的响应及对非法请求的抗拒，以保护自己不受外部影响和攻击的能力。无线传感网络通常工作在物理环境较为复杂的区域，定位系统易受到环境或人为的破坏和攻击，从而无法达到在理想的无线通信环境所能达到的定位效果，因此定位系统和方法必须具有很强的安全性。

上述各个技术指标之间是相互关联、相互影响的。技术指标评价的好坏可能是由多个方面决定，一个技术指标降低的同时另外一个技术指标会跟着降低或有所改善。因此在无线传感网络节点定位的设计过程中，要结合实际情况综合考虑。通常情况下，要针对具体应用的需要，从多个技术指标方面来对定位效果进行综合衡量，权衡取舍。

5.5 基于测距的定位方法

基于测距的定位算法实现起来比较复杂，首先需要通过TOA、TDOA、AOA、RSSI等常用的测距技术来测量各个未知节点到信标节点的绝对距离值，这个阶段也称为测距阶段；测距结束后进入定位（计算坐标）阶段，即利用测距阶段所得的节点间的距离或方位等参数来计算出未知节点的位置，在此期间常用的算法有：三边测量定位法（Trilateration）、多边定位法（Multilateration）、三角测量法（Triangulation）、极大似然估计法（Maximum Likelihood Method）和角度定位法（Goniometry）等。下面分别介绍这两个阶段的方法。

5.5.1 测距阶段

使用三边定位或多边定位的节点定位方法需要测量节点之间的距离，有了距离后，才能根据三边定位或者多边定位来确定节点位置。根据测距方法的不同，这些方法包括：接收信号相位差（PDOA）、接收信号强度（RSSI）、近场电磁测距（NFER）、信号传播时间/时间差/往返时间（TOA/TDOA/RTOF）等方法。

1. PDOA 测距

PDOA（Phase Difference of Arrival）接收信号相位差测距法是根据节点所处位置不同而造成的信号传播引起相位差异来计算信号往返所需的时间，然后计算节点之间的距离。节点间的距离和相位差之间的关系见式 5-1。

$$d = c\frac{\varphi}{2\pi f_c} = \frac{c}{f_c}\frac{\varphi}{2\pi} = \lambda\frac{\varphi}{2\pi} \tag{5-1}$$

式 5-1 中，λ 表示信号传播的波长；f_c 表示信号的传播频率；φ 表示发送信号和反射信号之间的相位差。可以从上面的公式得出 d 的范围是[0，λ]，节点之间的距离会存在差异。如果两个节点之间的距离有 λ 倍的距离差，那么测量获得的相位也是相同的。公式见式 5-2。

$$d = \lambda\frac{\varphi}{2\pi} + n\lambda = \lambda(\frac{\varphi}{2\pi} + n) \tag{5-2}$$

其中，n 是不小于 0 的整数。利用相位差测距，首先要估算节点间的距离，然后才能确定 n 的值，最后利用上述公式来计算出距离。相位差测距在小范围内的监测区域误差不大，但是在大面积场所测试的结果误差会很大。

2. 信号强度测距

信号强度测距（Receive signal Strength Indicator，RSSI）是无线传感网络中比较常用的一种用来进行定位的测距方法。在 RSSI 定位过程中，未知节点根据接收到的信号强度值计算信号的传播损耗，按照相应的传播损耗模型将传播损耗转化为距离，然后再根据三边定位法或者多边极大似然估计法计算未知节点的位置。

RSSI 信号强度和距离之间有直接的关系，利用这个关系建立两者之间的数学模型，使用这个数学模型可以求出发射节点和接收节点之间的距离。这个关系的数学模型如下。

$$PL(d) = PL(d_0) - 10n\lg\frac{d}{d_0} - X_\sigma \tag{5-3}$$

式 5-3 中，各个参数的含义如下。

d：节点之间的距离。

n：信号衰减指数，常取值 2~4。

d_0：参考的距离。

$PL(d)$：距离发送节点 d 处的信号强度。

X_σ：均值为 0，方差为 σ 的高斯随机噪声变量。

$PL(d_0)$：一般可以从经验得出也可以从硬件说明定义中得到。

由于定位系统所处于的监测区域十分复杂，信道会受到外界因素的干扰，所以根据上述公式测量的距离会存在误差。在测得的一组数据后，可以采用最小二乘估计法来减小其误差。

3. TOA/TDOA/RTOF 测距

TOA/TDOA/RTOF 是分别利用信号传播时间/时间差/往返时间等参数进行测距，这一类方法使用信号传播时间来确定节点间的距离。如图 5-2 所示，可以使用单程的信号传播时间（TOA）方式，也可以使用信号往返的时间（RTOF）方式，或者利用不同类型的信号，如超声波、无线电波等，计算在同一对节点之间的传播时间差来计算节点的距离。

到达时间 TOA 法使用发射节点到接收节点之间的往返时间来计算收发节点之间的距离。如图 5-3 所示，选择传播速度 v 比较慢的信号，如超声波来测量到达时间。这种方法要求发射节点和接收节点都是严格时间同步的。计算公式见式 5-4。

$$d = (T_1 - T_0) \times v \tag{5-4}$$

往返传播时间 RTOF 的工作原理如图 5-3 所示，如果发射节点和接收节点属于不同的时钟域，就可以用计算往返时间和扣除处理时延的方法估计发射节点和接收节点之间的距离。

$$d = \frac{[(T_3 - T_0) - (T_2 - T_1)] \times v}{2} \tag{5-5}$$

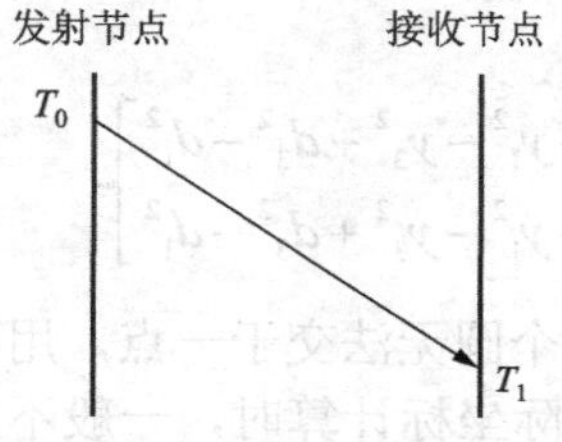

图 5-2 到达时间 TOA 测量

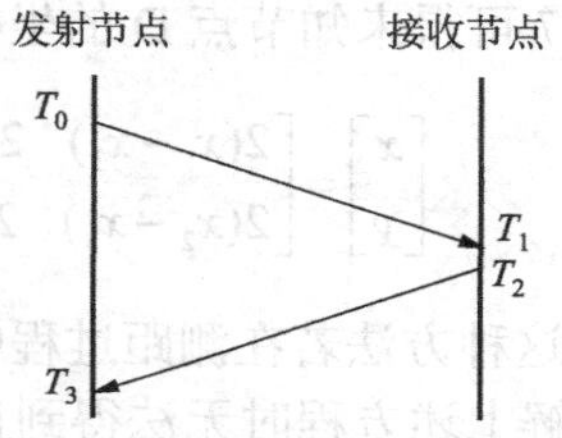

图 5-3 往返传播时间 RTOF

由于 $(T_3 - T_2)$ 和 $(T_2 - T_1)$ 分别属于发射节点和接收节点的时钟域，发射节点和接收节点分别测量时间差，因此发射节点和接收节点不需要时间同步。异频雷达收发机就是使用两个不同频率的信道计算往返时间来测量两个节点之间的距离。

与 RSSI 一样，测量值的误差对距离估计有很大的影响。基于信号传播时间的测距精度由时间差的测量精度决定。时间差的精度由参考时钟决定。因此，高精度的距离测量需要高精度的参考时钟，有的需要高精度的时钟同步。对于低成本、低带宽、无参考时钟的无线传感网络来说，获得高精度时钟本身就是一个挑战。

到达时间差 TDOA 法与 TOA 方法类似，该方法使用两种不同的传播速度的信号，如一种是无线射频信号，另一种是超声波信号。两个信号向同一个方向发送即可，如图 5-4 所示，收发节点之间的距离为 d，T_0 时刻发射节点发送超声波信号，随后，在 T_2 时刻发送无线电波信号。接收节点分别在 T_3、T_1 时刻接收到超声波和无线电波信号。TDOA 的计算公式为

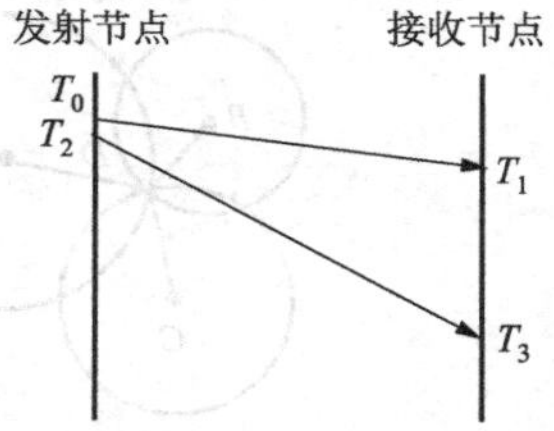

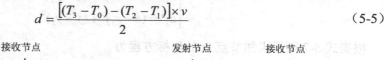

图 5-4 测量到达时间差 TDOA

$$d = [(T_3 - T_1) - (T_2 - T_0)] \times \frac{v_R - v_S}{v_R \times v_S} \tag{5-6}$$

式 5-6 中，v_R 是无线射频信号传播速度，v_S 是超声波信号传播速度。由于发射节点在传送无线射频信号和传送超声波信号的时候有处理时间差，所以需要通过精确的测量 $(T_2 - T_0)$ 来补偿这个时间差，获得精确的距离。

5.5.2 定位阶段

基于卫星的全球定位系统（如 GPS 或者 BDS）中确认三维空间中某点的坐标采用的方

式是计算未知点到 4 个参考点（坐标已知）的距离，从而解算出该点在地球空间坐标系中的位置。在无线传感网络应用中，大多数情况下节点都采用平面部署，属于二维分布部署的问题，因此只要知道 1 个点和其他 3 个已知参考点的距离，就可以计算出该节点的位置信息。下面介绍几种常用的基于测距的定位方法。

1. 三边测量法

假设已知 3 个信标节点 A、B、C，如图 5-5 所示。

它们的坐标分别为(x_1, y_1)、(x_2, y_2)、(x_3, y_3)，它们到未知节点 D 的距离分别为 d_1、d_2、d_3，未知节点 D 的坐标设为(x,y)，可以得到下列方程

$$\begin{cases} {d_1}^2 = (x-x_1)^2 + (y-y_1)^2 \\ {d_2}^2 = (x-x_2)^2 + (y-y_2)^2 \\ {d_3}^2 = (x-x_3)^2 + (y-y_3)^2 \end{cases} \tag{5-7}$$

根据式 5-7 可得未知节点 D 的坐标方程为

$$\begin{bmatrix} x \\ y \end{bmatrix} = \begin{bmatrix} 2(x_1-x_3) & 2(y_1-y_3) \\ 2(x_2-x_3) & 2(y_2-y_3) \end{bmatrix}^{-1} \begin{bmatrix} {x_1}^2 - {x_3}^2 + {y_1}^2 - {y_3}^2 + {d_3}^2 - {d_1}^2 \\ {x_1}^2 - {x_3}^2 + {y_1}^2 - {y_3}^2 + {d_3}^2 - {d_1}^2 \end{bmatrix} \tag{5-8}$$

很显然，这种方法若在测距过程中存在误差，上述 3 个圆无法交于一点，用存在误差的 d_1、d_2、d_3 去解上述方程时无法得到正确解。因此，在实际坐标计算时，一般不采用上述解方程的方法，而采用极大似然估计（Maximum Likelihood Estimation，MLE）或其他数值解法。

2. MLE 极大似然估计法

MLE 极大似然估计法是根据已知 1、2、3、…、n 等 n 个节点的坐标及它们到未知节点 D 的距离来确定节点 D 坐标的方法，如图 5-6 所示。

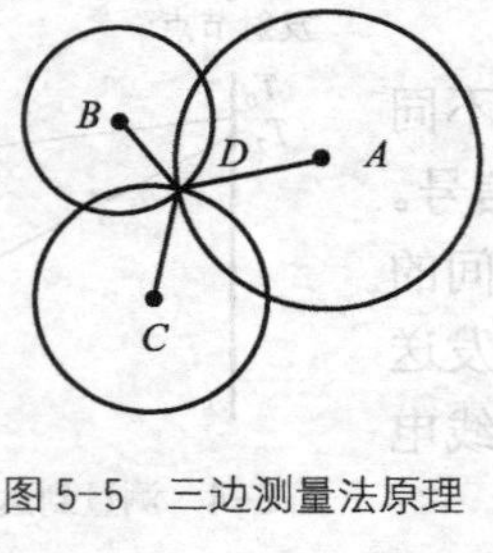

图 5-5 三边测量法原理

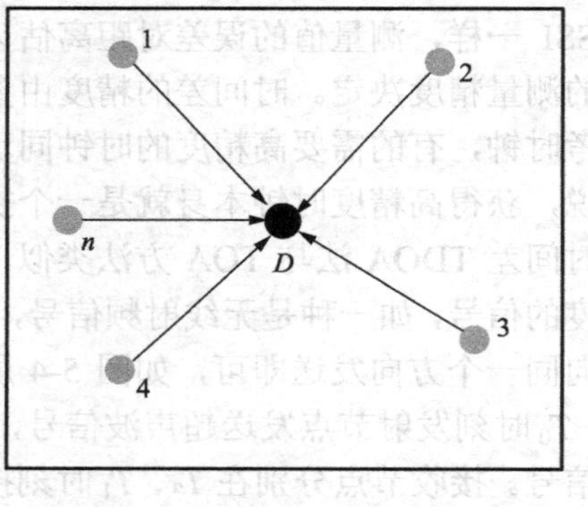

图 5-6 极大似然估计法原理

设 1、2、3、…、n 等 n 个信标节点的坐标为(x_1, y_1)、(x_2, y_2)、(x_3, y_3)，…，(x_n, y_n)。它们到未知节点 D 的距离分别为 d_1、d_2、d_3…、d_n，假设未知节点 D 的坐标为(x, y)。那么存在

$$\begin{cases} (x_1-x)^2 + (y_1-y)^2 = d_1 \\ \vdots \\ (x_n-x)^2 + (y_1-y)^2 = d_n \end{cases} \tag{5-9}$$

在式 5-9 中，从第一个方程开始分别减去最后一个方程可得

$$\begin{cases} x_1^{\ 2}-x_n^{\ 2}-2(x_1-x_n)x+y_1^{\ 2}-y_n^{\ 2}-2(y_1-y_n)y=d_1^{\ 2}-d_n^{\ 2} \\ \vdots \\ x_{n-1}^{\ \ 2}-x_n^{\ 2}-2(x_{n-1}-x_n)x+y_{n-1}^2-y_n^{\ 2}-2(y_{n-1}-y_n)y=d_{n-1}^{\ \ 2}-d_n^{\ 2} \end{cases} \tag{5-10}$$

式 5-10 可表示为 $AX=b$，其中 A、X、b 分别由式 5-11、式 5-12、式 5-13 计算。

$$A=\begin{bmatrix} 2(x_1-x_n) & 2(y_1-y_n) \\ \vdots & \vdots \\ 2(x_{n-1}-x_n) & 2(y_{n-1}-y_n) \end{bmatrix} \tag{5-11}$$

$$b=\begin{bmatrix} x_1^{\ 2}-x_n^{\ 2}+y_1^{\ 2}-y_n^2+d_n^{\ 2}-d_1^{\ 2} \\ \vdots \\ x_{n-1}^{\ \ 2}-x_n^{\ 2}+y_{n-1}^2-y_n^2+d_n^{\ 2}-d_{n-1}^{\ \ 2} \end{bmatrix} \tag{5-12}$$

$$X=\begin{bmatrix} x \\ y \end{bmatrix} \tag{5-13}$$

利用最大似然估计法或最小二乘法可得 D 的坐标为

$$X=(A^{\mathrm{T}}A)^{-1}A^{\mathrm{T}}b \tag{5-14}$$

3. 三角测量法

已知 3 个信标节点 A、B、C 的坐标分别为(x_i, y_i) $(i=a, b, c)$，未知节点 D 相对于节点 A、B、C 的角度$\angle ADB$、$\angle ADC$、$\angle BDC$，节点 D 的坐标为(x, y)，如图 5-7 所示。

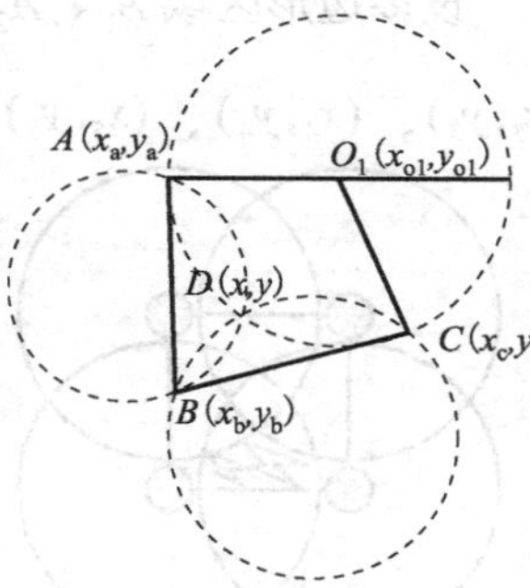

图 5-7 三角测量法原理

对于节点 A 和 B 的夹角$\angle ADB$，如果弧度 AB 在三角形$\triangle ABC$ 内，那么能够唯一确定一个圆。设圆心为 $O_1(x_{o1}, y_{o1})$，半径为 r_1，那么 $\alpha=\angle A\,O_1\,B=(2\pi-2\angle ADB)$，且有公式 5-15

$$\begin{cases} \sqrt{(x_{a1}-x_a)^2+(y_{a1}-y_a)^2}=r_1 \\ \sqrt{(x_{a1}-x_b)^2+(y_{a1}-y_b)^2}=r_1 \\ (x_a-x_c)^2+(y_a-y_c)^2=2r_1^{\ 2}-2r_1^{\ 2}\cos\alpha \end{cases} \tag{5-15}$$

由式 5-14 就能够确定圆心点 O_1 的坐标和半径 r_1。同理，对于 B、C 和夹角$\angle BDC$ 与 A、C 和夹角$\angle ADC$ 分别确定相应的圆心 $O_2(x_{o2}, y_{o2})$、半径 r_2 和 $O_3(x_{o3}, y_{o3})$、半径 r_3。

最后利用三边测量法，由点 $O_1(x_{o1}, y_{o1})$、$O_2(x_{o2}, y_{o2})$、$O_3(x_{o3}, y_{o3})$就可以确定未知节点 D 的坐标。

5.6 与距离无关的定位方法

基于距离的定位方法的缺点是传感器节点造价增大，消耗了有限的电源能量，而且在测量距离和角度的准确性方面还需要大量研究。与距离无关的定位算法不需要知道未知节点到锚节点的距离或者不需要直接测量此距离，在成本和功耗方面比基于测距的方法具有优势，因此在无线传感网络中的节点定位中也广泛使用。

下面介绍几种与距离无关的定位方法。

5.6.1 质心定位

质心定位方法是一种粗定位方法，该方法仅利用网络连通度实现定位，中心思想是网络中放置了固定数量、通信区域相重叠的一组参考节点，这些参考节点构成规则的网状结构，未知节点以所有在其通信范围内的锚节点的几何质心作为自己的估计位置。质心测量法的原理如图 5-8 所示。

具体定位过程如下。

（1）节点周期性地发送包含自身位置信息的信标消息。

（2）未知节点在一个给定的时间间隔 t 内接收信标消息，对于每个参考节点 R_i，统计在该时间内收到的信标消息数 $N_{\text{recv}}(i, t)$，计算对应的连接测度 C_{mi} 为

$$C_{\text{mi}} = N_{\text{recv}}(i, t)/N_{\text{sent}}(i, t) \times 100\%$$

设多边形区域 A_1、A_2、A_3…、A_6，如图 5-9 所示，6 个顶点坐标分别为 (x_1, y_1)、(x_2, y_2)、(x_3, y_3)、(x_4, y_4)、(x_5, y_5)、(x_6, y_6)。

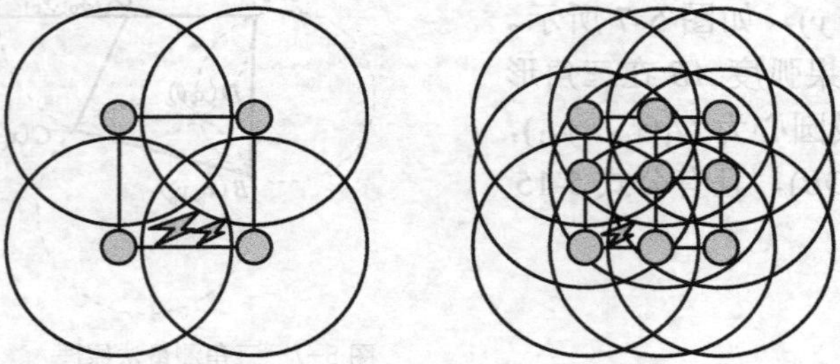

图 5-8 质心测量法原理

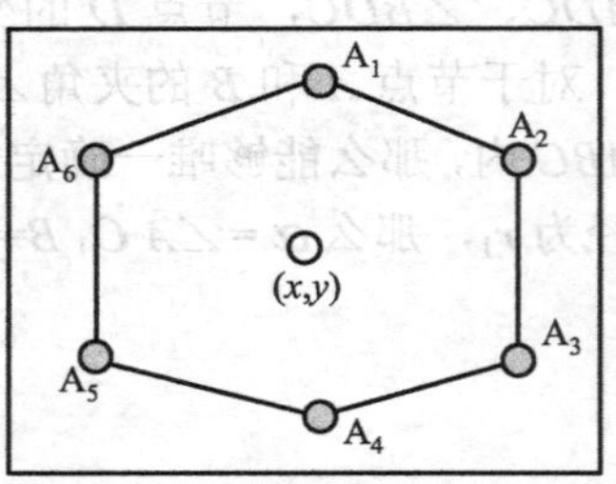

图 5-9 质心测量法定位举例

（3）未知节点选择连接测度大于指定阈值的参考节点（设为 n 个），计算这些参考节点的质心作为自己的位置估计值。区域的质心坐标为

$$(x, y) = \left(\frac{x_1 + x_2 + x_3 + x_4 + x_5 + x_6}{6}, \frac{y_1 + y_2 + y_3 + y_4 + y_5 + y_6}{6}\right) \tag{5-16}$$

质心定位方法的最大优点是它非常简单，计算量小，完全基于网络的连通性，但是缺点是需要较多的锚节点。

5.6.2 DV-Hop 定位

DV-Hop 即基于距离向量跳数的定位方法，该方法主要针对参考节点稀疏的网络进行节点定位，具有方法简单、定位精度较高的特点。DV-Hop 定位算法的原理与经典的距离矢量路由算法比较相似，其基本思想是：参考节点附近的节点，通过直接测量的方法获得参考节点的距离，传播给其邻居节点。邻居节点据此估计自己到参考节点的距离，再传播给其邻居；以此类推。类似于距离矢量路由算法中的距离传播，因此称这一类方法为基于 DV-Hop（Distance Vector Hop）的方法。

DV-Hop 算法的定位过程主要分为 3 个阶段，首先计算未知节点与每个信标节点的最小跳数，其次计算未知节点与信标节点之间的距离，最后计算未知节点的坐标，具体叙述如下。

1. 计算未知节点与每个信标节点的最小跳数

这个阶段使用经典的距离矢量交换协议，每个节点维护一个表 ，其中 x_i、y_i、h_i 分别代表信标节点的坐标和到该信标节点的跳数。每个信标节点发送一个广播分组，该分组包含自身的位置信息和跳段数，跳段数初始化为 0。节点收到信标节点的广播分组后，检验该分组跳段数是否小于本节点表内的存储值，如果是，则更新该表，然后跳段数加 1 并广播该分组，否则丢弃该分组。最终所有的未知节点均能获得所有信标节点的最小跳数。

2. 计算未知节点与信标节点的距离

每个信标节点根据自身表中记录的其他信标节点的坐标信息和跳数，按照式 5-17 计算平均跳段距离 c_i。然后把计算出来的平均跳段距离利用可控洪泛法进行广播，每个节点均接收第一个跳段距离，忽略后来到达的节点，这样确保了绝大多数节点可从最近的信标节点接收平均跳段距离。最后未知节点便可计算自己到达相应信标节点的距离。

$$c_i = \frac{\sum_{j \neq i} \sqrt{(x_i - x_j)^2 + (y_i - y_j)^2}}{\sum_{j \neq i} h_j} \tag{5-17}$$

其中(x_i, y_i)、(x_j, y_j)分别为信标节点 i、j 的坐标，h_i 为节点 i 到节点 j 的跳段数。

3. 计算未知节点的坐标

当未知节点收到 3 个或者更多信标节点的距离时，可以根据三边定位或多边定位算法计算自身位置。

DV-Hop 举例如下，如图 5-10 所示。

经过前两个阶段，现在已知信标节点 L_1、L_2 与 L_3 之间的距离和跳数，如图 5-10 所示。假设 L_2 计算得到平均跳段距离为（40+75）/（2+5）=16.42。假设节点 A 从节点 L_2 获得平均跳段距离，则它与信标节点 L_1、L_2、L_3 的距离为分别为 3×16.42、2×16.42、3×16.42。

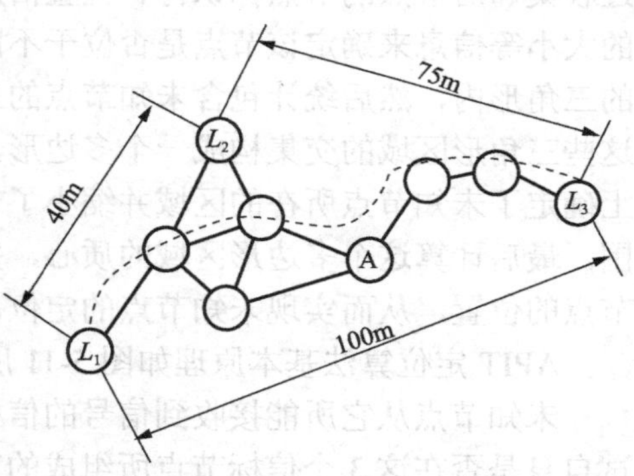

图 5-10 DV-hop 举例

DV-Hop 定位方法与基于测距定位方法具有相似之处，就是都需要获得未知节点到锚节点的距离，但是 DV-Hop 获得距离的方法是通过计算网络中拓扑结构信息而不是测量无线电波信号。在基于测距的方法中，未知节点只能获得自己射频覆盖范围内的锚节点的距离，而 DV-Hop 算法可以获得未知节点无线射程以外的锚节点的距离，这样就可以获得更多的有用数据，提高定位精度。DV-Hop 定位方法使用平均跳段距离估算两点之间的实际距离，存在一定误差，同时在定位过程中两次洪泛，能量开销大，但是该算法对硬件要求低，实现简单。

5.6.3 Amorphous 定位

Amorphous 定位方法与 DV-Hop 定位方法类似。首先，采用与 DV-Hop 算法类似的方法获得距离锚节点的跳数，称为梯度值。未知节点收集邻居节点的梯度值，计算关于某个锚节点的局部梯度平均值。与 DV-Hop 定位方法不同的是，Amorphous 定位方法假定预先知道网络的密度，然后离线计算网络的平均每跳距离，最后当获得 3 个或更多锚节点的梯度值后，未知节点计算与每个锚节点的距离，并使用三边测量法和最大似然估计法估算自身位置。

假定传感器节点随机分布在一个二维面板上，传感器节点的物理通信半径为 r，r 远小于该面板的尺寸，在节点本身距离 r 以内的节点为通信邻居，每个节点都可以和通信邻居内的节点通信。同时，该方法首先假定每个节点拥有相同的通信距离，并且不使用 RSSI 测距来确定未知节点的位置，因此 Amorphous 定位算法是无需测距的定位算法。

Amorphous 定位算法为以下两个工作阶段。

（1）使用经典的距离矢量交换协议计算未知节点和信标节点之间的最小跳数，该过程在 DV-Hop 定位方法中已经介绍，这里不再重复。

（2）使用节点的通信半径 r 作为节点间的平均每跳通信距离，从而估算未知节点和信标节点之间的距离，当未知节点得出至少到 3 个信标节点的距离后，估算自己的坐标位置，直到该节点到信标节点的计算距离与估算距离之间的方差最小为止。

Amorphous 定位方法的缺点是需要较高的节点密度，并且要求在网络部署前离线计算平均每跳距离，网络扩展性差。

5.6.4 APIT 定位

APIT（Approximate Point-in-Triangulation Test）的全称为近似三角形内点测试法，它能够以较高的定位精度适应于复杂的地理环境。APIT 定位算法在实现过程中，未知节点首先通过收集邻居节点的节点标识符、位置信息、发射信号功率的大小等信息来确定该节点是否位于不同的信标节点组成的三角形内，然后统计包含未知节点的三角形区域，并把这些三角形区域的交集构成一个多边形，这个多边形基本上确定了未知节点所在的区域并缩小了未知节点所在的范围，最后计算这个多边形区域的质心，并将质心作为未知节点的位置，从而实现未知节点的定位。

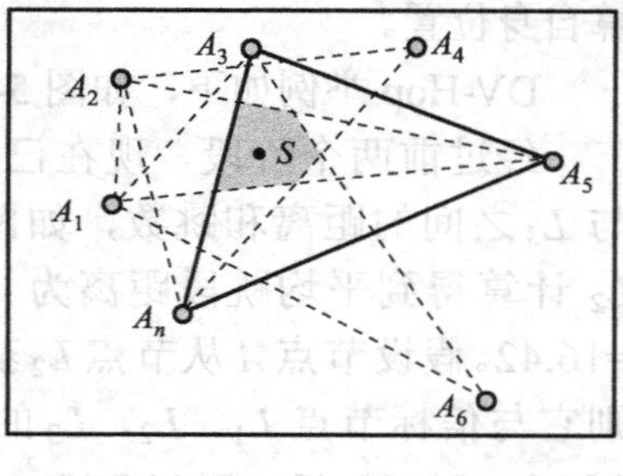

图 5-11 APIT 算法示意图

APIT 定位算法基本原理如图 5-11 所示。

未知节点从它所能接收到信号的信标节点 A_1、A_2、A_3 、…、A_n 中随机选择 3 个，并测试自身是否在这 3 个信标节点所组成的三角形中，测试完成后再随机选取另外 3 个信标节点继续测试，直到测试完所有的组合为止。

在图 5-12 中，未知节点分别选取$\triangle A_1A_2A_3$、$\triangle A_2A_3A_4$、$\triangle A_3A_4A_5$、…、$\triangle A_1A_2A_n$，并测

试自身是否位于这三个信标节点所组成的三角形中，判断完成后也就确定了这些三角形的交叉区域（图 5-12 中的阴影部分）所组成的多边形，然后计算这个多边形的质心 S，并把质心 S 的坐标作为该未知节点的坐标。

APIT 定位方法利用电磁波衰落模型，相对于别的定位方法有着更高的定位精度，对节点密度要求也低，在节点密度较高的情况下定位更为准确，另外 APIT 定位方法的通信量小且适用于电磁波不规则的模型，能够适用于大多数无线传感网络节点定位场合。

5.6.5 凸规划定位

凸规划（Convex Optimization）定位方法是一种集中式的定位算法。所谓集中式的定位算法是相对于分布式定位算法而言的，集中式定位算法采用集中的思想，收集到所有传感器节点的有效信息后统一进行定位计算。凸规划定位算法的基本原理如图 5-12 所示。

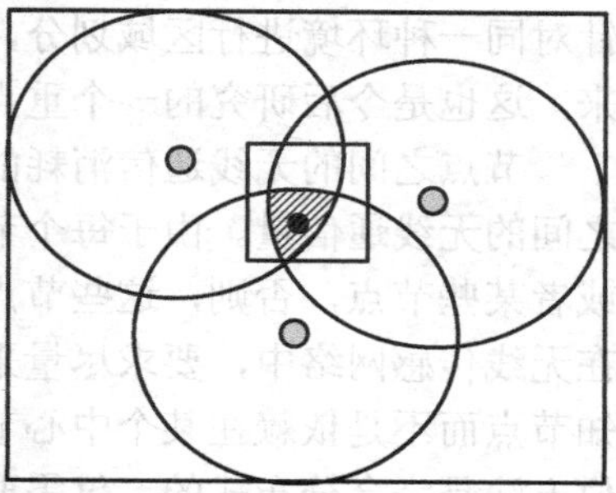

图 5-12 凸规划定位算法示意图

未知节点首先根据其通信半径和与之能进行通信的信标节点建立其可能存在的位置区域，当穷举完这些区域之后，按照一定的标准对这些区域进行筛选和位置划分，最后确定一个矩形区域（如图 5-12 中阴影区域外的矩形区域），计算出该矩形区域的质心并把它作为未知节点的坐标，以此来实现节点定位。

凸规划定位方法的可扩展性不好，信号传输和处理比较麻烦，不能灵活使用。

5.6.6 MAP 定位

MAP（Mobile Anchor Point）定位方法是一种基于移动信标节点的非测距定位方法，也称为 MAN（Mobile Anchor Node）定位方法，其基本思想是利用可移动的信标节点，在监测区域中移动并周期性地广播其当前的位置信息，然后再确定两条以未知节点为圆心的弦，这两条弦的垂直平分线的交点就是圆心。

如图 5-13 所示，S 为未知节点，M 为移动的信标节点，在 T_1 时刻，M 移动到 S 的通信范围之内，然后在 T_5 时刻移出 S 的通信范围，这样就可以确定一条弦 T_1T_5，在 T_{12} 时刻 M 又重新移动到 S 的通信范围之内，然后在 T_{15} 时刻移出 S 的通信范围，这样又可以确定一条弦 $T_{12}T_{15}$，这两条弦的垂直平分线的交点即为圆心 S 的坐标，然后以圆心坐标作为未知节点 S 的位置。

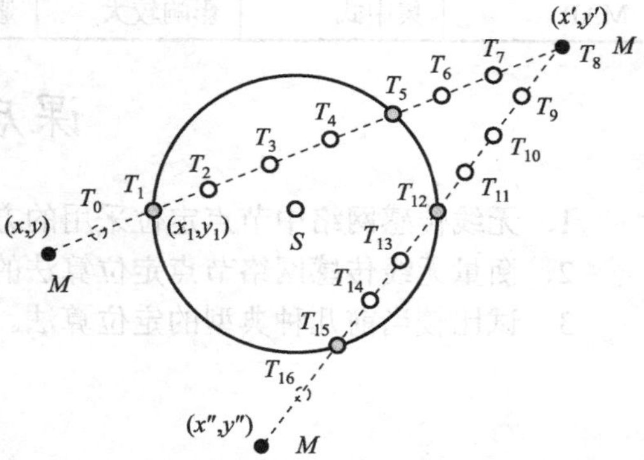

图 5-13 MAP 定位算法

MAP 定位方法与其他非测距定位算法相比有较高的精确度，但缺点是移动节点必须有足够能量支持其在监测区域内移动，并且当未知节点的位置变化时，该算法有比较大的误差。

本 章 小 结

本章首先介绍了无线传感网络定位的基本概念、无线传感网络中节点定位技术的性能评价标准、定位算法分类及节点定位计算方法，接着重点分析了基于测距的定位方法和无需测距的定位方法，详细介绍了各种算法的定位过程，并介绍了各种方法的性能及适用范围，并分别比较说明了基于测距的定位方法和无需测距的定位方法的网络节点和信标节点密度、定位误差和定位精度等参数，分析了各种方法的优劣，并指出不同定位方法存在的问题。

各种定位方法都有各自不同的应用领域，针对不同的情况有不同的定位方法可供选择，没有哪一种方法是拥有绝对优势，在某一种场合比较适用，但应用环境一旦改变，可能这种算法的性能就会变化。在具体的应用环境中，要综合考虑算法的特点和实际情况，对安全和定位的各种参数要有所取舍。另外，在不同的应用中，还应考虑把几种方法综合起来使用，针对同一种环境进行区域划分，不同的区域适用不同的定位方法，然后再把这些方法结合起来，这也是今后研究的一个重点。

节点之间的无线通信消耗的电能比其他部件消耗的电能要大很多，所以应尽量减少节点之间的无线通信量。由于每个节点的能量十分有限，也不宜将大量的通信和计算固定于某个或者某些节点，否则，这些节点的电能会很快耗尽，出现网络中节点不均衡的情况。因此，在无线传感网络中，要求尽量采用分布式的节点定位算法，即定位的计算过程分散在每个未知节点而不是依赖在某个中心节点进行集中计算。质心、DV-Hop、Amorphous 和 APIT 等定位方法是完全分布式的，仅需要少量通信和简单计算，具有良好的扩展性。下表是对几个与距离无关定位算法的性能比较。

名称	类别	网络节点密度	信标节点密度	是否需要额外装置	信标节点定位误差	定位精度
DV-Hop	分布式	影响较大	影响较大	否	好	良好
质心法	分布式	影响较大	影响较大	否	好	一般
Amorphous	分布式	影响较小	影响较大	是	一般	一般
APIT	分布式	影响最大	影响较小	否	好	一般
凸规划	集中式	影响较小	影响较小	否	好	较好
MAP	集中式	影响较大	影响较大	是	一般	良好

课后思考题

1. 无线传感网络中节点定位采用的方法主要有哪些？
2. 衡量无线传感网络节点定位算法的性能指标有哪些？
3. 试比较当前几种典型的定位算法。

第6章 无线传感网络路由协议

在无线传感网络技术的研究与应用中，路由协议占有很重要的位置，这是因为它直接决定了整个网络运行效率的高低和执行性能的优劣。路由协议的作用就是寻找一条或者多条满足一定条件的、从源节点（通常为传感节点）到目的节点（通常为汇聚节点）的路径，将数据分组沿着寻找的路径转发。因此路由协议的功能主要有两个方面：一方面是寻找满足条件的从源节点到目的节点的优化路径；另外一方面就是将数据分组沿着优化路径正确转发。

无线传感网络与集中式网络相比有很大不同，例如无线传感网络中的大多数节点是不能直接与汇聚节点通信的，需要通过中间节点采用多跳路由方式将数据送往汇聚节点，在多跳工作方式下，两个无线传感节点间的通信可能包含了一条传送链内的多次跳跃式传输序列。显然，传统的以集中式接入和专用路由转发设备的路由设计无法满足无线传感网络这种特殊的数据传递模式。

另外一个方面，由于无线传感网络中节点的电源续航能力、数据处理能力、数据存储能力以及通信带宽等都极为有限，而且无线传感网络通常由大量密集的传感节点构成，这就决定了无线传感网络协议栈各层的设计都必须以能源有效性为首要的设计要素。显然，传统的有线网络路由选择方法和转发协议都不能适应无线传感网络这种特殊的网络形态与应用需要，即便是无线自组织 Ad-Hoc 网络或者无线局域网的路由协议也无法直接使用，因为这些网络路由协议的设计目标是提供高质量的服务和公平高效的网络带宽利用以及较快速度响应用户的服务请求，而不会考虑能量消耗难题。

通过本章学习，读者可以了解无线传感网络路由的基本设计原则，掌握常用的几种路由协议及其适用领域。

6.1 路由设计原则

无线传感网络中一般采用无线多跳路径的方式来传输数据，动态地自行组织网络，节点位置在很多情况下都是随机部署和分布的，节点间往往通过多跳路径进行数据转发与交换。大部分的无线传感网络应用场景中传感节点并不移动，造成网络拓扑变化的主要原因是节点的失效和存在不可靠性、非对称链路。例如，随着电量的耗尽，部分传感器节点会退出网络，与此同时，又会有新的节点随时加入网络中来，等等，这些情况都会导致网络拓扑结构的动态变化。另外，为了节能和延长网络寿命，需要对网络进行休眠调度，这也会在一定程度上增加网络拓扑的动态性。在有些无线传感网络应用中，为了弥补节点失效造成的性能损失而进行的重新布设，也会使网络拓扑变化。在无线传感网络中，路由协议不仅关心单个节点的能量消耗，更关心整个网络能量的均衡消耗，这样才能延长整个网络的生存期。同时，无线传感网络是以数据为中心的，这在路由协议中表现得最为突出，每个节点没有必要采用全网统一的编址，选择路径可以不用依据节点的编址，更多地是根据感兴趣的数据建立数据源到汇聚节点之间的转发路径。

综合以上一些因素考虑，在设计或选取无线传感网络路由协议的时候通常需要遵循以下几个方面的原则。

1. 保证精度前提下能耗降到最低

由于通常无线传感网络节点数量较大，在这种无线环境下，为了确保监测或跟踪定位精度等，部分节点可能用光所有能量来执行计算和传输信息的任务，但由于节点采用有限能量的电池供能，一些节点电池寿命终结直接导致网络拓扑发生变化，从而要求网络的重新组织和重新路由数据分组信息。

传统网络路由协议的设计主要是避免网络拥塞和维持网络连通性，而无线传感网络的设计就必须尽可能延长网络生命周期，在此前提下进行路由设计一般会包括两个方面的内容：优化能量消耗和均衡能量消耗。图 6-1 为一个无线传感网络中一部分传感器节点在发送和接收数据包的可能路径传输图。

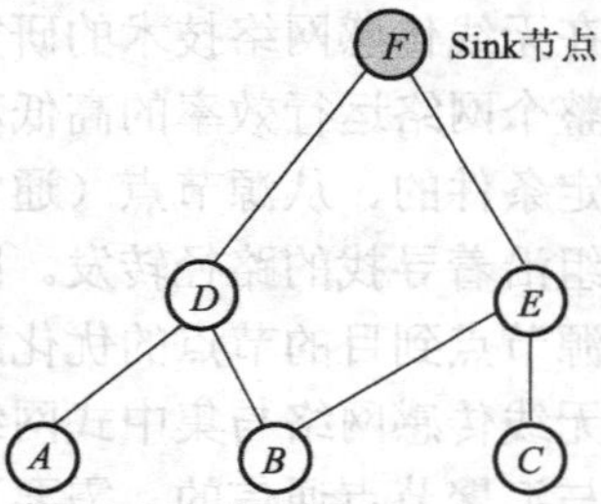

图 6-1　无线传感网络节点数据传递路径图

在图 6-1 中，假设节点 A、B、C 是无线传感网络中现场数据采集节点，节点 F 是 Sink 节点。节点 C 和 B 开始各向 F 发送 100 个数据包，节点 A 也向节点 F 发送 200 个数据包。假设不进行能量管理，所选的传输路径有两种，一种是 $C \to E \to F$、$B \to D \to F$、$A \to D \to F$，另外一种是 $C \to E \to F$、$B \to E \to F$、$A \to D \to F$。但是在实施能量管理时，如果限定每个节点最多可以向下一个接力节点发送 200 个数据包，就不能在以上两种路径中进行随意选择。因为节点 D 在将节点 A 的 200 个数据包转发给节点 F 之前，已经消耗了自身的一部分能量用来将节点 B 的 100 个数据包转发给节点 F，此时的节点 D 承载的转发任务过重，会造成能量过快耗尽而形成盲区。所以在进行能量综合管理的原则下，两种路径中较优的路径应该是 $C \to E \to F$、$B \to E \to F$、$A \to D \to F$。

从以上可以看出，无线传感网络在设计网络路由协议时，还需要考虑均衡能量消耗，尽量使节点的使用达到均衡，避免频繁使用某条路径或者某几个节点，否则这些节点的能量将很快耗尽，造成网络覆盖的残缺，获得不完整的监测数据，从而导致网络的生命周期降低。

2. 传输路径的优化选择

无线传感网络是短距离低功耗的数据网络，由于每个节点的通信距离短，必须要依靠节点间的接力来传递数据，即采用多跳的传输方式同时实现节省能量的目的。采用多跳路由的传输方式来节省能量，降低信号的空间损耗，但是在数据传输过程中，数据包接力次数（或称跳数）也要适宜，只有合理的选择路径上的多跳节点，才能以较少的能量消耗将数据从采集节点传送到汇聚节点。例如在 ZigBee 网络中，传感节点传送的数据包分为 MAC 头部分、网络层部分和应用层数据部分，控制数据传送的源代码中指定将数据包转发到对应节点。在将相同的数据发往不同节点时，为节省节点消耗的能量，不采用分别单独发送的方式，而是将数据先发送到一个中间节点，在中间节点处再将数据分别发送到不同节点，该中间节点就是分支节点。通过分支节点，能够使传输所需的整体距离缩短，从而达到节省传输能量的目的。

3. 网络节点的位置配置

无线传感网络节点的配置依赖于应用，并且影响网络路由协议的性能。通常配置有两种方式：确定配置和随机分布。在前一种方式下，传感器节点通过人工布置，且数据是通过预先定义的路径传播。然而，在随机配置情况下，节点随机分布，通过 Ad-Hoc 自组织方式建立基础通信设施。如果随机产生的节点分布不均匀，如要考虑网络连接性和有效节能运作的话，则很有必要采用优化分簇的策略。由于能量和带宽的限制，传感器节点间的通信通常都应该在较短的通信传输距离之内。

4. 以数据为中心的数据报告模型

无线传感网络数据发送和报告依赖于应用和时间响应特性。数据报告模型可分为时间驱动、事件驱动、查询驱动和混合驱动 4 种。时间驱动模型适合于需要周期性数据监控的应用。正因为如此，节点需要周期切换它们的感应和发射模块，以固定时间周期间隔来感知环境和需要发送的数据。对于事件驱动和查询模型，当某种事件发生或基站发起查询时，节点会立即响应感知属性值大的突发变化，因而比较适合紧急状态下的应用。上述几种模型的组合就构成了混合模型。数据报告模型如果设计不好，会严重影响路由协议的稳定性和能耗。

5. 节点或链路的异构性

通常在很多研究中，都假定传感器节点是同构的，如在计算、通信和能量等都相等的状态下。然而，由于应用的不同，传感节点可能担当不同的角色和执行不同的功能。异构传感器的存在提出了很多与数据路由相关的难题，如一些应用可能需要多种混合的传感器来监测温度、压力和周围环境的湿度、利用声音信号监测移动性、捕获移动物体的视频或图像等。另外，特殊的传感器要么独立配置，要么同一传感器集成了不同的功能。由于多种服务质量的需求，及时数据采集或报告都可能以不同速率传输，而且可能遵循多种数据报告模型。例如，分级协议就指定了不同于一般感应节点的簇头节点，从配置的节点中选出的簇头可能在能量、带宽和存储能力等方面都比其他传感器节点功能更强大些。

6. 容错能力和鲁棒性

一些节点可能会由于能量用尽、物理损坏或环境干扰等因素造成故障或失效。节点失效不应该影响网络总任务的执行。如果很多节点都失效了，则路由协议必须保证新的链路产生，并且将数据路由到数据采集基站。这可能要求节点主动调节发送功率和信号速率以减少能耗，或者通过网络能量更充足的区域重新路由分组。因此，在一个要求有容错能力和鲁棒性的无线传感网络中必须要考虑多层次的冗余配置。

7. 网络动态和扩展性

尽管大多数无线传感网络应用都是假定节点为静止的，但仍然存在很多应用要考虑感应节点或基站的移动性。来自于移动节点的路由消息更具有挑战性，因为路由的稳定性直接影响路由消息的可靠传输。另外，感应现象也可能是动态的或者静态的，取决于具体应用，如动态目标跟踪和静态森林火灾预警监测等。对于不同感应现象，路由协议设计时可以采用按需或主动模式的事件报告机制。由于监测区域范围或节点密度不同，配置的网络规模大小也不同，路由协议还必须适应在大量节点参与的环境条件下的正常工作。节点加入或撤出以及节点的移动，都会使网络拓扑发生变化，这就要求路由机制具有扩展性，能够适应网络结构的动态变化。

8. 连接性和覆盖性

通常无线传感网络配置较高的节点密度，以增强节点间的强连接性，尽管如此，由于节点故障或失效，整个网络拓扑的变化或网络规模大小不可避免要发生变化，从而影响原有的连接性，并且网络连接性与节点分布（有可能是随机分布的）有关。此外，由于感应距离和精度的局限，无线传感网络中每个节点感知的环境视图都有限，因为它们只覆盖了有限的物理环境区域。因此，物理配置区域也是路由协议应该考虑的一个至关重要的因素。

9. 数据汇聚或融合

由于无线传感网络的工作节点会产生大量冗余数据，多个类似的分组需要汇聚处理以便减少传输分组的数量。所谓数据汇聚，就是根据某种汇聚功能，如双倍压缩、取最小化和最大化以及平均等处理，将不同源节点发来的数据进行综合。数据融合通常是指采用信号处理方法，如利用波束形成技术综合接收各种信号，以减少信号的噪声，从而产生更精确的信号。大量的无线传感网络路由协议都采用了数据汇聚或融合技术来实现有效节能和数据传输优化的目标。

10. 算法的快速收敛性

网络拓扑的动态变化、节点能量和通信带宽资源的限制等都要求路由协议算法能够快速收敛，以适应拓扑的动态变化，减少通信协议的开销，提高消息传输的效率。

6.2 路由协议分类

在众多的无线传感网络路由协议中，按照各自目标的侧重点以及分类方法的不同就会有不同的分类结果，具体如下。

1. 按路由发现策略分为主动路由和被动路由

主动路由也叫表驱动路由，主动路由的路由发现策略与传统路由协议类似，节点通过周期性地广播路由信息分组，交换路由信息，主动发现路由，节点必须维护去往全网所有节点的路由。优点是当节点需要发送数据分组时，只要去往目的节点的路由存在，所需的时延就会很小。缺点是需要花费较大开销，由于需要尽可能使路由更新能够紧随当前拓扑结构的变化，从而浪费了一些资源来建立和重建那些根本没有被使用的路由。

被动路由也叫按需（On Demand）路由，与主动路由相反，被动路由认为在动态变化的网络环境中，没有必要维护去往其他所有节点的路由，仅在有去往目的节点路由的时候，才按需进行路由发现。被动路由协议根据网络分组的传输请求，被动地搜索从源节点到目的节点的路由。当没有分组传递请求时，路由器处于静默状态，并不需要交换路由信息。拓扑结构和路由表内容按需建立，它可能仅仅是整个拓扑结构信息的一部分。其优点是不需要周期性的路由信息广播，节省了一定的网络资源。缺点是发送数据分组时，如果没有去往目的节点的路由，数据分组需要等待因路由发现而引起的时延。

2. 按网络管理的逻辑结构划分为平面路由协议和层次路由协议

平面路由是指网络中各节点在路由功能上的地位相同，没有引入分层管理机制。平面路由的优点是实现简单，健壮性好，网络中没有特殊节点，网络流量均匀地分散在网络中。缺点是实现数据传输的跳数往往较多，能耗较大，在一定程度上限制了网络的规模，因而仅适用于小规模网络。典型路由有 Flooding、Gossiping、SPIN、DD、Rumor 等。

与平面路由协议相对应的是层次路由协议。层次路由协议采用簇的概念对传感器节点进行层次划分。若干相邻节点构成一个簇，每一个簇有一个簇首，簇与簇之间可以通过网关通信。网关可以是簇首，也可以是其他簇成员。网关之间的连接构成上层骨干网，所有簇间的通信都通过骨干网转发。分层路由协议包括成簇协议、簇维护协议、簇内路由协议和簇间路由协议4个部分。成簇协议解决如何在动态分布式网络环境下使移动节点高效地聚集成簇，它是分层路由协议的关键。簇维护协议要解决在节点移动过程中的簇结构维护，其中包括移动节点退出和加入簇、簇的产生和消亡等功能。层次路由协议扩展性好，适用于大规模的无线传感网络，但维护簇有较大的开销，且簇头是路由的关键节点，其失效将导致路由失败。典型路由有LEACH、TTDD等路由算法。

3. 按路由计算中是否利用节点的位置信息、是否以地理信息来标识目的地分类

可划分为基于位置的路由协议和无需位置的路由协议。

在一些如目标定位、目标跟踪等应用中，需要知道探测到事件发生时节点的地理位置，这类应用需要用GPS或者BDS定位系统或者其他定位方法辅助节点计算其位置并进行定位。以节点的位置信息为基础，实现无线传感网络路由、传输路径的选择以及控制等目标，可大大降低系统建立路由及维护路由的能耗，但传感器节点需具有定位模块或其他辅助定位功能及定位计算来实现自身的定位等。典型路由协议有GPSR、GEAR、GEM等。

4. 按是否对数据类型进行定义和命名来分

划分为基于数据的路由协议和无需数据的路由协议。大量的无线传感网络应用是查询并要求上传某种类型的数据，这样的应用可使用基于数据的路由，只有监测到此类数据的节点，才发送数据，减少不必要的数据发送，从而减少冲突和能耗，但基于数据的路由需要相关的分类机制对数据类型进行分类和命名后才能进行。

5. 按路由建立时机是否与查询有关来分

划分为查询驱动的路由协议和非查询驱动的路由协议。在如环境监测、气象观测等应用场合中，无线传感网络以汇聚节点发出查询命令，传感器节点以向查询节点报告采集数据的形式工作。数据传输主要是汇聚节点发出的查询命令和传感器节点采集的数据，数据在路径上传输时，通常要进行数据融合，以减少通信量来节省能源。查询驱动的路由协议能够缩减节点存储空间，但数据时延较大，不适合某些需紧急上报的应用。

6. 按数据在传输过程中采用路径的多少来分

划分为单路径路由协议和多路径路由协议。无线传感网络链路的稳定性难以保证，通信信道质量比较低，再加上节点运动导致拓扑变化等，使无线传感网络的链路质量很差，需要采用多路径路由协议才能保证较高的网络服务质量，以满足某些需要可靠性和实时性、并对通信的QoS有较高要求的无线传感网络应用的需要。以上两种路由也各有优缺点，其中单路径路由可节约存储空间，数据通信量少，因而必然节能，而多路径路由容错性强，健壮性好，并可从众多路由中选择一条最优路由。

下面选取几种有代表性的无线传感网络路由协议进行介绍。

6.3 以数据为中心的平面路由

6.3.1 Flooding 路由

Flooding路由也称洪泛路由，是一种传统的以数据为中心的平面路由协议，不需要知道网络拓扑结构和使用任何路由算法。各传感器节点具有相同的地位和功能，彼此协调完成对现场被监测物理量的感知。在传感器感知物理量表现出来的数据过程中，许多邻近的传感器

节点感知的数据都是相同的。

洪泛路由的工作过程是：一个节点 S 希望发送一块数据给节点 D，节点 S 首先通过网络将数据副本传送给它的每一个邻居节点，每一个邻居节点又将其传输给各自的每一个邻居节点，除了刚刚给它们发送数据副本的节点 S 外。如此继续下去，直到将数据传输到目标节点 D 为止，或者为该数据设定的生命期限 TTL（在无线传感网络中通常定义为设定好的经由节点的最大数）变为 0 为止，或者所有节点拥有此数据副本为止，如图 6-2 所示。

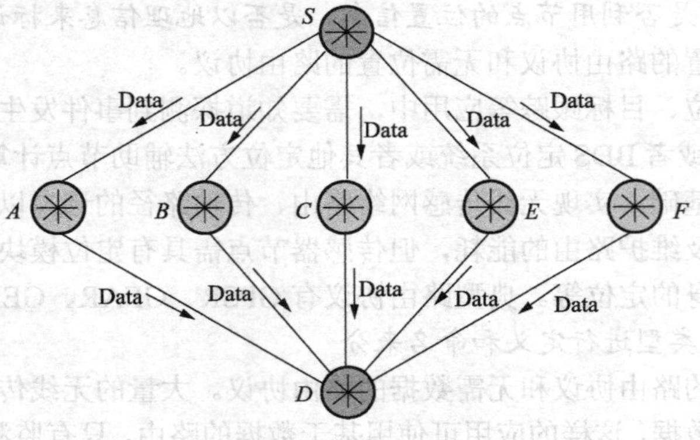

图 6-2 洪泛路由数据转发过程

Flooding 路由的优点是实现简单，不需要为保持网络拓扑信息和实现复杂的路由发现算法而消耗计算资源，适用于健壮性要求高的场合。由于 Flooding 路由具有极好的健壮性，可用于军事应用，另外还可以作为衡量标准评价其他路由算法。但是 Flooding 路由也存在如下一些不足。

（1）存在信息爆炸问题，即出现一个节点可能得到一个数据多个副本的现象。如图 6-3 所示，节点 S 通过广播将数据发送给自己的邻居节点 A、B 和 C，A、B 和 C 又将同样的数据包转发给 D。这种将同一个数据包多次转发给同一个节点的现象就是内爆，这会极大浪费节点能量。

（2）出现部分重叠现象，如果处于同一观测环境的两个相邻同类传感器节点，同时对一个事件做出反应，二者采集的数据性质相同，数值相近，那么，这两个节点的邻居节点将收到双份数据副本，如图 6-4 所示。

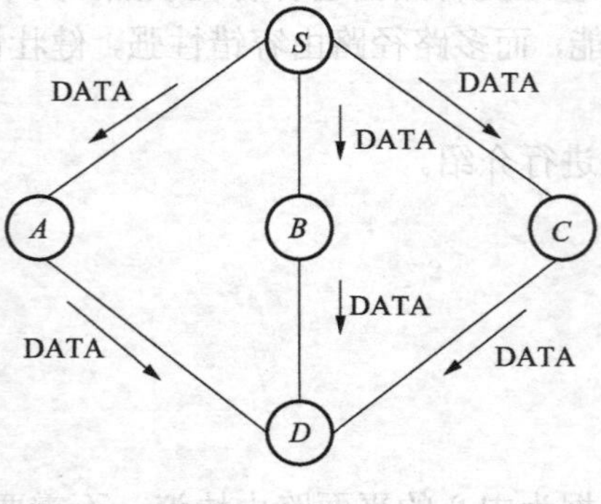

图 6-3 Flooding 的消息“内爆”问题

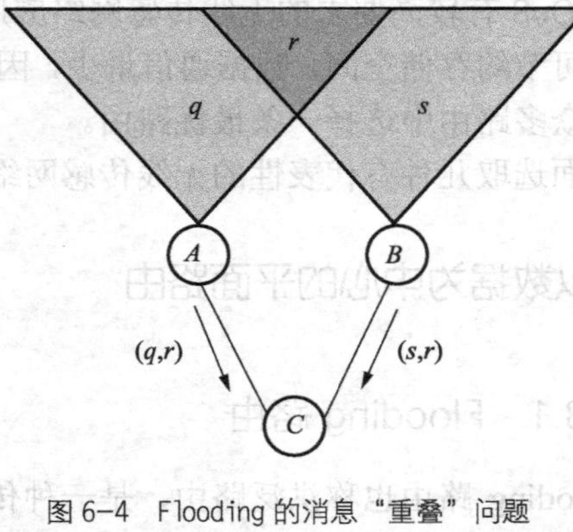

图 6-4 Flooding 的消息“重叠”问题

（3）盲目使用资源，即扩散法不考虑各节点能量可用状况，因而无法做出相应的自适应路由选择。

6.3.2 Gossiping 路由

Gossiping 路由也称闲聊路由，它是对 Flooding 路由协议的改进。当节点收到数据包时，只将数据包随机转发给与其相邻的节点的某一个或几个节点，而不是所有节点。当相邻节点收到数据包时，也采用同样的办法转发给与其相邻的某一个节点。

Gossiping 路由协议考虑了节点的能量消耗，因此在选择下一跳时，只选择一个节点进行数据转发，但在每次选取下一跳节点时，并没有采用路径优化相关算法，因此所选择的路由往往不理想，这将导致数据包的端到端时延增加，或者生命周期在没有达到目的节点之前就结束。如图 6-5 所示，假设任意两节点间的端到端时延相同，节点间联机表示两节点间可通信。从图 6-5 中可以看出，从原节点 *S* 到汇聚节点 *D* 时延最短的路径一共要经过 6 跳，黑实线标出了其中的一条路径。当采用 Gossiping 协议时，数据包的转发路径可能如黑虚线所示，一共经过 11 跳，这就必将增加了端到端的传输时延。若系统初始设置每个数据包的 TTL=6，则资料包将在实心节点处被丢弃。对于这样的拓扑而言，除非随机选择的一条路径恰好是最短路径，即 6 跳，否则数据包永远到达不了汇聚节点 *D*。

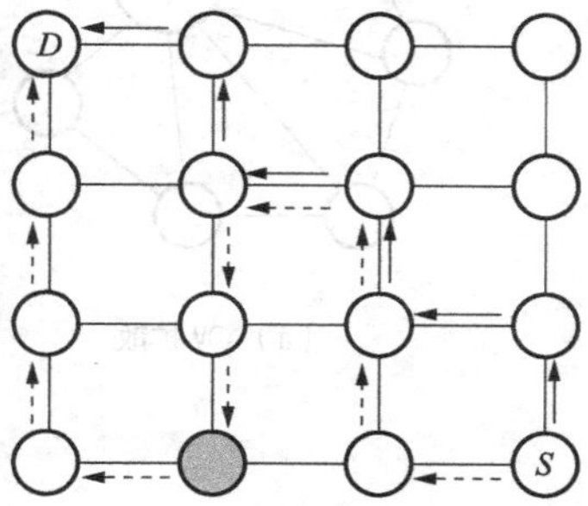

图 6-5　Gossiping 路由示例

Gossiping 协议的优点是降低了数据转发重叠的可能性，避免了信息内爆现象的产生。但是还是解决不了数据重叠和盲目使用资源所引起的传输时延长、传输速度慢等问题。这里的数据重叠是指一个节点已收到它的邻近节点发送的 *B* 的数据副本，若再次收到，就将此数据发回给它的邻居节点。

另外，Gossiping 协议由于随机转发某一个节点的方向并不一定在距离目的节点更近的方向上，因此容易造成数据到达目的节点时间过长或者跳数已达到最大，而数据还没有到达目的节点，造成数据传输失败。刚开始的很短时间内发送速率很大，但是随着数据的发送，速度会明显降低。

6.3.3 SPIN 路由

信息协商的传感器协议（Sensor Protocols for Information via Negotiation，SPIN）是一种以数据为中心的自适应路由协议。SPIN 协议的设计思想是每个节点在发送数据前，通过协商来确定其他节点是否需要该数据。同时，节点通过元数据确定接收数据中是否有重复信息存在，元数据是描述传感器节点所采集到的数据属性的数据。

通过协商确保传输有用数据，而且是只通过元数据来进行协商，而不是通过采集的全部数据进行协商。因为元数据的数据量较小，所以传输元数据消耗的能量较少。

SPIN 协议中的节点利用 3 种消息进行通信：数据描述 ADV、数据请求 REQ 和数据 DATA。该协议以抽象的元数据为数据命名，命名方式没有统一标准。节点产生或收到数据后，用包含元数据的 ADV 消息向邻节点通告，需要数据的邻节点用 REQ 消息提出请求，然后将 DATA 消息发送到请求节点。

SPIN 的协商过程采用了三次握手方式。源节点在传送 DATA 信息前，首先向相邻节点广播发送包含 DATA 数据描述机制的 ADV 消息，需要该 DATA 信息的相邻节点向其源节点发送 REQ 请求接收数据的消息。源节点只有在收到 REQ 请求消息后，才将 DATA 数据发送给完成这种需求应答的相邻节点，如图 6-6 所示。

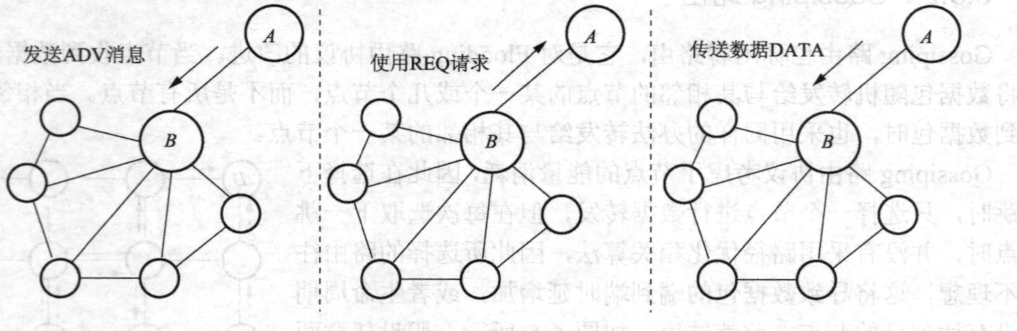

图 6-6　SPIN 协商过程的三次握手

如果一个节点在收到 DATA 数据后，这个节点又可以作为发出 DATA 数据的一个新的源节点，按照上述过程和机制将 DATA 信息继续传播到网络中的其他节点，如图 6-7 所示。因此，网络中所有需要该 DATA 信息的节点都将获得该数据的副本，最终 DATA 数据包被传送到网关节点。

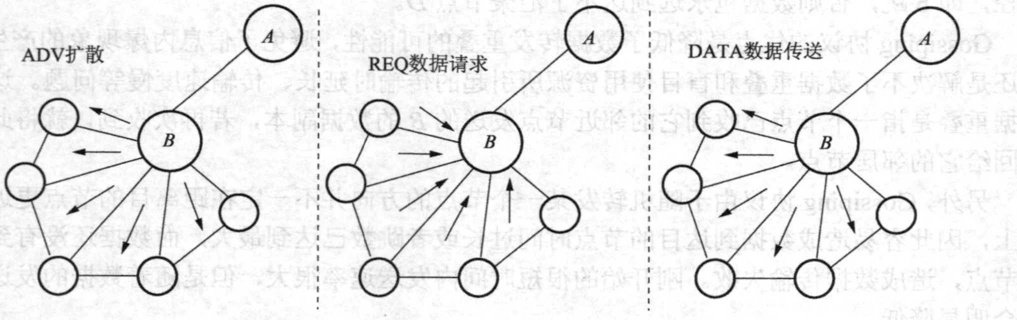

图 6-7　所有收到 DATA 信息的节点都将获得数据副本

该协议的优点是 ADV 消息减轻了内爆问题，通过数据命名解决了交叠问题，节点根据自身资源和应用信息决定是否进行 ADV 通告，避免了资源利用盲目问题。与 Flooding 协议和 Gossiping 协议相比，有效地节约了能量，可以较好地解决 Flooding 协议和 Gossiping 协议所带来的信息内爆、信息重复和资源浪费等问题。

SPIN 路由的缺陷是 SPIN 的广播机制不能保证数据的可靠传送，当产生或收到数据的节点的所有邻节点都不需要该数据时，将导致数据不能继续转发，以致较远节点无法得到数据，而当某 Sink 点对任何数据都需要时，其周围节点的能量很容易耗尽。

6.4　基于查询的路由

在诸如室外环境监测、建筑节能控制等系统中，常使用基于查询的路由方式组织数据传输路径，汇聚节点发出任务查询命令，传感器节点向汇聚节点报告采集的数据，而命令传递和传输的数据量在总的通信流量中占有很大的比重，这种组织路由的方式叫基于查询的路由。

6.4.1 DD 路由

定向扩散（Directed Diffusion，DD）路由协议是一种典型的基于查询的路由协议。基站节点或者汇聚节点发送兴趣消息执行查询任务，通过泛洪方式传播消息给所有传感器节点。随着兴趣消息在整个网络传播，协议逐跳地在每个传感器节点上建立反向的从数据源节点到基站或汇聚节点的传输梯度。当源节点有感兴趣的数据时，沿着兴趣消息梯度方向发送数据到基站或汇聚节点。定向扩散协议分为 3 个阶段：周期性的兴趣消息扩散阶段、传输梯度建立阶段、发送数据和路径加强阶段，如图 6-8 所示。

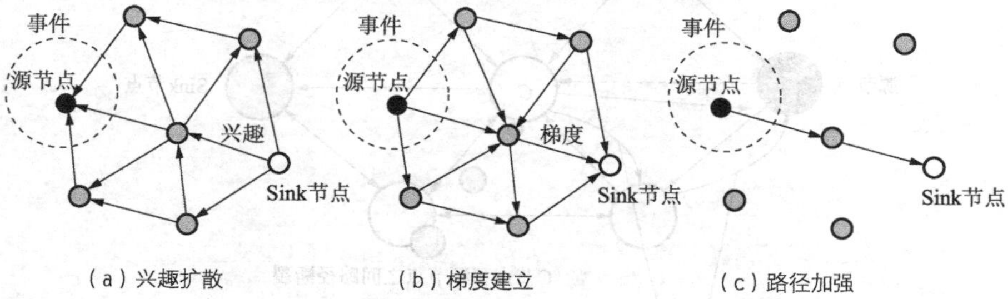

图 6-8　定向扩散路由建立的三个阶段

1. 兴趣消息扩散阶段

基站或汇聚节点周期性地向周围邻居广播兴趣消息。消息中含有一些重要参数，如数据发送速率、任务类型、目标区域以及时间戳等。每个节点都在本地保存一个兴趣列表，其中专门存在一个表项用来记录发送该兴趣消息的邻居节点、数据发送速率和时戳等相关信息，以建立该节点向汇聚或基站节点传输数据的梯度关系。每个兴趣消息可能对应多个邻居节点，每个邻居节点对应一个梯度信息。另外，该表项还存在一个字段用来表示该表项的有效时间，超过该时间，节点就删除该表项。当收到邻居节点发送的兴趣消息时，首先检查兴趣列表中是否存在参数类型与收到兴趣相同的表项，如果有，就更新表项有效时间值。如果仅仅是参数类型相同，但不包含发送该消息的邻居节点，就在对应表项中添加该邻居节点；对于其他情况，都需建立一个新表项来记录这个新的兴趣，如收到的兴趣消息和刚刚转发的一样，则丢弃该信息，以免消息循环，否则就转发收到的兴趣消息。

2. 传输梯度建立阶段

当源节点采集到的数据与执行查询任务的兴趣消息相匹配时，将其发送到梯度方向上的邻居节点，并按梯度上的数据传输速率设定相应的数据采集速率。由于传播兴趣消息采用广播机制，故基站或者汇聚节点可能会收到经过多个路径的相同数据。中间节点如收到转发的数据时，首先检查兴趣列表的表项，如没有匹配项就丢弃该数据。如果有，则检查与该兴趣消息对应的数据缓存（Data Cache）。如缓存中存在与接收数据相匹配的兴趣消息，表明已经转发过该数据，并将其丢弃；否则，再检查表项中的邻居信息。如记录的邻居节点发送速率超过接收的数据速率，就全部转发接收的数据，否则按照比例转发。转发的数据都会在缓存中保留一个备份，且记录转发时间。

3. 发送数据和路径加强阶段

通过前面的兴趣扩散阶段，源节点到基站或汇聚节点的数据传输基本路径建立起来，然后，源节点以较低速率采集和发送数据以建立梯度，不过此时建立的梯度称为探测梯度（Probe Gradient）。当基站或汇聚节点收到源节点发来的数据时，立刻启动建立到源节点的加强路径，随后数据沿着加强路径以较高速率传输数据。加强后的梯度称为数据梯度（Data Gradient）或数据传播梯度。

路径加强优化的原理是，当邻居节点收到路径加强消息（包含新设定的较高发送数据速率）时，如判断该消息是一个已有的兴趣，仅仅是增加了数据发送速率的话，就确定这是一跳路径加强消息，从而更新相应兴趣表项到邻居节点的数据发送速率，如图 6-9 所示。

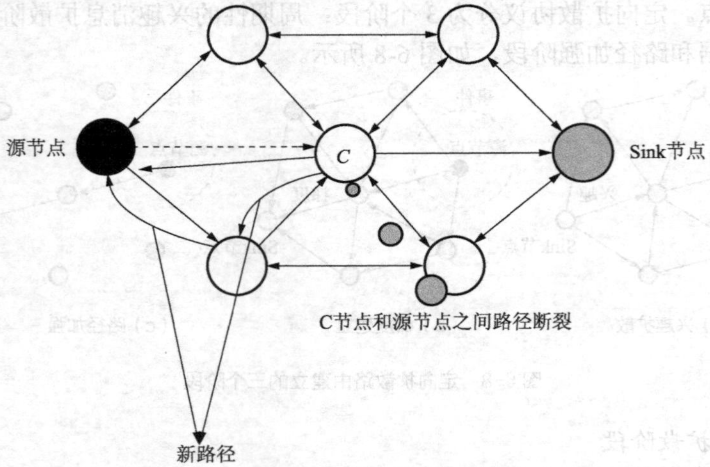

图 6-9　路径加强

以此类推，采用同样方法选择加强路径的下一跳邻居节点。为了达到更低的能耗，在加强路径上面有必要采用数据汇聚方法进一步处理数据（如加倍压缩等）。值得注意的是，路径加强标准很多，如数据传输延迟、数据转发的业务流量以及数据传输的稳定性等。这种选择标准的不同可能对该协议性能带来显著的影响。

DD 路由协议的优点是数据中心路由定义了不同任务类型/目标区域消息，路径加强机制可显著提高数据传输的速率，周期性路由可以达到能量的均衡消耗。但其缺点是周期性的洪泛机制能量和时间开销都比较大，Sink 周期性广播不适用于大规模网络节点，需要维护一个兴趣消息列表，代价较大等。

6.4.2　Rumor 谣传路由

在一些应用场所，无线传感网络在工作当中传输和处理的数据量较少，而且路由技术也是基于位置信息来实现的。如果采用 DD 定向扩散路由，由于汇聚节点向相邻节点广播发送兴趣消息，即采用洪泛方式进行消息传播，还要经过路径加强等步骤才能确定一条优化的数据传输路径，所以采用 DD 定向扩散路由就不是最佳的路由方式了。在此情况下，谣传路由就是很好的选择，适用于数据传输量较小的无线传感网络。

谣传路由机制引入了查询消息的单播随机转发，克服了使用洪泛方式建立转发路径带来的开销过大问题。它的基本思想是事件区域中的传感器节点产生代理（agent）消息，代理消息随机选择路径向周边传播，同时汇聚节点也沿着随机路径传送查询消息，一旦代理消息和查询消息的传输路径交叉在一起，就形成了从汇聚节点到监测区域的一条完整的数据传递路径。

谣传路由实现原理如图 6-10 所示，图中不规则的灰色区域是监测区域，黑色节点表示代理消息经过的传感器节点，灰色节点表示查询消息经过的传感器节点。黑色节点连接形成的代理消息传播路径和灰色节点连接形成的查询消息传播路径相交后，形成一条从汇聚节点到监测区域的完整路径，这条路径就是数据传输路径。

消息沿随机路径向外扩散传播，同时汇聚节点发送的查询消息也沿随机路径在网络中传播。当代理消息和查询消息的传输路径交叉在一起时，就会形成一条汇聚节点到事件区域的完整路径，如图 6-10 所示。

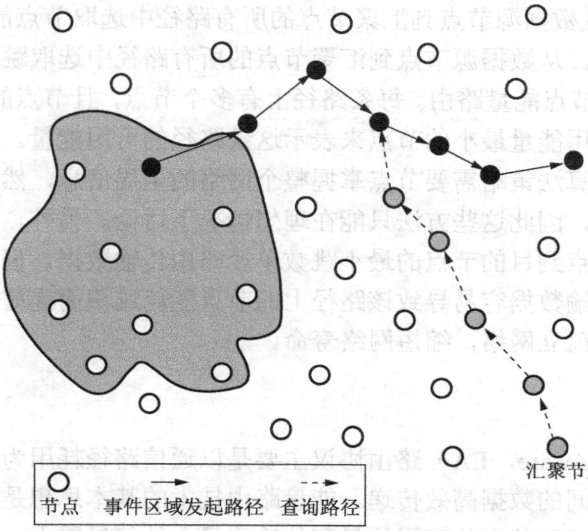

图 6-10 谣传路由示意图

在谣传路由中，每个传感器节点维护一个邻居列表和一个事件列表。事件列表的每个表项都记录事件相关的信息，包括事件名称、到事件区域的跳数和到事件区域的下一跳邻居等信息。当传感器节点在本地监测到一个事件发生时，在事件列表中增加一个表项，设置事件名称、跳数等，同时根据一定的概率产生一个代理消息。

代理消息是一个包含生命期等事件相关信息的分组，用来将携带的事件信息通告给它传输经过的每一个传感器节点。

收到代理消息的节点首先检查事件列表中是否有该事件相关的表项，如果列表中存在相关表项就比较代理消息和表项中的跳数值，如果代理中的跳数小，就更新表项中的跳数值，否则更新代理消息中的跳数值。

如果事件列表中没有该事件相关的表项，就增加一个表项来记录代理消息携带的事件信息。然后，节点将代理消息中的生存值减 1，在网络中随机选择邻居节点转发代理消息，直到其生存值减少为 0。

通过代理消息在其有限生存期的传输过程，形成一段到达事件区域的路径。网络中的任何节点都可能生成一个对特定事件的查询消息。如果节点的事件列表中保存有该事件的相关表项，就说明该节点在到达事件区域的路径上沿着这条路径转发查询消息。否则，节点随机选择邻居节点转发查询消息。查询消息经过的节点按照同样的方式转发，并记录查询消息中的相关信息，形成查询消息的路径。查询消息也具有一定的生存期，以解决环路问题。

6.5 基于能量感知的路由

能量感知就是根据节点的可用能量（即节点的当前剩余能量）或传输路径上的能量需求，选择数据转发的路径。能量感知路由策略主要有以下几种。

（1）最大剩余节点能量路由。从数据源节点到汇聚节点的所有路径中选取节点剩余能量之和最大的路径。

（2）小能耗路由。从数据源节点到汇聚节点的所有路径中选取节点能耗之和最小的路径。

（3）最少跳数路由。从数据源节点到汇聚节点的所有路径中选取跳数最少的路径。

（4）最大最小剩余节点能量路由。每条路径上有多个节点，且节点的可用剩余能量不同，从中选取每条路径中可用能量最小的节点来表示这条路径的可用能量。

上述能量感知路由算法策略需要节点掌握整个网络的全局信息，然而多数无线传感网络节点只能获取局部信息，因此这些方法只能在理想情况下讨论。另外，常用的无线传感网络路由机制通常选择源节点到目的节点的最小跳数单径路由传输数据，但在无线传感网络中，频繁使用同一条路径传输数据容易导致该路径上的节点能耗过快而提前失效，从而导致整个网络分割成互不连接的孤立网络，缩短网络寿命。

6.5.1 EA 路由

能量感知（Energy Aware，EA）路由协议主要是以通信路径耗用为度量参数，实现在汇聚节点和数据源节点之间的数据高效传递。能量路由技术的基本思想是由以下两点来确定一条具体的传输路径：传感器节点的可用能量和传输路径上的能量需求。数据从一个传感器节点转发，根据以上两个要素来确定转发路径。

EA 路由的实现过程如图 6-11 所示。

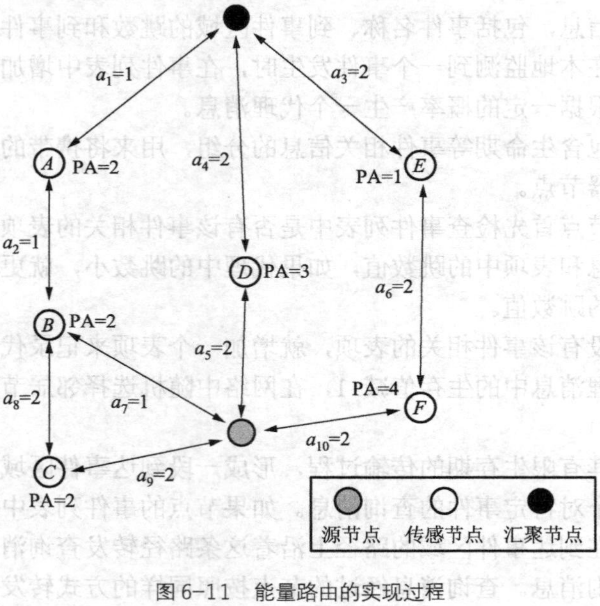

图 6-11 能量路由的实现过程

在图 6-11 中，PA 为可用能量（Power Available）之意，双向线◀——▶表示通信链路，链路上的数字表示在该链路上传送数据的耗能，括号内的数据表示节点可用能量值。

数据从源节点送至汇聚节点的过程中，源节点可以选取以下不同的路径。

（1）路径 1：源节点→B→A→汇聚节点，该路径的可用能量之和为 $A_{PA}+B_{PA}=4$；链路通信耗能为 $a_7+a_2+a_1=3$。

（2）路径 2：源节点→C→B→A→汇聚节点，该路径的可用能量之和为 $C_{PA}+B_{PA}+A_{PA}=6$；链路通信耗能为 $a_9+a_8+a_2+a_1=6$。

（3）路径 3：源节点→D→汇聚节点，该路径的可用能量之和为 $C_{PA}+B_{PA}+A_{PA}=6$；链路通信耗能为 $a_9+a_8+a_2+a_1=6$。

（4）路径 4：源节点→F→E→汇聚节点，该路径的可用能量之和为 $F_{PA}+E_{PA}=6$；链路通信耗能为 $a_{10}+a_6+a_3+a_1=6$。

基于能量路由的技术可采用以下不同的策略。

（1）最大 PA 路由。从源节点到汇聚节点的所有路径中，选取一条 PA 之和最大的路径，在图 6-11 中，满足最大 PA 路由路径是路径 2。

（2）最小能量消耗路由。从源节点到汇聚节点的所有路径中，选取一条 PA 之和最小的路径，在图 6-11 中，满足此条件的路径是路径 1。

（3）最小跳数路由。从源节点到汇聚节点的所有路径中，选取一条传递跳数最小的路径，在图 6-11 中，满足此条件的路径是路径 3。

（4）最高可用能量路由。从源节点到汇聚节点的所有路径中，选取一条传递跳数最小的路径，在图 6-11 中，满足此条件的路径是路径 3。

EA 路由的最大优点是它将网络中扩散的信息局限到适当的位置区域中，减少了中间节点的数量，从而降低了路由建立和数据传送的能源开销，进而更有效地提高了网络的生命周期。其缺点需要知晓整个无线传感网络的全局信息，而节点只能获取局部信息，因此该路由仅在较理想的情况下使用。

6.5.2　MPEA 路由

在无线传感网络中，频繁使用同一条路径传输数据容易导致该路径上节点能耗过快而退出网络，这种情况的持续发生会将整个无线传感网络裂解成数个孤岛子网部分，使网络的效能大幅降低，造成网络寿命缩短。

为了解决这个问题，可以使用这样的策略和算法：在源节点和目的节点建立多条路径，根据路径上节点通信能耗和剩余能量状况给每条路径赋予一定的选择概率，该概率与能量相关，可将通信能耗分散到多条路径上，从而使数据传输可以均衡消耗整个网络的能量，最大限度延长网络的使用寿命，这就是多路径能量感知（Multiple Path Energy Aware，MPEA）路由。

MPEA 路由协议包括路径建立、数据传播、路由维护 3 个过程。路径建立过程是该协议的重点内容。每个节点需要知道到达汇聚节点的所有下一跳节点，并计算选择每个下一跳节点传输数据的概率。概率的选择是根据节点到汇聚节点的通信代价来计算的。因为每个节点到达汇聚节点的路径很多，所以这个代价值是各路径的加权平均值。

能量多路径路由的主要过程包括路径建立、数据传送和路由维护，具体如下。

1. 路径建立

（1）汇聚节点向邻居节点广播路径建立消息，路径建立消息中包含一个代价域，表示发出该消息的节点到汇聚节点的代价，初始值设为 0。

（2）当节点收到邻居节点转发的路径建立消息时，相对发送该消息的邻居节点，只有当距离源节点更近，距离汇聚节点更远时才转发该消息，否则丢弃。

（3）如果节点决定转发路径建立消息，就需要重新计算代价值来替换原来的代价值。当路径建立消息从节点 N_i 发送到节点 N_j 时，该路径的通信代价为节点 N_i 的代价加上这两个节点的通信消耗，即

$$C_{N_j,N_i} = \mathrm{Cost}(N_i) + \mathrm{Metric}(N_j, N_i) \tag{6-1}$$

其中，C_{N_j,N_i} 表示节点 N_j 到达汇聚节点的代价，$\mathrm{Metric}(N_j, N_i)$表示节点 N_j 到节点 N_i 的通信能量消耗，计算公式为

$$\mathrm{Metric}(N_j, N_i) = e_{ij}^{\alpha} R_i^{\beta} \tag{6-2}$$

这里 e_{ij} 表示 N_j 和节点 N_i 直接通信的能量消耗，R_i 表示节点 N_j 的剩余能量。

（4）节点要放弃代价太大的路径，节点 N_j 将节点 N_i 加入本地路由表 FT_j 中的条件为

$$\mathrm{FT}_j = \{i \mid C_{N_j,N_i} \leqslant \alpha(\min_k(\mathrm{C}_{N_j,N_k}))\} \tag{6-3}$$

（5）节点将为路由表中的每个下一跳节点计算选择概率，该概率与下一跳节点的代价成反比。计算下一跳节点选择概率的公式为

$$\mathrm{P}_{N_j,N_i} = \frac{1/C_{N_j,N_i}}{\sum\limits_{k \in FT_j} 1/C_{N_j,N_k}} \tag{6-4}$$

（6）节点根据路由表中设想的代价和转发概率，计算出该节点到达汇聚节点的代价 $\mathrm{Cost}(N_j)$。$\mathrm{Cost}(N_j)$定义为经过路由表中的节点到达汇聚节点代价的平均值，其计算公式为

$$\mathrm{Cost}(N_j) = \sum_{k \in FT_j} P_{N_j,N_i} C_{N_j,N_k} \tag{6-5}$$

节点 N_j 将用 $\mathrm{Cost}(N_j)$值替换消息中原有的代价值，然后向邻居节点广播该路由建立消息。在数据传输阶段，对于接收的每个分组，节点根据概率从多个下一跳节点中选择一个节点转发数据。路由的维护是通过周期地从汇聚节点到源节点实施洪泛查询来维持所支持的路径活动性。

2. 数据传送

网络中的节点在接收数据后，根据选择概率从多个下一跳节点中选择一个节点，将数据接力转发给该节点。

3. 路由维护

网络周期性地对源节点和目标节点之间的传输路径实施洪泛查询，保证所有路径的活动性。

MPEA 路由在对节点进行选择性数据转发中，主要依据通信路径上的耗能和剩余能量，节点在路由表中选择概率值高的节点作为下一跳节点。选择概率值高的节点加入路由，可以

使最终的路由耗能较小，同时可以将通信耗能分散到多条路径上，实现网络及传感器节点携载能量经济实用，最大限度地延长网络生存时间。

该算法的优点是均衡了各节点的能量消耗，使整个网络的能量平稳降级，最大限度地延长网络生存期。但是它也有一定的缺陷：路径建立过程要比能量路由的代价大，因为每个节点可能要多次广播路径建立消息，而且转发数据时为了使整个网络能平稳降级，走的路径经常不是最节省能量的路径。虽然使用了概率来减少某些节点能量耗尽的可能，但是对于低能量节点，仍然要承担少部分的数据转发任务，从而加重了这些节点的负担，增大了低能量节点能量耗尽的可能。

能量多路径路由对能量路由做了一定的改进，数据传输不再走单一路径，从而减轻了个别关键节点的负担，延长了网络生存期，但是同能量路由相比，能量多路径路由也有一定缺陷，比如它的路由构建过程相对复杂，数据传输所走的路径也经常不是最佳路径。和能量路由相似，虽然能量多路径路由构建了多条数据传输路径，减轻了个别节点的负担，但它同样没有考虑到在节点初始能量随机分布的情况下，对能量较低节点的保护。

6.5.3　能量感知路由的改进

综合能量感知路由和多路径能量感知路由的思想和优点，通过设立能量门限将网络中的节点划分为骨干节点和孤立节点。首先将网络中的骨干节点组织成路由树，负责网络的数据传输。汇聚节点对周围邻居节点剩余能量进行探测，利用统计出来的节点剩余能量情况，取平均值生成能量门限。当根据能量门限判断的骨干节点数量少于总节点数量的50%时，采用能量最小消耗路由算法建立骨干树；当骨干节点的数量大于50%时，采用最小跳数算法建立骨干树。孤立节点的数据传输则是通过对周边邻居节点的定时探测，记录周边邻居节点的情况，根据骨干路由树上的最小PA和孤立节点到达这些点的通信代价，计算选择下一跳节点的概率。

根据上述描述，骨干节点和孤立节点的表示如图6-12所示。

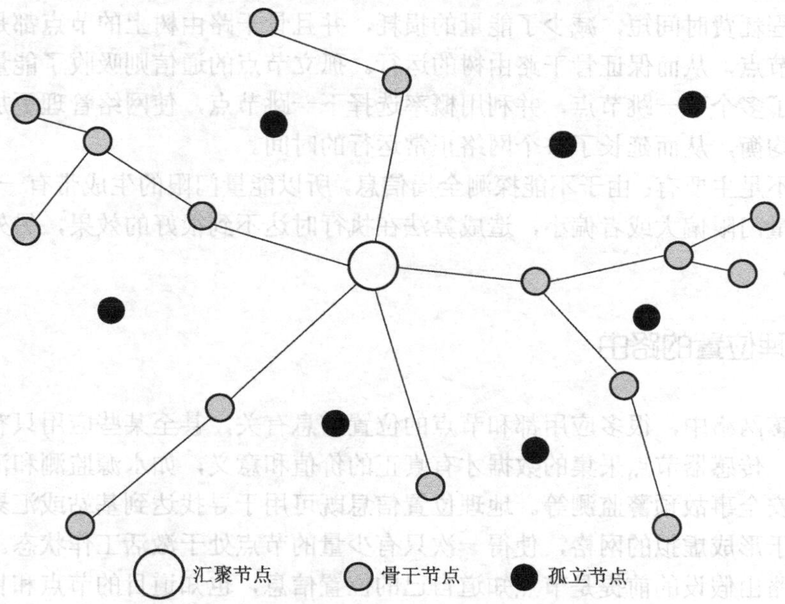

图6-12　能量感知路由的改进

在数据进行传输的时候，骨干节点按照骨干节点路由树传输数据，孤立节点根据保存的周围邻居节点信息和计算出的概率选择下一跳节点进行数据传输。

节点能量的变化需要重新建立路由，步骤如下。

（1）将能量门限、到汇聚节点的跳数、能量消耗以及路径上的最小 PA 包含在路径建立消息中，由汇聚节点进行洪泛广播。

（2）根据剩余能量和能量门限，确定孤立节点和骨干节点，修改跳数和 PA。

（3）若节点为孤立节点，则进行周期性的邻居节点信息的探测，获得下一跳节点的信息，计算下一跳节点的概率。

概率计算的思想。

（1）如果孤立节点探测周围邻居节点包含汇聚节点，则不计算概率，并把汇聚节点作为该节点发送或转发数据的下一跳节点。

（2）当孤立节点探测到的周围邻居节点包括骨干节点和孤立节点时，只考虑周围的骨干节点，如果有几个骨干节点处于同一条路径上，则只保留到达汇聚节点能量消耗最少的骨干节点。

（3）当孤立节点路由探测到周围邻居节点全部为孤立节点时，如果这些节点中包含经过一跳可到达骨干路由树的节点，则只考虑这部分节点进行。这样可以使数据节点尽快到达汇聚节点并减少整个网络的能量消耗。

（4）当孤立节点探测路径获得的周围邻居节点全部为孤立节点，且这些节点不能经过一跳到达骨干路由树时，根据能量多路径路由的思想来计算概率，选择下一跳节点。

由于能量门限的生成是通过汇聚节点探测周围邻居节点的能量情况生成的，因此每次维护路由所生成的能量门限是逐次递减的，这样能量门限才能更近似地估计网络的能量情况，从而确保每次重建路由时，都能在网络中建立一棵覆盖度较高的骨干路由树来负责网络的数据传输工作。

该协议的优点是引入能量门限，保护了低能量节点。建立骨干路由树吸取了能量路由的方法，建树过程耗费时间短，减少了能量的损耗，并且骨干路由树上的节点都是剩余能量高于能量门限的节点，从而保证骨干路由树的运行。孤立节点的通信则吸收了能量多路径路由的特点，保存了多个下一跳节点，并利用概率选择下一跳节点，使网络管理更加合理，节点能量消耗更加均衡，从而延长了整个网络正常运行的时间。

该协议的不足主要有：由于不能探测全局信息，所以能量门限的生成带有一定的局限性；可能生成的能量门限偏大或者偏小，造成算法在执行时达不到很好的效果，另外路径维护起来也比较麻烦。

6.6 基于地理位置的路由

在无线传感网络中，很多应用都和节点的位置信息有关，甚至某些应用只有在知道节点的位置信息后，传感器节点采集的数据才有真正的价值和意义，如水源监测和河流保护、森林防火及煤矿安全事故预警监测等。地理位置信息既可用于寻找达到基站或汇聚节点的最短路径，又可用于形成虚拟的网格，使得一次只有少量的节点处于激活工作状态。

地理位置路由假设的前提是节点知道自己的位置信息，也知道目的节点和目的监测区域的地理位置。确定节点的位置通常有 3 种方法：使用卫星定位系统、利用三边测量技术、使用信标节点。节点根据这些地理位置信息来寻址和作为路由的依据，并采取一定的策略转发数据到目的节点。值得注意的是，基于地理位置的路由所需位置信息的精度和代价紧密相关，根据不同的应用需求选择合适精度的位置信息来实现数据的转发。典型的基于地理位置路由协议有 GPSR、GAF、GEAR、GEM 等。

6.6.1　GPSR 路由

GPSR（Greedy Perimeter Stateless Routing）的全称是无状态的贪婪周边路由，它是一个典型的基于位置的路由协议。使用该协议，网络中的各个传感器节点均知道自身的坐标位置信息，而且这些坐标位置被统一编址，传感器节点按照贪婪算法尽量沿着直线将数据传送出去。采集到数据的节点判别哪个相邻节点与目标节点的距离最近，就将数据传送给该邻节点。

数据可以使用两种模式来传送：贪婪转发模式和周边转发模式。使用贪婪转发模式时，接收到数据的传感器节点查询它的邻节点表。如果某个邻节点与网关节点的距离小于自身节点到网关节点的距离，就保持当前的数据模式，同时将数据转发给选定的邻节点。如果满足不了这个要求，就改变数据模式为周边转发模式。

在传送的数据包中，包括目标节点的位置信息，中继转发节点利用贪婪选择来确定下一跳的节点。这个节点是距离目标节点最近的那个邻节点。用这种方式连续不断地选择距目标节点更近的节点进行数据中继转发，直至将数据传送给目标节点为止。使用贪婪转发策略选择下一跳节点的情况如图 6-13 所示。

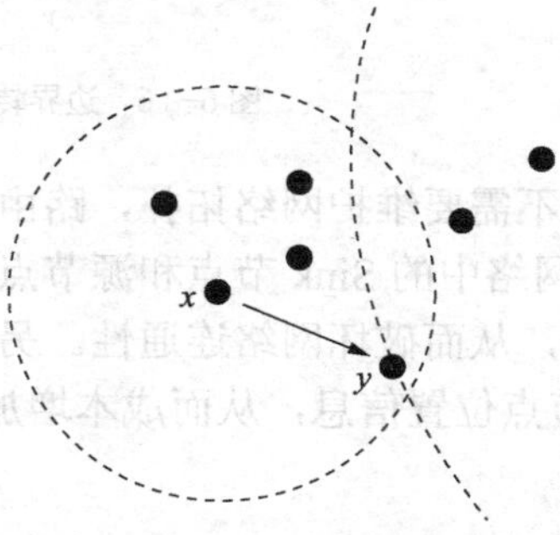

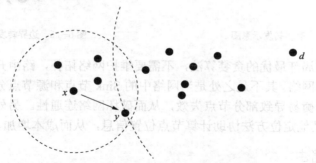

图 6-13　GPSR 路由协议选择下一跳节点示意图

设定中继节点 x 接收到一个目标节点是 d 的数据包，节点 x 的传输覆盖范围是以 x 点为圆心的虚线圆区域，以 d 点为圆心，dy 线段为半径画圆，圆弧交节点 y，由于节点 y 与目标节点 d 之间的距离小于与 x 节点相邻的所有节点到节点 d 之间的距离，因此就选节点 y 作为下一跳节点。按照这种方式继续前向转发传递数据，直到目标节点 d 获得数据为止。

使用贪婪转发策略会产生路由空洞的缺欠，如图 6-14 所示。

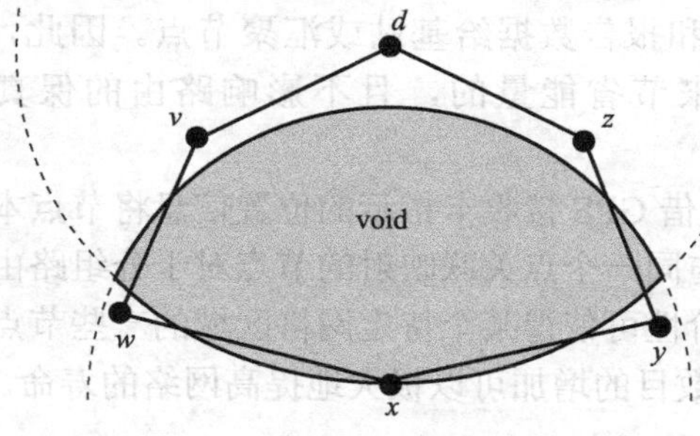

图 6-14　贪婪转发产生的路由空洞

给定网络特定的拓扑及传感器的位置分布，节点 x 到目标节点 d 的距离要小于相邻两个节点 w、y 到目标节点 d 的距离。将数据由节点 x 转发给目标节点 d 有两条路径：$x \to w \to v \to d$ 和 $x \to y \to z \to d$，但是使用贪婪转发策略进行数据转发时，不会选择 w 或 y 作为下一跳的节点。因为节点 x 到目标节点 d 的距离要小于 w 或 y 各自到 d 的距离，这样就出现了空洞，导致数据无法传输。

要解决空洞现象，可以使用边界转发机制，下面介绍边界转发的实现方法。

平面图的边将整个图分成许多小的互不重叠的有界多边形和一些无界区域，这些有界多边形和无界区域统称为 face。其中，有界区域称为内部 face，无界区域称为外部 face。在图 6-15 中，$x \to d$ 通过了 2 个内部 face 和 2 个外部 face。

利用边界转发时一般遵循右手法则，如图 6-16 所示，当一个数据分组从节点 y 到达节点 x 时，下一边是以 x 为顶点，沿(x, y)逆时针方向上的第一条边，图 6-16 中为(x, z)。后续各边同样依此法则来确定下一边。

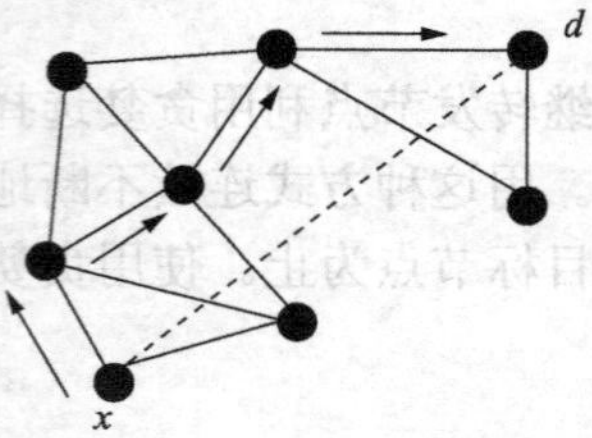

图 6-15 有界转发示意图

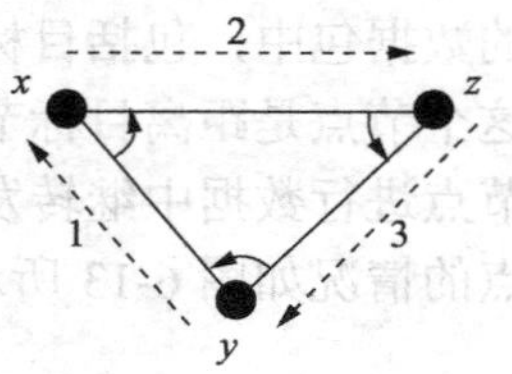

图 6-16 边界转发右手法则

GPSR 协议采用局部最优的贪婪算法，不需要维护网络拓扑，路由开销小，可适用于静态和移动的无线传感网络。其不足之处是当网络中的 Sink 节点和源节点分别集中在两个区域时，由于通信量不平衡易导致部分节点失效，从而破坏网络连通性。另外，GPRS 还需要借助 GPS 定位系统或其他定位方法协助计算节点位置信息，从而成本增加。

6.6.2 GAF 路由

GAF（Geographic Adaptive Fidelity）的全称是地理位置自适应保真路由，它是基于位置的能量感知路由算法，最初主要是为移动 Ad-Hoc 网络应用设计的，但也可以适用于无线传感网络。其基本思想如下。

（1）网络区域首先被分成固定区域，并形成一个虚拟的网格。在每个区域中，传感器节点彼此协作，并扮演不同的角色。例如，每个区域内的所有节点会选出一个传感器感应节点在某一段时期内保持清醒状态，而其他节点都进入睡眠状态。被选中的节点代表该区域中所有的节点，负责监测和报告数据给基站或汇聚节点。因此，GAF 路由算法是通过关掉网络中不必要的节点来节省能量的，且不影响路由的保真度（Level of Routing Fidelity）。

（2）网络中的每个节点凭借 GPS 接收卡指示的位置信息将节点本身与虚拟网格中的某个点关联映射起来。网格上面与同一个点关联映射的节点对于分组路由的代价而言是等价的。为了节省能量，利用这种等价性可使得某个特定网格区域的一些节点保持睡眠状态。这样，GAF 路由算法随着网络节点数目的增加可以极大地提高网络的寿命。

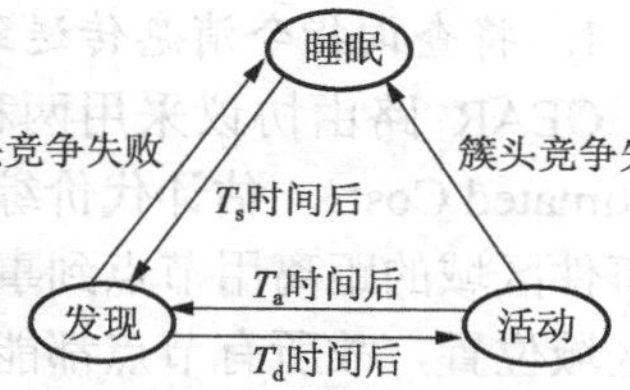

图 6-17 GAF 路由协议的状态变迁示意图

GAF 路由算法定义了 3 种状态，分别是发现状态、确定网格邻居的状态及主动反馈路由参与的激活状态、睡眠状态三种。如图 6-17 为 GAF 路由协议算法的状态变迁示意图。

为了解决移动性问题，网格中的每个节点估计它们各自的网格离开时间并将该时间发送到它们的邻居。为了保持路由的保真度，正在睡眠状态的邻居相应地调整它们的睡眠事件。在激活的节点离开网格时间到期之前，唤醒睡眠的节点，并让其中一个处于激活状态。GAF 路由算法的实现可以针对非移动性（GAF-basic）和移动性（GAF-mobility Adaptation）两类节点。GAF 路由算法关键问题是如何为节点分配角色，并选出簇头。簇头可以要求簇内传感器感应节点在发现目标时，立刻切换到工作状态并开始采集数据。然后，簇头负责接收从簇内其他节点发来的原始数据，并转发给本地基站或汇聚节点。

相比一般的 Ad-Hoc 路由协议，GAF 路由算法保持了延迟和分组转发的性能，并且通过节能机制增加了网络的寿命。尽管 GAF 是一个基于地理位置的路由协议算法，但它也可用于分级分簇路由协议，因为簇的划分都是基于节点地理位置信息的。对于每个特定的网格区，代表节点担当领导者（Leader）来发送数据给其他节点。然而，领导者节点并不像其他分级协议那样，GAF 算法中的领导者节点并不做任何数据汇聚或融合工作。但是 GAF 的缺陷是在节点稀疏的情况下节能效果不好，而且网格簇头的选择是随机的，没有考虑节点剩余能量。

6.6.3 GEAR 路由

地理位置和能量感知路由（Geographicaland Energy Aware Routing，GEAR）根据事件区域的地理位置信息，建立基站或者汇聚节点到事件区域的优化路径，避免了泛洪查询消息，从而减少路由建立的开销。GEAR 协议假设已知事件区域的位置信息，且节点都知道自己的位置信息和剩余能量。此外，节点通过一个简单的 HELLO 消息交换机制就能知道所有节点的位置信息和剩余能量信息。GEAR 协议和大多数 Ad-Hoc 网络路由协议一样，还假定了节点间无线链路是对称的。

GEAR 协议中的查询消息包含了位置信息，且节点只需将其发送到网络指定的区域。转发查询消息到目的位置是通过某种概率选择邻居来实现的，且查询消息仅在目标区域内泛洪传播。每个传感器节点都需维持一个邻居表，表中包含了节点的剩余能量、每个邻居的位置信息，以及转发到每个邻居的代价。GEAR 路由协议通过能量感知和地理信息支持的邻居选择启发式方法来选择最小代价的节点，进而转发分组到邻居，从而达到目的地节点。其核心思想是通过仅考虑某个区域而不是发送兴趣消息到整个网络的方式来限制定向扩散协议中的兴趣消息数，这样 GEAR 协议比定向扩散协议可节省更多的能量。

GEAR 路由协议中的查询消息传播分为两个阶段。首先基站或汇聚节点发出查询消息指令，根据事件区域地理位置消息将查询指令传输到区域内距离基站或汇聚节点最近的节点，然后从该节点将查询指令传播到区域内的其他所有节点。采集的数据沿着查询指令的反向路径向基站或汇聚节点传播，如图 6-18 所示。

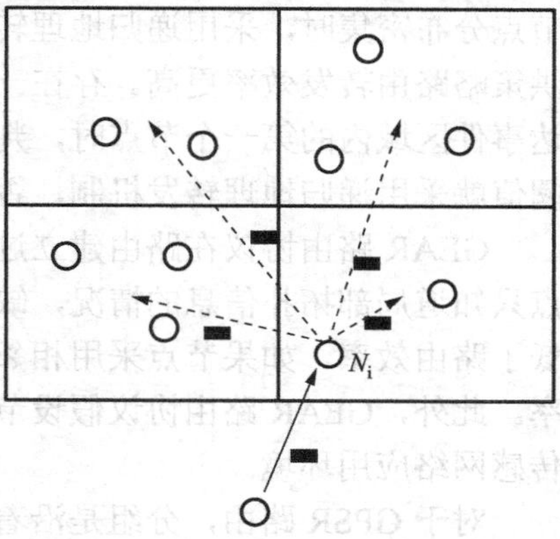

图 6-18 GEAR 路由转发示意图

1. 将查询指令消息传送到事件目标区域

GEAR 路由协议采用两种代价表示路径代价：获得代价（Learned Cost）和估计代价（Estimated Cost）。估计代价综合了节点剩余能量和到事件区域目的节点的归一化距离。节点到事件区域的距离用节点到事件几何中心的距离表示。由于所有节点都知道自己的位置和事件区域位置，故所有节点都能计算自己到事件几何中心的距离。获得代价是对估计代价的一种提炼，考虑了网络绕洞的路由问题。所谓出现一个洞，是指一个节点不存在任何比自身离目标区域更近的邻居节点的现象，或者节点的所有邻居节点到事件区域的路由代价都比自己大时陷入路由空洞（Routing Void）。克服这种现象可以使节点在邻居节点中选择到事件区域代价最小的节点作为下一跳节点，并将自己的路由代价设为该节点的一跳通信代价加上该节点下一跳节点的路由代价。当不存在空洞现象时，估计代价刚好等于获得代价。当分组到达目的节点获得代价时，会向前回传一跳，以至于需要调整下一个分组的路由建立。当还没有建立从基站或汇聚节点到事件区域的路径时，中间节点使用估计代价来决定下一跳节点。

节点计算自己到事件区域估计代价的公式为

$$C(N, R) = \alpha \times D(N, R) + (1-\alpha) \times E(N) \tag{6-6}$$

式 6-6 中，$C(N, R)$为节点 N 到事件区域 R 的估计代价；$D(N, R)$为节点 N 到事件区域 R 的归一化距离；$E(N)$为节点 N 的归一化剩余能量；α 为比例参数。

当查询指令消息到达事件区域后，事件区域内的节点沿着查询消息的方向路径传输监测数据，且数据中携带了每跳节点到事件区域的实际能耗值。数据传输经过的每个节点首先记录携带消息中的能量代价，然后将消息中的能量代价加上它发送该消息到下一跳节点的能耗，并更新原有携带消息的值来转发数据。节点下一次转发查询指令时，用刚才记录到的事件区域的实际能量代价代替式 6-6 中的 $D(N, R)$，计算它到基站或汇聚节点的获得代价。节点用调整后的获得代价选择到事件区域的优化路径。

2. 查询消息在事件目标区域内的传播

当查询指令消息到达事件区域后，可通过限制方式传播到事件区域内的所有节点。当节点密度较大时，泛洪开销太大，可采用递归地理转发策略。也就是说事件区域内首先收到查询指令的节点将事件区域划分为若干子区域，并依据子区域中心位置来转发查询指令消息。在每个子区域中，最靠近区域中心的节点（如图 6-18 中的 N_i）接收查询指令，并将自己所在子区域再划分为若干子区域并向若干子区域中心转发查询指令。当全部子区域转发过程结束时，停止递归转发过程，限制泛洪机制和递归地理转发机制各有自己的特点。当事件区域内节点分布密集时，采用递归地理转发的消息转发次数少，而节点分布较稀疏时，采用限制泛洪策略路由转发效率更高。存在一种简单的方法可以灵活选择上面两种策略：当查询指令到达事件区域内的第一个节点时，判断该节点的邻居是否大于一个预先设定的阈值，如大于该阈值就采用递归地理转发机制，否则采用限制泛洪机制转发查询指令消息。

GEAR 路由协议在路由建立过程中采用了局部最优的贪婪算法，适合无线传感网络中节点只知道局部拓扑信息的情况，缺陷是可能缺乏足够的拓扑信息导致路由空洞现象出现，降低了路由效率。如果节点采用相邻两跳节点地理位置信息，就可大大降低路由空洞产生的概率。此外，GEAR 路由协议假设节点地理位置固定或变化不频繁，适用于移动性较小的无线传感网络应用环境。

对于 GPSR 路由，分组是沿着平面图的周边来寻找路由的。尽管该方法减少了节点维持的状态数，但最初设计主要是考虑用于移动 Ad-Hoc 网络，并且要求定位业务能够将定位和节点标识映射对应起来。相比之下，GEAR路由不仅减小了路径建立的能耗，而且在分组转发率方面优于GPSR路由。

6.6.4 GEM路由

GEM（Graph EMbedding）路由协议是一种基于地理位置信息的适用于数据中心存储方式的路由机制，GEM将无线传感网络存储监测数据分为3种方式，即数据中心存储（Data-centric Storage）、本地存储（Local Storage）和外部存储（External Storage）。

数据中心存储方式是指在网络中选择不同的主管节点实现不同事件监测数据的融合和存储。该方式首先命名可能的监测事件，然后按照某种策略将每一个事件映射到一个地理位置上，距离这个位置最近的节点作为该事件的主管节点。节点监测到事件方式后，把相关数据发送到映射位置。主管节点来接收数据，并进行数据融合，然后存储到本地。数据中心存储方式是在查询延迟、存储空间和能耗等多项指标后进行的折衷平衡，是介于本地存储和外部存储之间的一种方式。

在本地存储方式中，节点首先将监测数据保存到本地存储器中，并在收到查询指令后，再将相关数据发送到基站或汇聚节点。由于网络传输的数据都是基站或汇聚节点感兴趣的数据，故网络传输效率高，但要求每个节点都有较大的存储空间，数据融合只能在传输过程中进行，且基站或汇聚节点要经过较长时延后才能获得查询数据。

在外部存储方式中，节点获得监测数据后，都主动把数据发送给基站或汇聚节点。由于节点将采集到的数据及时传给了基站或汇聚节点，从而可提高无线传感网络对突发事件的响应速度。但是由于监测数据不断发送给基站或汇聚节点，一方面由于某些数据并非是基站或汇聚节点所感兴趣的，所以造成网络传输能量和带宽资源的浪费，另一方面也容易在基站或者汇聚节点附近形成网络热点拥塞区域，降低网络整体吞吐率。

GEM路由协议的核心思想就是建立一个虚拟的极坐标系统（Virtual PolarCoordinate System，VPCS）用来代表实际的网络拓扑结构。整个网络节点形成一个以基站或汇聚节点为根的带环树（Ringed Tree）。每个节点极坐标用两个参数表示：一个是距离树根的跳数距离；另一个是角度范围。节点间的数据路由是通过该带环树实现。下面详细介绍GEM路由的3个关键组成要素。

1. *虚拟极坐标系统的建立*

虚拟极坐标系统的建立需要三个阶段：生成树型结构、反馈子树大小和确定虚拟角度范围。

（1）生成树型结构。基站或汇聚节点初始化设置自己的跳数距离为0，并广播包含一个到基站或汇聚节点跳数域的路由建立消息。与基站或汇聚节点相邻的节点收到该消息后，将基站或汇聚节点作为自己的父节点，并设置自己到父节点的跳数为1，然后继续广播路由建立消息。基站或汇聚节点需要监听邻居节点的广播，并将发送跳数为1的路由建立消息的节点标记为子节点。这个过程一直扩展到整个网络，使每个节点都知道自己的父节点和子节点，以及到基站或汇聚节点的跳数，直到所有节点都加入这个树型结构为止。当一个节点收到多个广播消息时，选择信号更强的节点作为父节点。如果节点广播路由建立消息后没有收到跳数比自己更大的路由建立消息，则认为自己就是叶节点。

（2）反馈子树大小。所谓子树大小，是指树中包含的节点数目。在树型结构建立后，从叶节点开始，节点就将以自己为根节点的子树的大小报告给它的父节点。叶节点向父节点报告的子树的大小为 1，中间节点将自己的所有子树的大小相加 1 得到自己子树的大小，然后报告给它的父节点。以此类推，这个过程一直进行到基站或汇聚节点，最后基站或汇聚节点得到整棵树的大小。

（3）确定虚拟角度范围。基站或汇聚节点首先确定整个虚拟极坐标系统的角度范围，如[0，90]。注意到该角度仅仅是一个逻辑概念，并非实际的方位角。基站或汇聚节点将角度分配给每个子节点，每个子节点得到的角度范围与该节点为根的子树的大小成正比。然后每个子节点再重复这样的分配过程，即将其角度范围分配给它的子节点，如图 6-19 所示，该过程一直进行到每个子节点都得到一个角度范围。

经过上述阶段之后，网络每个节点都知道自己到基站或汇聚节点的跳数和逻辑角度范围，这样就可用一个坐标（跳数，角度范围）唯一表示每个节点。为了避免在树型结构当中，跳数相同节点间的角度范围乱序，可采用逆时针或者顺时针规则为节点分配角度范围，这样可使同一级节点的角度范围顺序递增或递减，图 6-19 采用的就是逆时针递增规则。可以看出，到基站或汇聚节点跳数相同的节点形成一个环状结构。因此，GEM 路由协议是通过带环的树来实现数据路由的。

2. 虚拟极坐标路由 VPCR 算法

虚拟极坐标路由算法（Virtual Polar Coordinate Routing，VPCR）的基本过程如图 6-19 所示，节点发送消息时，若目的位置的角度不在自己角度范围内，就向父节点传递该消息，父节点也以同样的方式处理该消息，直到消息到达角度范围包含目的位置角度的节点，该节点就是源节点 *S* 和目的节点 *D* 的共同祖先，见图 6-19（a）中的节点 *R*。

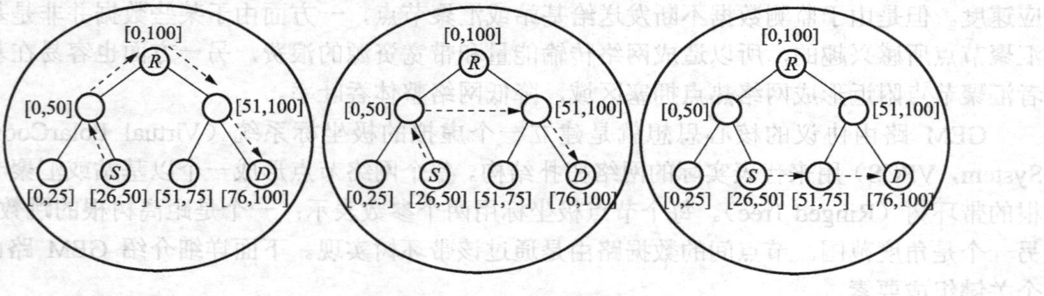

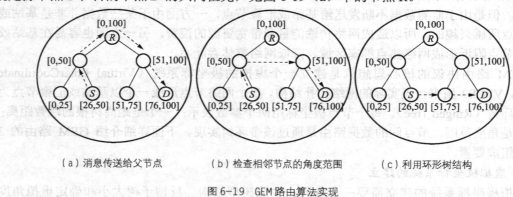

（a）消息传送给父节点　（b）检查相邻节点的角度范围　（c）利用环形树结构

图 6-19　GEM 路由算法实现

因最初的 GEM 路由算法需要上层节点转发消息，网络开销较大。一个改进的策略就是在节点上传消息之前，首先检查同一层的临近节点是否包含目的位置的角度范围。如有，则直接传给该临近节点，从而避免上传消息带来的较大开销，如图 6-19（b）所示。

更进一步的 GEM 路由协议改进算法利用了前面提到的环状结构，称为虚拟极坐标路由算法。节点查看相邻节点的角度范围是否离目的位置更近，如果更近，就将消息传给该邻居节点，否则向上层传输，如图 6-19（c）所示。

3. 对网络拓扑变化的适应

由于 GEM 路由算法建立在虚拟极坐标系统上，而系统是一个逻辑拓扑，故当实际网络拓扑发生变化时，需要及时局部更新虚拟极坐标系统。为了保证拓扑发生变化后的虚拟极坐标系统仍然是一个树型结构，避免环路路由发生，局部更新应当满足下列的一致性条件。

（1）除了基站或汇聚节点外，每个节点只有一个父节点。

（2）每个节点跳数值为父节点跳数值加 1。

（3）每个节点的角度范围是父节点的角度范围的子集。

（4）每个节点的子节点角度范围不相交。

对于网络拓扑的变化，主要考虑两种情况：节点加入和节点失效。

（1）节点加入情况的处理。假如节点 D 要加入树结构，并可连接到节点 R，R 就成为节点 D 的父节点并为 D 赋予跳数和角度范围。节点 D 的跳数是节点 R 的跳数距离加 1，角度范围可有两种选择方法：一是在生成树结构时预留一些角度范围，用来分配给新加入的节点；另外一种是向上层节点申请更多的角度范围，这个过程或许要一直到达基站或汇聚节点才能结束。

（2）节点失效情况的处理。当节点 R 失效时，R 的所有子树包含的节点都成为孤立节点。假定 R 的某个子节点 E 可以连到另外一个非孤立节点 R_1，则 E 将 R_1 作为父节点。为满足拓扑更新一致性条件，需要修改一些属性：节点 E 的跳数距离为 R_1 的跳数距离加 1，且 E 的子树都要做相应的变化；R_1 及 R_1 到基站或汇聚节点路径上的所有节点都需将 E 的角度范围加入自己的角度范围；失效节点 R 的父节点 D 需要将 E 的角度范围从自己的角度范围内减去，这种变化同样要向上层节点传送，直到到达 R 以及 R_1 的共同祖先。如果 R 的子节点 E 不能连接到任何非孤立节点，但是 E 的子树上有节点 B_1 可连到非孤立节点 R_1，这时子树的结构要逆转过来，E 成为 B_1 的子节点。B_1 作为子树的根节点继承 E 的角度范围并重新赋值角度范围，按照上述方法直到连接到 R_1 上。

GEM 路由协议算法根据节点的位置消息，将实际网络拓扑结构转化为虚拟极坐标系统的以基站和汇聚节点为根的带环树逻辑结构，并在带环树逻辑结构上实现了相应的数据路由。GEM 提供的路由机制不需精确的节点位置信息，且能够凭借 VPCS 简单地将实际网络拓扑信息映射到易于进行路由处理的逻辑拓扑，而不改变节点的相对位置。但是不足的是，带环树在实际网络拓扑发生变化时，树的调整相当复杂，因此，GEM 路由协议比较适合于静态或拓扑结构相对稳定的无线传感网络应用。

6.7 基于分簇的路由

平面路由协议的突出缺点是可扩展性较差，由于无线传感网络通常由密集分布在一定区域（如一片林区）的成百上千，甚至数万个传感器节点构成，因此网络规模非常大，不能直接采用可扩展性差的平面路由协议。相反，分簇路由协议由于可扩展性好，能满足大型无线传感网络的需求。此类路由协议是让节点参与到特定的节点簇内的多跳通信，簇头再进行数据聚合，减少向 Sink 节点传送的消息数量，从而达到节省能量和提高可扩展性的目的。

6.7.1 LEACH 路由

LEACH（Low Energy Adaptive Clustering Hierarchy）的全称是低功耗自适应集簇分层型路由，是无线传感网络中提出的第一个分级路由协议。其特征主要有本地协调以产生集群、动态的选举集群的“簇头”节点同数据融合技术相结合等。其后的大部分分级路由协议都是在 LEACH 的基础上发展起来的。LEACH 算法先将无线传感网络中的节点分成簇，然后选举出“簇头节点”，簇头节点接收其簇内成员节点的数据后，再将经过融合处理后的数据发送给基站，其网络结构如图 6-20 所示。

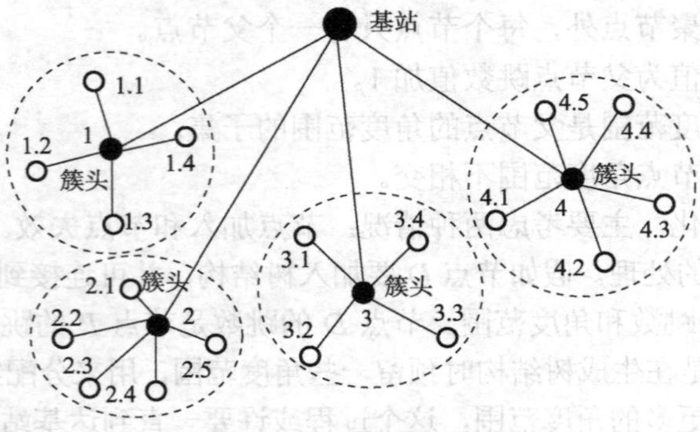

图 6-20 LEACH 网络结构

LEACH 的基本思想是通过随机循环地选择簇头节点，从而将整个网络的能量负载平均分配到每个传感器节点中，达到降低网络能源消耗、提高网络整体生存时间的目的。

LEACH 协议节约能量的主要原因在于它运用了数据压缩技术和分层动态路由技术，通过本地的联合工作来提高网络的可扩展性和鲁棒性，通过数据融合技术来减少发送的数据量，通过把节点随机地设置成为“簇头节点”来达到在网络内部负载均衡的目的，防止簇头节点的过快死亡。

LEACH 协议主要通过随机选择聚类首领，平均分担中继通信业务来实现，它分为两个阶段，即类准备阶段和就绪阶段。在类准备阶段，LEACH 协议随机选择一个传感器节点作为头节点，头节点与其附近的节点构成簇，头节点就成为簇首领。为了防止某个节点长期作为簇头节点而能量损耗过多，利用簇头选举算法使得每个节点都有成为簇头节点的机会，簇头节点负责簇内部和各个簇之间的通信。

LEACH 定义了“轮”（round）的概念，一轮由初始化和稳定工作两个阶段组成，为了避免额外的处理开销，稳定态一般会持续相对较长的时间。

LEACH 在运行过程中不断地循环执行簇的重构过程，每个簇的重构过程可以用回合的概念来描述。每个回合可以分成两个阶段：簇的建立阶段和传输数据的稳定阶段。为了节省资源开销，稳定阶段的持续时间要大于建立阶段的持续时间。

簇的建立过程可分成 4 个阶段：①簇头节点的选择；②簇头节点的广播；③簇头节点的建立；④调度机制的生成。

簇头节点由依据网络中所需要的簇头节点总数和迄今为止每个节点已成为簇头节点的次数来决定。具体的选择办法是每个传感器节点随机选择 0～1 的一个值。如果选定的值小于某一个阈值，那么这个节点成为簇头节点。

选定簇头节点后，通过广播告知整个网络。网络中的其他节点根据接收信息的信号强度决定从属的簇，并通知相应的簇头节点，完成簇的建立。最后，簇头节点采用 TDMA 方式为簇中的每个节点分配向其传递数据的时间点。

在稳定阶段中，传感器节点将采集的数据传送到簇头节点。簇头节点对簇中的所有节点采集的数据进行信息融合后再传送给汇聚节点，这是一种较少通信业务量的合理工作模型。稳定阶段持续一段时间后，网络重新进入簇的建立阶段，进行下一回合的簇重构，不断循环，每个簇采用不同的 CDMA 代码进行通信来减少其他簇内节点的干扰。

LEACH 路由协议主要分为两个阶段：簇建立阶段和簇稳定运行阶段。簇建立阶段和簇稳定运行阶段所持续的时间总和为一轮。为减少协议开销，稳定运行阶段的持续时间要长于簇建立阶段。

每个传感器节点选择[0，1]的一个随机数，如果选定的值小于某一个阈值，那么这个节点成为簇头节点，计算式为：

$$T(n)=\begin{cases}\dfrac{k}{N-k\times(r \bmod (n/k))} & n\in G\\ 0 & \text{others}\end{cases}$$

其中：N 表示网络中传感器节点的个数，k 为一个网络中的簇头节点数，r 为已完成的回合数，G 为网络生存期总的回合数。

簇头节点选定后，广播自己成为簇头的消息，节点根据接收到的消息的强度决定加入哪个簇，并告知相应的簇头，完成簇的建立过程。然后，簇头节点采用 TDMA 的方式，为簇内成员分配传送数据的时隙。

在稳定阶段，传感器节点将采集的数据传送到簇头节点。簇头节点对采集的数据进行数据融合后再将信息传送给汇聚节点，汇聚节点将数据传送给监控中心来处理数据。稳定阶段持续一段时间后，网络重新进入簇的建立阶段，进行下一轮的簇重建，不断循环。

LEACH 的优点是通过簇头数据融合优化了传输数据所需能量和网络中的数据量，不足之处是节点硬件需要支持射频功率自适应调整，无法保证簇头节点能遍及整个网络，需要确保分簇与簇头选举的公平。

6.7.2　TEEN 路由

阈值敏感的高能效无线传感网络路由（Threshold sensitive Energy Efficient Sensor Network Protocol，TEEN）是在 LEACH 协议的基础上发展而来的。依照应用模式的不同可以将无线传感网络路由协议分为主动（proactive）和响应（reactive）两种类型。主动型无线传感网络持续监测周围的物质现象，并以恒定速率发送监测数据；而响应型无线传感网络只是在被观测变量发生变化时才传送数据。相比之下，响应型无线传感网络更适合于对时间敏感的应用。TEEN 是第一个针对响应型网络的层次型无线传感网络路由协议，主要思想是将网络划分为若干个簇，每个簇由一个簇头和多个簇成员组成。簇头节点负责簇内成员的管理，并且完成簇内信息的收集和融合操作，同时还负责簇间数据的转发，如图 6-21 所示。

TEEN 的工作方式基本上和 LEACH 相同，只不过在每一次重新选簇成立簇区域之后，簇首节点需要向簇内成员广播以下 3 个参数。

（1）特征值：用户所关心数据的物理参数。

（2）硬门限（Hard Threshold，HT）：监测数据特征值的绝对门限值。当节点监测到的特征值超过这个门限，才启动发射机向簇首节点报告这个数值。

（3）软门限（Soft Threshold，ST）：监测特征值的小范围变化门限从而触发节点启动发射机向簇首报告数据。

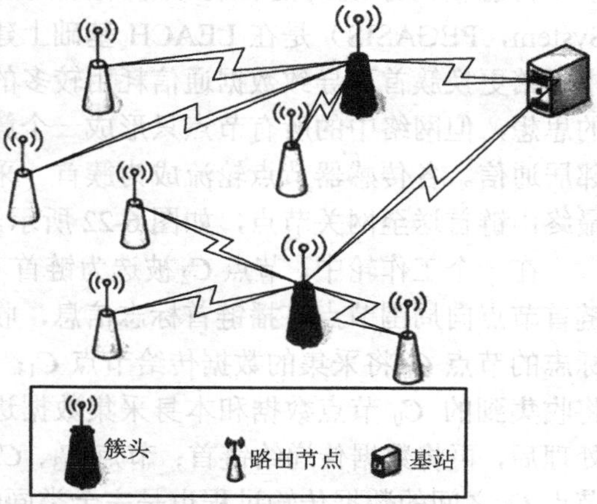

图 6-21　TEEN 路由网络结构

在 TEEN 中定义了硬、软两个门限值，以确定是否需要发送监测数据。具体工作过程如下。

（1）节点持续不断地从外界感应获取数据。

（2）如果感应数据的特征值第一次超过了它的硬门限，节点就在接着到来的时隙内启动发射器发送该感应数据，这个特征值也被存储到节点的外部变量中，称为感应值（Sensed Value，SV）。

（3）当且仅当以下两个条件都成立时，节点才会启动下一次的数据传送。

① 当前感应到的特征值大于硬门限值；

② 当前感应到的特征值与 SV 的差值大于等于软门限值。

（4）每次节点发送完当前感应的特征值数据，SV 就设置为该值。直至一个周期过去，新的簇形成，重新设定硬门限值。硬门限是根据用户对感兴趣的数据范围设定的，这样做减少了不必要的数据传输次数。如果感应到的数据和先前数据变化不大，就不用向簇头节点报告，这就是设置软门限的意义所在，这样做也降低了不必要的数据传输次数。另外，软门限的值可以随时变更，完全取决于用户的需要。设置较小的软门限使得网络数据更加精确，但代价是增大了传输过程的能量消耗，因此在工作的时候，要根据实际情况选择合适的软门限。通过调节软门限值的大小，可以在监测精度和系统能耗之间取得合理的平衡。采用这样的方法，可以监视一些突发事件和热点地区，减小网络内信息包的数量。

TEEN 协议适合于需要实时感知的应用环境，主要有如下优点。

（1）通过设置硬阈值和软阈值 2 个参数，TEEN 可以大大减少数据传送的次数，比 LEACH 节约能量。

（2）由于软阈值可以改变，监控者可以通过设置不同的软阈值方便地平衡监测准确性与系统节能指标。

（3）随着簇首节点的变化，用户可以根据需要重新设定 2 个参数的值，从而控制数据传输的次数。

TEEN 的缺点是不适合应用在需要周期性采集的应用系统中，这是因为如果网络中的节点没有收到相关的阈值，那么节点就不会与汇聚节点通信，用户也就完全得不到网络的任何数据。

6.7.3 PEGASIS 路由

传感信息系统的能耗有效聚集路由（Power Efficient Gathering in Sensor Information System，PEGASIS）是在 LEACH 基础上建立的路由协议，是为了避免 LEACH 协议的应用中频繁更换簇首而导致数据通信耗用较多的资源和能量改进的。尽管它也采用动态选举簇首的思想，但网络中的所有节点只形成一个簇，称为链。链中的传感器节点只需要与它最近的邻居通信。各传感器节点轮流成为簇首。采集到的数据在链中以点到点的方式传送、融合，最终由链首送至网关节点，如图 6-22 所示。

在一个工作轮中，节点 C_2 被选为链首（簇首），链首节点向周围节点广播链首标志信息，收到链首标志的节点 C_0 将采集的数据传给节点 C_1；节点 C_1 将收集到的 C_0 节点数据和本身采集数据进行融合处理后，再将数据传递给链首；节点 C_3、C_4 和链首节点 C_2 之间的数据传输过程也是完全类同的。

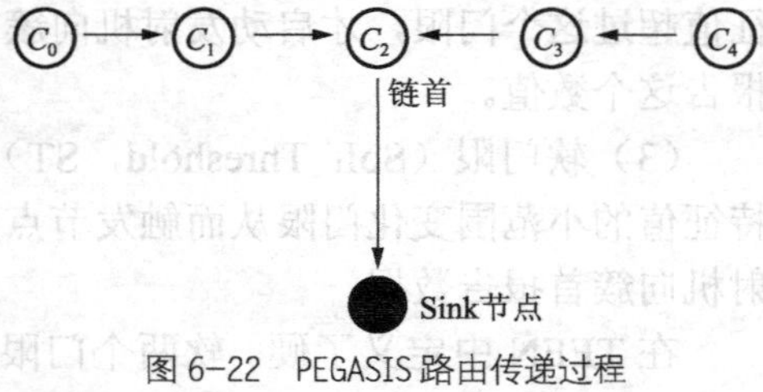

图 6-22 PEGASIS 路由传递过程

PEGASIS 协议减少了 LEACH 簇重构产生的

能量开销，并通过数据融合技术降低了节点的能量消耗，与 LEACH 协议比较，PEGASIS 协议延长了网络生存周期大约 2 倍。PEGASIS 协议比 LEACH 协议节省能量主要有以下几个方面。

（1）在传感器节点进行本地数据通信阶段，PEGASIS 协议的算法中，每个节点只和自己距离最近的邻居节点通信。在 LEACH 协议算法中，每个非簇头节点都需要直接与所在簇的簇头节点通信。因此，PEGASIS 协议的算法减少了每轮通信中每个节点的通信距离，从而节省了每个节点的能量。

（2）在 PEGASIS 协议算法中，Leader 节点最多只接收两个邻居节点的数据以及向基站发送网络的数据。而在 LEACH 协议的算法中，每个簇头节点除了向基站发送网络的数据之外，还要接收来自所在簇内的所有非簇头节点的数据，簇头节点接收的数据量远远大于 PEGASIS 协议中 Leader 节点接收的数据量。因此 LEACH 协议中，簇头节点的能量消耗过快，不利于均衡节点的能量消耗。

（3）在每一轮通信的过程中，PEGASIS 协议中只有 1 个 Leader 节点与基站通信，而 LEACH 协议中有许多簇头节点与基站通信。基站的位置又是远离网络的，使得网络中节点的能量消耗过快，不利于节省能量。因此 PEGASIS 协议的网络生命周期要长于 LEACH 协议的网络生命周期。

6.7.4 TTDD 路由

两层数据发布（Two-tier Data Dissemination，TTDD）是典型的层次路由协议，主要解决网络中存在多 Sink 点及 Sink 点的移动问题。当多个节点探测到事件发生时，选择一个节点作为发送数据的源节点，源节点以自身作为格状网的一个交叉点构造一个格状网。TEEN 的工作过程是源节点先计算出相邻交叉点的位置，利用贪心算法请求最接近该位置的节点成为新交叉点，新交叉点继续该过程，直至请求过期或到达网络边缘。交叉点保存了事件和源节点信息。查询数据时，Sink 点通过本地 flooding 查询请求到最近的交叉节点，此后查询请求在交叉点间传播，最终源节点收到查询请求，数据反向传送到 Sink 点。Sink 点在等待数据时，可继续移动，并采用代理（Agent）机制保证数据可靠传递。

设源节点 B 的坐标(x, y)，网格的边长为 α。

B 建立的格状网的交叉点坐标为

$$(x+i\times\alpha, y+j\times\alpha) \quad i, j=\pm 0, \pm 1 \pm 2, \cdots$$

以 B 为中心建立网络的转发点选择与交叉点最近的点，如图 6-23 中的黑点，成为转发节点的点启动下一级转发节点的选取过程。

每个节点都需要知道自己的地理位置，设每个格子为边长为 α 的正方形，则需要计算每个正方形的顶点位置。源节点 B 广播公告消息，离交叉点最近的节点接收该公告消息，这样 B 的 4 个交叉点的转发节点建立起来，继续找离 B 两跳的交叉点的转发节点（每个交叉点均需要 1 个转发节点）。距离交叉点小于 $\alpha/2$ 的节点才接收公告消息，并广播自己的地理位置，计算最近的节点为转发节点。

Sink 节点通过广播来查询，当某个转发节点需要响应该查询时，该转发节点就成为直接转发节点，直接转发节点向其上游节点传送查询消息，查询消息一直到源节点。传播路径上的转发节点需要记录自己下游节点的信息和 Sink 节点信息，作为传输数据的路径。如图 6-24 中的 G 点，发往不同 Sink 节点的数据都经过 G 点，G 点需要根据不同 Sink 节点分别转发。

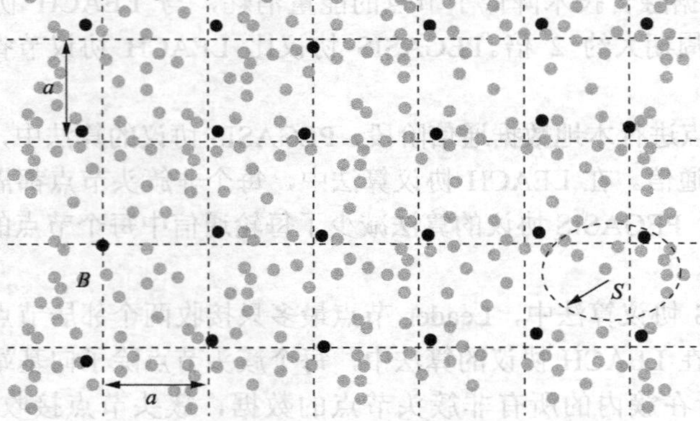

图 6-23 以 B 为源节点建立的格状网

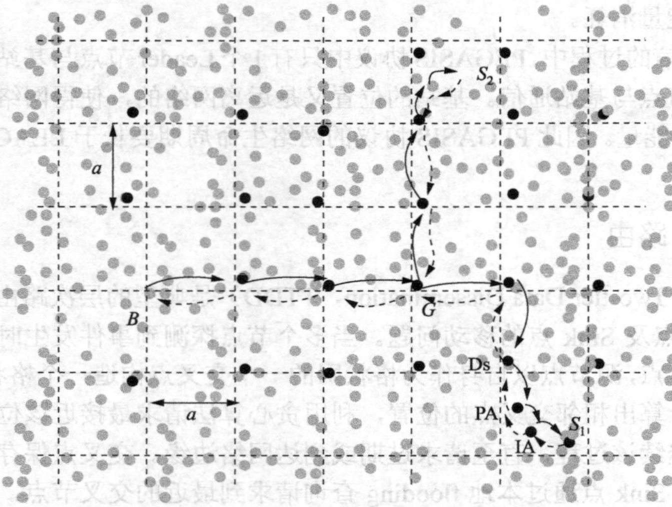

图 6-24 TTDD 转发过程

所有的转发节点都包含源节点的数据公告消息。Sink 通过泛洪方式发起查询请求，查询范围是一个网格区间。匹配节点（直接转发节点）通过格状网建立时的上下游关系将查询传送到源节点。源节点响应查询，沿查询消息的反向传输路径传送数据。

与 Directed Diffusion 协议相比，TTDD 协议采用单路径，能够提高网络生存时间，但计算与维护格状网的开销较大，节点必须知道自身位置。非 Sink 点位置不能移动，要求节点密度较大。TTDD 协议主要过程是源节点先计算出相邻交叉点的位置，利用贪婪算法请求最接近该位置的节点成为新交叉点，新交叉点继续该过程，直至请求过期或到达网络边缘。保存了事件和源节点信息的交叉点选作传输节点。查询数据时，Sink 节点采用本地洪泛查询请求到最近的传输节点，此后查询请求在传输点间传播直至源节点，数据则反向传送到 Sink 节点。

6.8 基于 QoS 的路由

无线传感网络应用在一些可靠性和实时性都要求较高的监控控制场所时，则对网络通信服务质量的要求较高。这就需要设计基于 QoS 的路由协议，克服无线传感网络的动态拓扑变化带来数据传输路径的频繁变化，从而使服务质量降低的缺点。基于 QoS 的路由协议在提供数据路由功能的同时，满足通信服务质量要求，建立路由路径的同时考虑端对端的时延要求。

6.8.1 SAR 路由

有序分配路由（Sequential Assignment Routing，SAR）是第一个具有 QoS 意识的路由协议，其路由决策依赖于能量资源、每条路径的 QoS 评价以及每个分组的优先级这 3 个要素。该协议采用了多径路由备份方法和局部路径恢复机制。为了在每个传感节点与 Sink 节点间生成多条路由，需要维护多个树结构，每个树以 Sink 节点的邻接点（落在 Sink 节点有效传输半径内的节点）为根向外生成，枝干的选择需要满足一定的 QoS 需求并要有一定的能量储备。这种处理方法使大多数传感节点可能同时属于多个树，进而选择其中之一将采集数据传送到 Sink 节点。如图 6-25 所示，传感节点 *A*、*B* 到 Sink 节点的路径均有多条，灰色节点为 Sink 节点的邻接点。

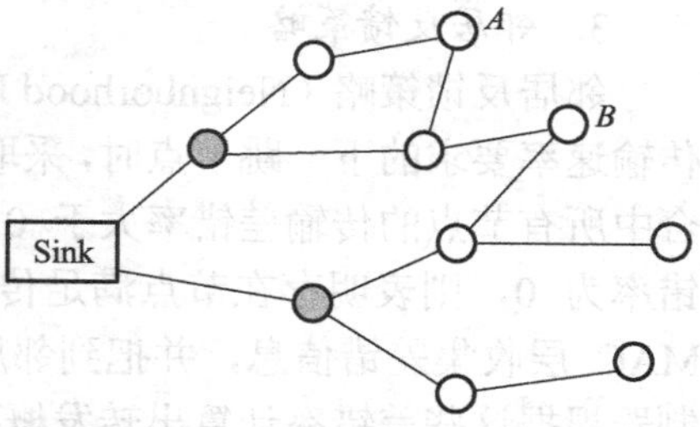

图 6-25 SAR 协议多路径树结构示例

SAR 协议的整个过程必须建立根植于传感节点到 Sink 节点之间的、避免低能量节点并满足 QoS 保证的树。因此，SAR 协议的目标就是在网络整个生存周期内，最小化平均加权 QoS 准则（即一个可加性 QoS 准则和分组优先级的权值系数之乘积），该协议还考虑到网络拓扑结构的任何变化会过于频繁从而引起 Sink 节点触发周期性的路径重新计算，在邻居节点之间，通过强化每条路径上、下游节点之间路由表的一致性，使用基于局部路径恢复机制的握手交互过程来恢复故障。这样 SAR 协议既维护了传感节点到 Sink 节点的多条路径，也确保了容错和故障的便捷。

6.8.2 SPEED 路由

在一些无线传感网络应用中，汇聚节点需要根据采集数据实时性做出反应，因此传感器节点到汇聚节点的数据通道要保持一定的传输速率。SPEED 协议是一个实时性很好的可靠路由协议，在一定程度上保证了端到端的传输速率、网络拥塞控制和负载平衡机制。为实现上述目标，SPEED 协议首先交换节点的传输时延，以得到网络负载情况。然后节点利用局部地理位置信息和传输速率信息决定路由，同时通过邻居反馈机制保证网络传输速率在一个全局定义的传输速率阈值之上。节点还通过反向压力路由变更机制避开延迟太大的链路和路由空洞。SPEED 路由协议主要由以下 4 部分组成。

1. 延迟估计机制

在 SPEED 协议中，延迟估计机制的作用是得到网络的负载情况，判断网络是否发生拥塞。节点记录到邻居节点的通信延迟来表示网络局部的通信负载。具体过程是：发送节点给数据分组并加上时间戳；接收节点计算从收到数据分组到发出 ACK 的时间间隔，并将其作为一个字段加入 ACK 报文；发送节点收到 ACK 后，从收发时间差中减去接收节点的处理时间，得到一跳的通信延迟。

2. SNGF 算法

无状态非决定地理前向算法（Stateless Non-deterministic Geographic Forwarding，SNGF）

可用来选择满足传输速率要求的下一跳节点。节点将邻居节点分为两类：比自己距离目标区域更近的节点和比自己距离目标区域更远的节点。前者称为候选转发节点集合（Forwarding Candidate Set，FCS），节点计算到其 FCS 集合中的每个节点的传输速率。FCS 集合中的节点又根据传输速率是否满足预定的传输速率阈值，再分为两类：大于速率阈值的邻居节点和小于速率阈值的邻居节点。若 FCS 集合中有节点的传输速率大于速率阈值，则在这些节点中按照一定的概率分布选择下一跳节点，节点的传输速率越大，被选中的概率就越大。

3. 邻居反馈策略

邻居反馈策略（Neighborhood Feedback Loop，NFL）是当 SNGF 路由算法中找不到满足传输速率要求的下一跳节点时，采取的补偿机制。节点首先查看 FCS 集合的节点，若 FCS 集合中所有节点的传输差错率大于 0，则按照特定的公式计算转发概率。若存在节点的传输差错率为 0，则表明存在节点满足传输速率要求，因而设转发概率为 1，即全部转发。此时 MAC 层收集差错信息，并把到邻居节点的传输差错率通告给转发比例控制器，转发比例控制器根据这些差错率计算出转发概率，供 SNGF 路由算法决定路由。满足传输速率阈值的数据按照 SNGF 算法决定的路由传输出去，而不满足传输速率阈值的数据传输则由邻居反馈环机制计算转发概率。

4. 反向压力路由变更机制

反向压力路由变更机制在 SPEED 协议中用来避免拥塞和路由空洞。当网络中的某个区域发生事件时，节点不再能够满足传输速率要求，体现在数据量会突然增多，传输负载会突然加大。此时，节点便会使用反向压力信标消息向上一跳节点报告拥塞，并表明拥塞后的传输延迟。上一跳节点则会按照上述机制重新选择下一跳节点，用来得到网络的负载情况，判断网络是否发生拥塞。

SPEED 协议在端到端时延、能量消耗、邻居节点无效比以及平衡网络流量负载等方面都具有优越性。但是该协议在路由过程中没有进一步考虑能量准则，传输的报文分组没有考虑优先级机制，未能最大可能地满足实时性要求，这也是 SPEED 协议的不足之处。

本章小结

无线传感网络与传统的无线网络协议不同之处在于它受到能量消耗的制约，并且只能获取到局部拓扑结构的信息，由于这两个原因，要求无线传感器的路由协议能够在局部网络信息的基础上选择合适路径。传感器由于它很强的应用相关性，不同应用中的路由协议差别很大，没有通用的路由协议。在设计或选取无线传感网络的路由协议时应该优先考虑能量优先和负载均衡，设计者需要针对每一个具体应用的需求，设计与之适应的特定路由机制。

当然，目前无线传感网络路由协议都假定传感节点和终端节点是静态的，但是在战场环境侦查等应用中可能需要节点能够移动，因此新的路由算法需要在考虑能源有效性的前提下提供对节点移动的支持。在一些应用中，需要将传感节点收集的信息传送到任务管理节点，又或者需要将任务管理节点对数据的查询信息传送到传感节点，因此将无线传感网络和外部网络（如因特网）结合在一起的路由协议也是未来研究的新方向。

对于已有的路由方面研究成果而言，无论是平面路由，还是分簇路由，其共同缺点是通常只考虑了能量约束。尽管节能是无线传感网络的一个关键问题，但在设计路由协议时，单纯只考虑节能问题是远不够的。随着无线传感网络应用范围的迅速扩大和支持图像传送的新型传感器的应用，要求无线传感网络不仅能传送数据业务，还需要传输具有 QoS 要求的图像业务。同时，不同传感数据的重要性和紧急性也不同，如传送火警的数据比温度数据更紧急，对传送的服务质量要求也更高。所有，这些都要求无线传感网络的路由协议不仅需要考虑可扩展性、节能等问题，还需要具有 QoS 保证功能，另外，安全性也是路由协议需要考虑的一个重要方面，因为错误的路由信息会使传感数据不能到达接收节点，大量非法的路由信息甚至可能导致整个无线传感网络的瘫痪。因此，需要进一步研究具有可扩展性好、提供 QoS 保证和良好安全性的分簇路由协议。

课后思考题

1．为什么说在无线传感网络技术的研究与应用中，路由协议占有很重要的位置？

2．无线传感网络路由的设计原则有哪些？

3．无线传感网络路由协议有哪些常用的分类方法？

4．以数据为中心的平面路由有哪些？其基本思想和实现方法是什么？适用什么领域？各自的优缺点是什么？

5．基于查询的路由协议有哪些？其基本思想和实现方法是什么？适用什么领域？各自优缺点是什么？

6．基于能量感知的路由协议有哪些？其基本思想和实现方法是什么？适用什么领域？各自的优缺点是什么？

7．基于分簇的路由协议有哪些？其基本思想和实现方法是什么？适用什么领域？各自的优缺点是什么？

第7章 无线传感网络操作系统

当前，很多无线传感网络的研究人员以及工程技术人员认为无线传感网络中工作节点的硬件设计简单、功能单一、处理器和存储器等资源有限，没有必要设计一个专门的操作系统，可以直接在硬件上设计应用程序。很显然，这种思路在实际应用中会碰到很多问题，首先一个问题就是面向无线传感网络的应用开发难度会加大，应用开发人员不得不直接面对硬件编程，无法像传统操作系统那样能提供丰富的服务，另外一个问题就是软件的可重用性差，程序员无法继承已有的软件成果，降低了开发效率，延长了开发时间，增加了开发成本。

另外也有一部分开发设计人员认为，不妨直接使用现有的嵌入操作系统，如 Linux、μC/OS、eCos、RTOS、QNX、WinCE、Palm OS、VxWorks 以及 Android、iOS、Windows Mobile 等智能手机和平板电脑操作系统。这些操作系统中有基于微内核架构的嵌入式操作系统，也有基于单体内核架构的操作系统，以及一些经过优化后的嵌入式操作系统。由于这些操作系统主要面向嵌入式领域相对复杂的应用，其功能也比较复杂，如它们一般提供内存动态分配、虚拟内存实时性支持、文件管理系统等。这些系统代码尺寸相对较大，使得它们很难在无线传感网络这样的特殊硬件配置下高效运行。因为无线传感网络的应用程序通常不要求像 PC 或者手机应用程序那样具有可交互性，这样操作系统就不需要支持那样复杂的用户接口。还有嵌入式操作系统在内存和内存映射硬件支持上的资源限制，使得类似于虚拟内存的机制变得不必要或者不可能实现。

随着无线传感网络的深入研究与发展，目前已经出现了多种适合无线传感网络应用的操作系统，如 TinyOS、Contiki、MantisOS、SOS、Nano-RK、Tron Project、BTnut、AliOS 等，有些操作系统采用单独的编程语言开发完成，如 TinyOS 采用的是 nesC 语言，有些直接用 C 语言开发完成，如 Contiki、MantisOS、BTnut、SOS、Nano-RK 等。

通过本章的学习，读者可以了解和借鉴 TinyOS、Contiki、MantisOS、SOS 等几种典型的无线传感网络操作系统的思想和用法，掌握采用操作系统思想设计的 Z-Stack 协议栈的基本原理和工作流程，为无线传感网络的节点设计和网络部署打下基础。

7.1 TinyOS 操作系统

TinyOS 是由美国加州大学伯克利分校设计和开发的一个开源的适用于无线传感网络特殊开发需要的微型操作系统，当前开发的 mica、telos 等系列无线传感器节点就是基于 TinyOS 而开发完成的。

为满足无线传感网络开发的特殊要求，TinyOS中引入4种技术：轻线程、主动消息、事件驱动和组件化编程。轻线程主要针对节点并发操作可能比较频繁，且线程比较短，传统的进程/线程调度无法满足的问题提出来的，因为使用传统调度算法会产生大量用在无效进程切换过程中的资源。TinyOS基于组件（Component-based）的架构方式能够快速实现各种应用，模块化设计又使得程序代码大幅度减少，TinyOS核心代码和数据大概仅有400 Bytes左右，能够突破传感器存储资源少的限制，让TinyOS很有效地运行在无线传感网络节点上，并执行相应的管理工作等。

TinyOS本身提供了一系列的系统组件，可以简单方便地编制程序，用来获取和处理传感器的数据并通过无线方式来传输信息。可以把TinyOS看成是一个能与传感器进行交互的API接口，它们之间可以进行各种通信。TinyOS在构建无线传感网络时，会有一个基地控制台，主要用来控制各个传感器子节点，并聚集和处理它们采集到的信息。TinyOS只在控制台发出管理信息，然后由各个节点通过无线网络互相传递，最后达到协同一致的目的，比较方便。

7.1.1 TinyOS的框架结构

TinyOS操作系统包括软件层、传感应用层和硬件层。硬件物理层由传感器、收发器和时钟等硬件组成，这些硬件能够触发事件并把信息交由上层处理，同时作为上层的软件应用层会发出命令给下层硬件层处理。操作系统各个层之间的协调需要有序地处理，这个任务交由操作系统的调度机制来解决。TinyOS的总体框架如图7-1所示。

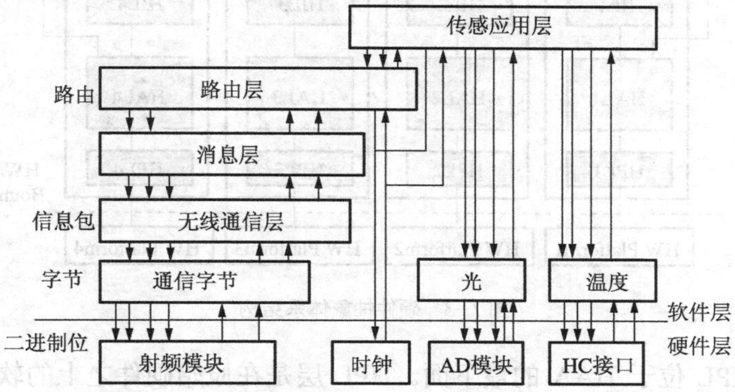

图7-1 TinyOS框架示意图

TinyOS操作系统是基于组件的操作系统，系统有各种处理函数。组件由不同功能的函数组成，包括任务集合、命令处理函数、事件处理函数和一个描述状态信息的框架。硬件系统的初始化、系统调度和C运行时库（C Run-Time）这3个组件是操作系统TinyOS必不可少的，在开发过程中，可以调用操作系统TinyOS内的组件。TinyOS组件的功能模块如图7-2所示。

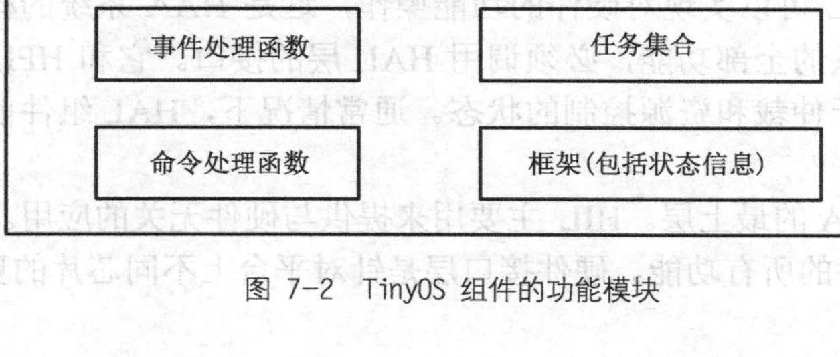

图 7-2 TinyOS 组件的功能模块

这个系统是面向组件的系统，它有许多优点。首先这个系统使用的调度机制是独立的一块，能够满足不同的调度需要，并可以根据需要修改和升级。其次系统内部的组件之间使用双向信息控制机制，这个机制基于“命令—事件”的组件模型，这样系统的使用会更加灵活。最后由于基于“事件—命令—任务”的组件模型能够屏蔽硬件驱动细节，使应用开发者能够更加方便地在该系统内进行应用程序开发。

7.1.2 TinyOS 的硬件平台抽象

TinyOS 2.x 中的硬件抽象一般遵循三层的抽象层次，被称为硬件抽象体系结构（Hardware Abstraction Architecture，HAA），分别为硬件表示层（Hardware Presentation Layer，HPL）、硬件抽象层（Hardware Abstraction Layer，HAL）和硬件接口层（Hardware Interface Layer，HIL）。通过对硬件平台进行不同层次的抽象，可以在系统开发中有区别地向上层屏蔽硬件特征，从而在不同程度上隔离上层组件和物理平台，便于程序移植。在功能上，硬件抽象组件相当于底层硬件的驱动程序，上层组件通过硬件抽象组件提供的接口进行调用，如图 7-3 所示。

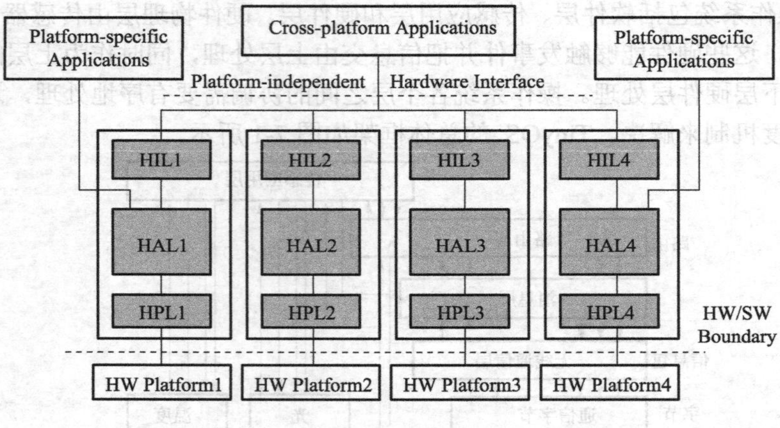

图 7-3 硬件抽象体系结构

硬件表示层 HPL 位于 HAA 的最下面。HPL 层是在原始硬件之上的软件层，使用 nesC 接口来表示硬件，如 I/O 引脚或寄存器等。硬件表示层可以通过存储器或者端口的映射来对硬件平台上的某个模块（如存储模块、通信模块等）进行直接操作与控制，可以对上层屏蔽硬件特征，实现软件和硬件的分离。这样就能实现该模块硬件功能的软件语言表达。HPL 组件一般有 HPL 前缀。

硬件抽象层 HAL 位于 HAA 的中间。由于 HAL 位于 HPL 层之上，所以 HAL 层能够提供更高一级的抽象，比 HPL 更为方便使用，但是它仍然具备提供底层硬件的功能。在硬件表述层的基础上，HAL 可以实现对硬件的功能操作，这是 HAA 系统的核心。如果要实现平台上的某个模块提供的全部功能，必须调用 HAL 层的接口。它和 HPL 组件不同的是，它能够允许维护被用于仲裁和资源控制的状态。通常情况下，HAL 组件前面都有一个芯片名前缀。

硬件接口层是 HAA 的最上层。HIL 主要用来提供与硬件无关的应用。这就要 HIL 不能像 HAL 一样提供硬件的所有功能。硬件接口层是针对平台上不同芯片的更高的层次抽象。

该硬件接口层通过不同的硬件抽象层提供的接口，把平台上不同芯片的组件封装成与底层组件芯片甚至硬件芯片无关的接口供高层调用，可以用来屏蔽不同芯片的差异，实现了兼容性较强的跨平台抽象体。但是HIL组件没有特殊前缀，对于TinyOS而言，ActiveMessageC就是其HIL组件。

从图7-3可以看出HPL/HAL提供了对硬件操作的全部功能。因为HIL在最高层，是最高的抽象层，所以该层实现了与平台的无关性。在程序设计中，可以根据需要使用各个层的接口。

7.1.3 TinyOS的调度机制

事件和任务是TinyOS操作系统中最主要的两个触发源。这两个触发源容易出现并发冲突，这是TinyOS操作系统调度机制要解决的问题。为了解决这个问题，该操作系统内的调度器能够实现任务和事件的二级调度。TinyOS对于事件的调度是遵循抢占任务方式的机制，并且事件之间也可以相互抢占。但是TinyOS对于任务的调度则使用先进先出（FIFO）的机制，并且任务之间不能互相抢占。从调度器对这两者不同的调度机制可以看出，事件的优先级高于任务，同时由事件调用的命令优先级也高于任务。TinyOS调度器如图7-4所示。

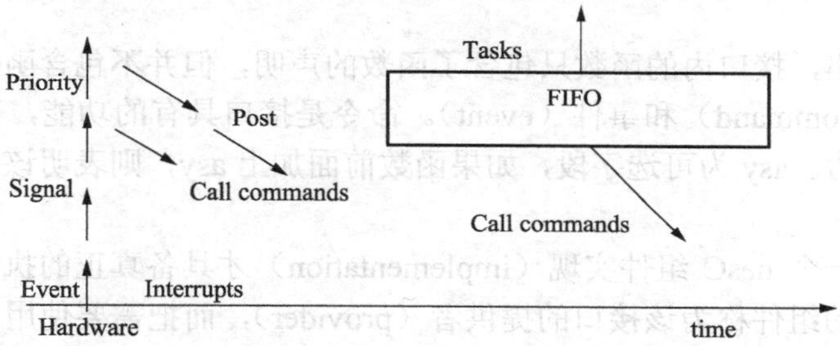

图7-4 TinyOS调度器

TinyOS调度器是操作系统TinyOS中的一个组件部分。调度器主要用来支持最基本的任务模型，同时还负责协调不同的任务类型，并且也支持任务接口。

在任务调度管理上，TinyOS给予了很大的空间。应用开发者可以根据开发需要来设计调度策略替换操作系统内的调度器，如最早任务优先、任务优先级等。但是程序员不能随意改变调度策略，由于nesC语言编译器支持静态并发性分析，所以TinyOS推荐使用非抢占式的调度策略，不然会违背规则。

7.1.4 nesC语言

在使用TinyOS之前，有必要了解nesC（Network Embedded System C）编程语言，因为Tinyos操作系统本身也是由nesC编写完成的，基于Tinyos操作系统的应用也需要由nesC编码完成。

nesC可以看成是C语言的一种扩展，只要懂C语言编程，就很容易了解和掌握nesC语言。nesC体现TinyOS的结构化概念和执行模型，非常适合嵌入式网络应用系统开发。nesC语言有两个基本的概念：组件（component）和接口（interface）。nesC在设计时体现了TinyOS的组件化思想，实现结构和内容的分离。nesC应用程序由各式组件搭配构成，组件和组件之间通过接口互相沟通，根据接口的设置说明组件功能。组件可以理解为对系统软硬件功能进行抽象，通过组件可以提高软件重用度和兼容性，程序员只关心组件的功能和自己的业务逻辑，不必关心组件的具体实现，从而提高编程效率。下面对这两个概念进行介绍。

1. 接口

一个完整的nesC程序是由一系列组件构成的，这些组件彼此之间通过事先定义好的接口进行沟通，接口可以理解为两个组件之间进行交流的渠道，从而达到协调程序各部分间合作的目的。

在一个接口的内部，需要声明提供相关服务的方法，类似于C语言中的函数。例如，数据读取接口（Read）内就包含了读取（read）、读取结束（readDone）等函数接口。但是接口终归只是接口，它只有一组函数的声明，并未包含对接口的实现。

下面给出一个简单读取接口（Read）的例子，这个接口主要用来读取某一个环境数据（温度、湿度等）。它只包含两个函数，用于读取数值的read和表示读取结束的readDone。以下是读取接口的代码。

```
interface Read<val_t>
{
 asy command error_t read ( );
 asy event void readDone ( error_t result, val_t val );
}
```

从这里可以看出，接口内的函数只包含了函数的声明，但并不包含函数体。接口内的函数分两类：命令（command）和事件（event）。命令是接口具有的功能，事件是接口具有的通告事件发生的能力。asy为可选字段，如果函数前面加上asy，则表明该函数可以在中断处理程序中被调用。

接口只有被某一个nesC组件实现（implementation）才具备真正的执行能力。我们把负责实现某一个接口的组件称为该接口的提供者（provider），而把需要使用该接口的组件称为该组件的使用者（user）。

用户可以呼叫某一组件提供的接口命令，然后等待相应的事件。例如，组件A提供了Read接口，A就需要负责实现Read接口内的read命令，也就是read命令的函数体，即“具体这个值是如何读取出来的”。因为命令是由接口的提供者负责实现的。如果组件B使用了A提供的Read接口，那么在读取数据结束以后，系统会返回给B一个“读取结束”的事件，而B需要负责处理这个事件，即“数据读取完毕以后，我用这个数据干什么”，将值返回给计算机，或者通过无线发送给其他传感器，等等，所以事件是由接口的使用者来负责实现的。

使用接口的时候需要注意以下几点。

（1）一个接口可以连接多个同样的接口。

（2）一个模块可以同时提供一组相同的接口，又称参数化接口，表明该模块可提供多份同类资源，能够同时分享给多个组件。

（3）接口的提供者未必一定有组件使用，但接口的使用者一定要由组件提供。

（4）同一个接口可以由不同的组件来实现，但是如果传感器平台不同，Read接口的提供者就未必相同。例如，telosb节点和micaz节点未必使用同一组件来提供Read接口。

2. 组件

任何一个nesC程序都是由一个或者多个组件连接而成的，从而形成一个完整的可执行程序，组件内主要是包含对各类接口的使用和提供的具体实现。在nesC中有两种类型的组件：

模块（module）和配置（configuration）。其使用的语法规则如图 7-5 所示。

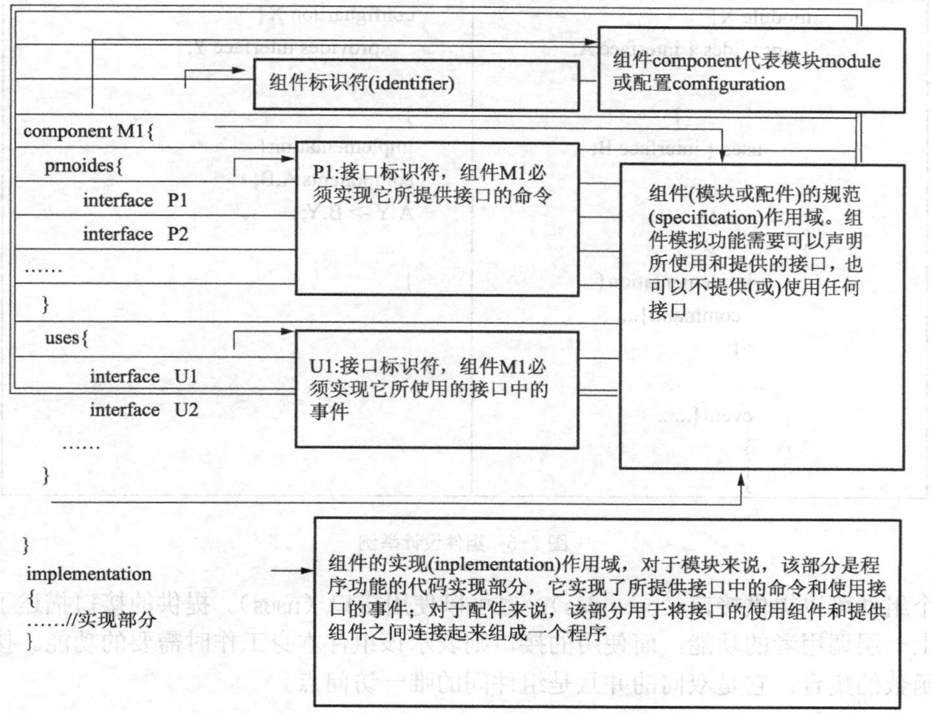

图 7-5 nesC 语法规则

（1）模块

模块主要用于描述组件的接口函数功能以及具体的实现过程，每个模块的具体执行都由 4 个相关部分组成：命令（command）函数、事件（event）函数、数据帧和一组执行线程。其中，命令函数是可直接执行，也可调用底层模块的命令，但必须有返回值，表示命令是否完成。返回值有 3 种可能：成功、失败、分步执行。事件函数是由硬件事件触发执行的，底层模块的事件函数与硬件中断直接关联，包括外部事件、时钟事件、计数器事件。一个事件函数将事件信息放置在自己的数据帧中，然后通过产生线程、触发上层模块的事件函数、调用底层模块的命令函数等方式进行相应处理，因此节点的硬件事件会触发两条可能的执行方向——模块间向上的事件函数调用和模块间向下的命令函数调用。

（2）配置

配置则是负责将各个模块通过特定的接口连接（wiring）起来，其本身并不负责实现任何特定的命令或者事件。每个 nesC 应用程序都由一个顶级配置描述，其内容就是将该应用程序所用到的所有组件连接起来，形成一个有机整体。

组件举例如图 7-6 所示。图 7-6 中，左边是模块组件 X，关键字“implementation”包含实现模块组件 X 提供和使用接口声明的全部命令和事件。右边是配件组件 X，关键字“implementation”定义执行部分，连接用“->”、“=”、“<-”等符号表示，“->”表示位于左边的组件接口要调用位于右边的组件接口。

模块	配件
module X{	configuartion X{
provides { interface A;	provides interface Y;
......	......
}	}
uses { interface B;	implementation{
......	components A,B;
	A.Y -> B.Y;
}	.....
implementation{	}
command{......	
}	
......	
event{......	
}	
}	

图 7-6　组件设计举例

一个组件可以提供接口（provides），也可以使用接口（uses）。提供的接口描述了该组件提供给上一层调用者的功能，而使用的接口则表示该组件本身工作时需要的功能。接口是一组相关函数的集合，它是双向的并且是组件间的唯一访问点。

3. nesC 程序示例

与 C 语言的存储格式不同，用 nesC 语言编写的文件以“.nc”为后缀。每个*.nc 文件实现一个组件功能。一个完整的应用程序一般有一个称为 Main 的组件作为程序的执行体（类似于 C 的 main 函数），Main 组件调用其他的组件以实现程序的功能。基于 nesC 语言的一般程序框架如图 7-7 所示。

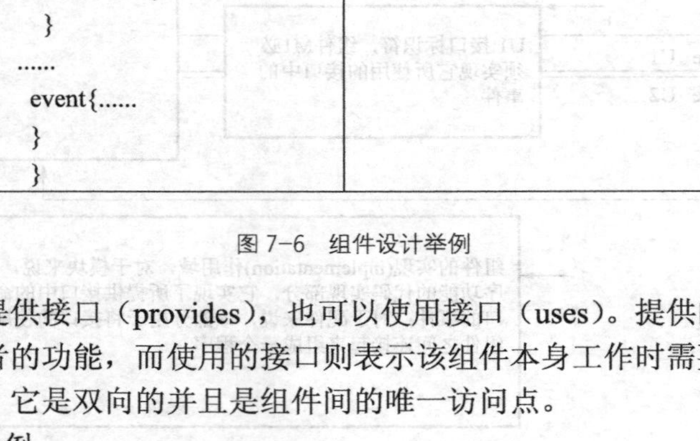

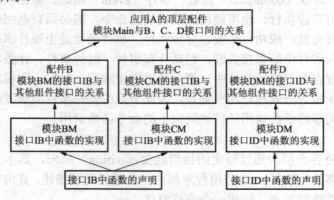

图 7-7　基于 nesC 语言的一般程序框架

下面以 TinyOS 软件中的 Blink 应用程序为例，具体介绍 nesC 应用程序结构。

Blink 程序是一个简单的 nesC 应用程序。它的主要功能是每隔 1 s 的时间间隔亮一次，关闭系统时红灯亮。其程序主要包括 3 个子文件 Blink.nc、BlinkM.nc 和 SingleTimer.nc。

（1）Blink.nc 文件

Blink.nc 文件为整个程序的顶层配件文件，关键字为 configuration，通过“->”连接各个对应的接口。文件关键内容如下。

```
configuration Blink {
}
implementation{
  components Main, BlinkM, SingleTimer, LedsC;
                        //表示该配件使用的所有组件
  Main.StdControl -> SingleTimer.StdControl;
                        // Main.StdControl 调用了 SingleTimer.StdControl 和 BlinkM.StaControl
  Main.StdControl -> BlinkM.StdControl;
  BlinkM.Timer -> SingleTimer.Timer;
                        // 指定 BlinkM 组件要调用的 Timer 和 Ledsc 接口
   BlinkM.Leds -> LedsC;
}
```

从上述代码中可看出，该配件使用了 Main 组件，定义了 Main 接口和其他组件的调用关系，是整个程序的主文件，每个 nesC 应用程序都必须包含一个顶层配置文件。

（2）BlinkM.nc 文件

BlinkM.nc 为模块文件，关键字为 module、command，通过其调用 StdControl 接口中的 3 个命令“init，start，stop”连接接口，是实现 Blink 程序的具体功能。其内容如下：

```
module BlinkM {                       //说明 BlinkM 为模块组件
  provides {
     interface StdControl;            //提供外部接口，实现 StdControl 中的命令
    }
  uses {
    interface Timer;                  //被使用的内部接口
    interface Leds;
    }
}
implementation {
  command result_t StdControl.init() {
                                      //command 执行 StdControl 接口的 3 个函数
     call Leds.init();                //result_t 为返回值类型
     return SUCCESS;                  //初始化组件，返回成功
    }
   command result_t StdControl.start()
                                      //时钟每隔 1s 重复计时，"1000"单位为 ms
   return call Timer.start (TIMER_REPEAT,1000);
    }
  command result_t StdControl.stop() {     //停止计时
      return call Timer.stop();
  }
event result_t Timer.fired() {//事件处理函数，按上面 Timer.start 规定的时间间隔红灯闪烁 1 次
  call Leds.redToggle();
  return SUCCESS;
  }
}
```

（3）SingleTimer.nc 文件

SingleTimer.nc 为一个配件文件，主要通过 TimerC 和 StdControl 组件接口实现与其他组件之间的调用关系，配件文件还定义了一个唯一时间参数化的接口 Timer。下面给出部分伪代码。

```
configuration {
  providers interface Timer;
   ......
  }
```

```
implementation {
......
Timer = TimerC.Timer[unique("Timer")];
}
```

将 nesC 编写的配件文件、模块文件通过接口联系起来就形成了图 7-8 所示的 Blink 组件接口的逻辑关系。从图中可清晰地看出在 Blink 程序中组件之间的调用关系，各配件文件（如 SingleTimer 和 LedsC）以层次的形式连接，体现了 nesC 组件化、模块化的思想。

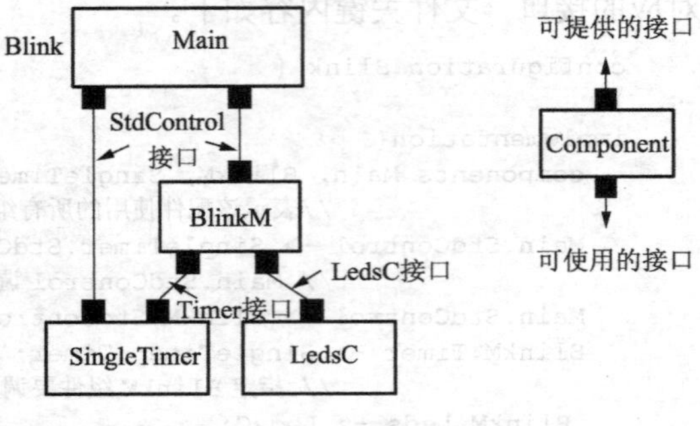

图 7-8 Blink 组件接口的逻辑关系

7.2 Contiki 操作系统

Contiki 是一个开源的、高度可移植的多任务操作系统，适用于物联网以及各种低功耗嵌入式系统和无线传感网络，是由瑞典计算机科学学院（Swedish Institute of Computer Science）的 Adam Dunkels 和他的团队以及来自世界各地的众多开发者共同开发而成的，包括 Atmel、Cisco、ETH、Redwire LLC、SAP、Thingsquare、SmeshLink 以及其他许多公司或机构等。Contiki 的作者 Adam Dunkels 带领团队研发的 LwIP、µIP、Protothred、Contiki 等软件，都在工业界得到广泛应用。Adam 还是 IPSO 组织的发起人之一，未来将会不断推进 6LoWPAN 的标准化及应用。

Contiki 完全采用 C 语言开发，可移植性非常好，对硬件的要求极低，能够运行在各种类型的微处理器及计算机上，目前已经移植到 8051 单片机、MSP430、AVR、ARM、PC 等硬件平台上。Contiki 适用于存储器资源十分受限的嵌入式单片机系统，在典型的配置下，Contiki 只占用约 2 KB 的 RAM 以及 40 KB 的 Flash 存储器。Contiki 是开源的操作系统，适用于伯克利软件发行版 BSD（Berkeley Software Distribution）协议，即可以任意修改和发布，无需任何版权费用，因此已经应用在许多项目中。

Contiki 操作系统是基于事件驱动（event-driven）内核的操作系统，在此内核上，应用程序可以在运行时动态加载，非常灵活。在事件驱动内核基础上，Contiki 实现了一种轻量级的名为 protothread 的线程模型，以实现线性的、类似于线程的编程风格。该模型类似于 Linux 和 Windows 中线程的概念，多个线程共享同一个任务栈，从而减少 RAM 占用。

Contiki 还提供一种可选的任务抢占机制、基于事件和消息传递的进程间通信机制。Contiki 中还包括一个可选的 GUI 子系统，可以提供对本地串口终端、基于 VNC（Virtual Network Computer）的网络化虚拟显示或者 Telnet 的图形化支持。Contiki 系统内部集成了两种类型的无线传感网络协议栈：µIP 和 Rime。µIP 是一个小型的符合 RFC 规范的 TCP/IP 协议栈，使得 Contiki 可以直接和 Internet 通信。µIP 包含了 IPv4 和 IPv6 两种协议栈版本，支持 TCP、UDP、ICMP 等协议，但是编译时只能二选一，不可以同时使用。Rime 是一个轻量级的、为低功耗无线传感网络设计的协议栈，该协议栈提供了大量的通信原语，能够实现从简单的一跳广播通信，到复杂的可靠多跳数据传输等通信功能。

7.2.1 Contiki 的功能特点

（1）事件驱动的多任务内核。Contiki 采用基于事件驱动模型，即多个任务共享同一个栈（stack），而不是每个任务分别占用独立的栈（如 µC/OS、FreeRTOS、Linux 等）。Contiki 每个任务只占用几字节的RAM，可以大大节省RAM空间，更适合节点资源十分受限的无线传感网络应用。

（2）低功耗无线传感网络协议栈。Contiki提供完整的IP网络和低功耗无线网络协议栈，包含UDP、TCP、HTTP等标准IP协议。对于IP协议栈，支持IPv4和IPv6两个版本，IPv6还包括6LoWPAN帧头压缩适配器、ROLL RPL无线网络组网路由协议、CoRE/CoAP应用层协议，以及一些简化的Web工具，包括telnet、http和web服务等。Contiki还实现了无线传感网络领域知名的MAC和路由层协议，其中MAC层包括X-MAC、CX-MAC、ContikiMAC、CSMA/CA、LPP等，路由层包括AODV、RPL等。

（3）集成无线传感网络仿真工具。Contiki提供了Cooja无线传感网络仿真工具，能够以多对协议在计算机上进行仿真，仿真通过后才下载到节点上进行实际测试，有利于发现问题，减少调试工作量。除此之外，Contiki还提供MSPsim仿真工具，能够对MSP430微处理器进行指令级模拟和仿真。仿真工具对于科研、算法和协议验证、工程实施规划、网络优化等很有帮助。

（4）集成Shell命令行调试工具。无线传感网络中的节点数量多，节点的运行维护是一个难题，Contiki可以通过多种方式进行交互，如Web浏览器、基于文本的命令行接口、或者存储和显示传感器数据的专用程序等。基于文本的命令行接口是类似于Unix命令行的Shell工具，用户通过串口输入命令可以查看和配置传感器节点的信息、控制其运行状态，是部署、维护无线传感网络工作节点实用而有效的工具。

（5）基于Flash的小型文件系统。Contiki实现了一个简单、小巧、易于使用的轻量级文件系统，称为小型文件系统（Coffee File System，CFS），它是基于Flash的文件系统，用于在资源受限的节点上存储数据和程序。CFS是针对无线传感网络数据采集、数据传输需求以及硬件资源受限的特点而设计的，因此在耗损平衡、坏块管理、掉电保护、垃圾回收、映射机制等方面进行优化，具有使用存储空间少、支持大规模存储的特点。CFS的编程方法与常用的C语言编程类似，提供open、read、write、close等函数，易于使用。Coffee文件系统的效率能够达到原生Flash存储操作的95%。

（6）集成功耗分析工具。Contiki的设计目的是在极端低功耗的系统中运行，这些系统甚至可能只需要用一对AA电池就能够工作许多年。Contiki为辅助这些低功耗系统的开发提供了功耗估计和功耗分析机制。为了延长无线传感网络的生命周期，控制和减少传感器节点的功耗至关重要，无线传感网络领域提出的许多网络协议都围绕降低功耗而展开。为了评估网络协议以及算法能耗性能，需要测量出每个节点的能量消耗，由于节点数量多，使用仪器测试几乎不可行。Contiki提供了一种基于软件的能量分析工具，自动记录每个传感器节点的工作状态、时间，并计算出能量消耗，在不需要额外的硬件或仪器的情况下，就能完成网络级别的能量分析。Contiki的能量分析机制既可用于评价无线传感网络协议，也可用于估算无线传感网络的生命周期。

（7）开源免费。Contiki采用BSD授权协议，用户可以下载代码，用于科研和商业，且可以任意修改代码，无需任何专利以及版权费用，是彻底的开源软件。尽管是开源软件，但是Contiki开发十分活跃，在持续不断地更新和改进之中。

7.2.2 Contiki的源代码结构

Contiki是一个高度可移植的操作系统，它的设计就是为了获得良好的可移植性，因此源代码的组织很有特点。下面简单介绍 Contiki 的源代码组织结构以及各部分代码的作用。

Contiki 源文件目录可以在 Contiki 官网的源代码中找到。打开 Contiki 源文件目录，可以看到主要有 apps、core、cpu、doc、examples、platform、tools 等目录。下面分别介绍各个目录。

（1）Core。此目录下是 Contiki 的核心源代码，包括网络（net）、文件系统（cfs）、外部设备（dev）、链接库（lib）等，以及时钟、I/O、ELF 装载器、网络驱动等的抽象。

（2）Cpu。此目录下是 Contiki 目前支持的微处理器，如 arm、avr、msp430 等。如果需要支持新的微处理器，可以就在这里添加相应的源代码。

（3）Platform。此目录下是 Contiki 支持的硬件平台，例如 mx231cc、micaz、sky、win32 等。Contiki 的平台移植主要在这个目录下完成。这一部分的代码与相应的硬件平台相对应。

（4）Apps。此目录下是一些应用程序，如 ftp、shell、webserver 等，在项目程序开发过程中可以直接使用。在项目的 Makefile 中，定义 APPS = [应用程序名称]。

（5）Examples。此目录下是针对不同平台的示例程序。Smeshlink 的示例程序也在其中。

（6）Doc。此目录是 Contiki 帮助文档目录，对 Contiki 应用程序开发很有参考价值。使用前需要先用 Doxygen 编译。

（7）Tools。此目录下是开发过程中常用的一些工具，如 CFS 相关的 makefsdata、网络相关的 tunslip、模拟器 cooja 和 mspsim 等。

为了获得良好的可移植性，除了 CPU 和 Platform 中的源代码与硬件平台相关以外，其他目录中的源代码都可能与硬件无关。编译时，根据指定的平台链接对应的代码。

7.2.3 Contiki 的环境搭建

Contiki 官方提供的开发环境是基于 ubuntu（乌班图）的，它是一个以桌面应用为主的 Linux 操作系统。在 Linux 下有一系列的 GCC 工具链，但对于不熟悉 Linux 系统的人来说用起来很不方便。为此，现用 Windows 下的一些替代软件来组成具有友好图形界面的 IDE，方便开发者使用。采用的硬件平台为 AVR 单片机，所涉及的所有软件均可在网上免费下载使用。

（1）安装 WinAVR。对于 C 语言软件开发，最重要的莫过于编译器。在 Linux 下有一整套完整功能的 GCC，而在 Windows 下也有开源的 Windows 版本的 GCC 工具，即 WinAVR，其下载地址为 http://sourceforge.net/projects/winavr/files/。下载后双击默认安装即可。

（2）安装 eclipse。Eclipse 是一个开源的软件开发界面。它只提供一个 IDE 框架，扩展能力非常强，它本身并不包含任何编译器，因而配合外部编译器可编译任何平台任何语言的程序。这里配合之前安装的 WinAVR 中的 avr-gcc 编译器来编译 AVR 单片机的 C 语言程序。因为 eclipse 是用 Java 语言写成的，运行时必须基于 JRE，所以先下载安装 JRE。下载地址为 http://www.java.com/en/download/manual.jsp。然后下载 eclipse 选择任意版本皆可，不同版本只是预装的编译器不同而已，下载地址为 http://www.eclipse.org/downloads/。

（3）安装 avr-eclipse。为了方便在 eclipse 下开发 AVR 程序，需要在 eclipse 中安装一个辅助插件，即 avr-eclipse。下载地址为 http://avr-eclipse.sourceforge.net/wiki/index.php/Plugin_Download。avr-eclipse 可在线安装，也可下载安装，网页上都有详细的安装过程。在 eclipse 中单击 Help -> Install New Software...，在弹出的对话框中单击 add 对应的插件即可。

（4）安装 active-perl。Contiki 系统包括成百上千个源文件，为了方便编译，系统采用 makefile 进行管理。在 Linux 下，系统自带 sed 等工具方便在 makefile 中使用正则表达式，而在 Windows 系统中可以用 perl 语言来代替。下载 active-perl 的地址为：http://www.activestate.com/ activeperl/downloads。下载完成后双击安装。

（5）安装 AVR Studio。AVR Studio 是 Atmel 公司提供的 AVR 单片机集成开发和调试环境，支持 jtag mkii 等调试器。在 Atmel 官网（http://www.atmel.com/）可以下载最新版本。

至此，就可以下载 Contiki 文件（https://github.com/contiki/contiki-mirror）进行各种基于 Contiki 的应用开发和部署了。

7.3 MantisOS 操作系统

MantisOS 操作系统是美国科罗拉多大学开发的一个以易用性和灵活性为主要目标的无线传感器操作系统（MOS）。利用该操作系统，可以快速、灵活地搭建无线传感网络原型系统。它的内核和 API 采用标准 C 语言编写，提供 Linux 和 Windows 开发环境，易于用户使用。MantisOS 提供抢占式任务调度器，采用节点循环休眠策略来提高能量利用率，目前支持的硬件平台有 mica2、mi2ca2 和 telos 等，其对 RAM 的需求可小于 500B，对 Flash 的需求可小于 14 KB。它提供集成的硬件和软件平台，适合广泛的无线传感网络应用。另外，MantisOS 还是一个多模型系统，可以进行多频率通信，适合多任务传感器节点，可动态重新编程。

7.3.1 MantisOS 的体系结构

MantisOS 的体系结构分为 3 个部分，即核心层、系统 API 层、网络栈和命令行服务器，其体系结构如图 7-9 所示。其中核心层包括进程调度和管理、通信层及设备驱动层，系统 API 层与核心层进行交互，向上层提供应用程序接口，MantisOS 为上层应用程序的设计提供了丰富的 API，如线程创建、设备管理、网络传输等。利用这些 API，就可以组织功能强大的应用程序。

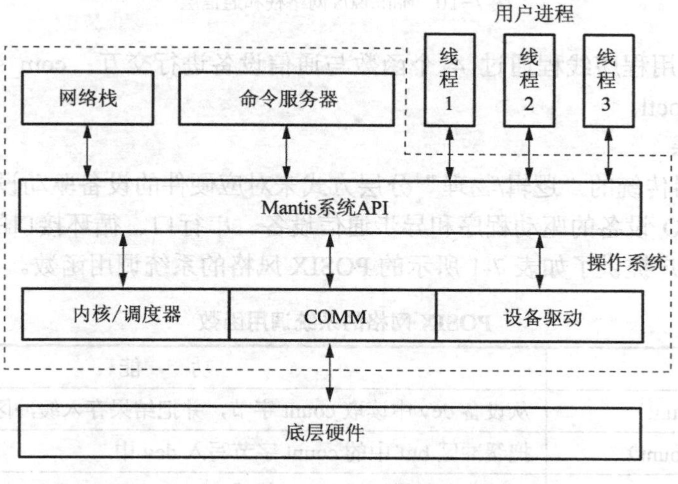

图 7-9 MantisOS 的体系结构

MantisOS 操作系统的主要模块功能如下。

1. 内核和进程调度

MantisOS 使用了类似于 UNIX 的进程调度模式，提供基于优先级的多线程调度和在同一优先级中进行轮转调度服务。MantisOS 在逻辑上把 RAM 分配成两部分：一部分是在编译时分配给全局变量的，另一部分以堆的形式管理。

内核主要的全局数据结构是线程表，每个线程有一个条目。内核还为每一个优先级别的线程保存表头和表尾指针，可方便快速增加和删除。系统在调度器接收到一个来自硬件的定时器中断、系统调用、信号量的操作等情况下会引发上下文环境的切换。

2. 网络栈和通信层

MantisOS 网络栈作为一个或多个用户级线程执行，网络栈支持网络的第三层及第三层以上，如路由层、传输层和应用层。MOS 的通信层（COMM）为通信设备驱动程序提供统一的接口（如串口、USB 或者无线通信设备），如图 7-10 所示。同时，通信层也负责实现管理数据包缓冲和同步功能。

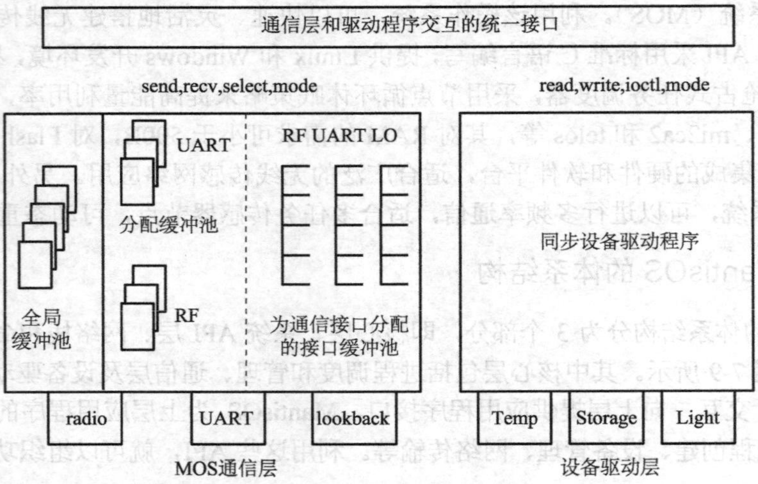

图 7-10 MantisOS 网络栈和通信层

网络线程或应用程序线程通过 4 个函数与通信设备进行交互：com_send、com_recv、com_mode、com_ioctl。

3. 设备驱动层

MantisOS 采用传统的“逻辑/物理”分层方式来对应硬件的设备驱动设计。MOS 设备驱动层涵盖了同步 I/O 设备的驱动程序和异步通信设备、串行口、循环接口的驱动程序。每一个设备都为上层用户提供了如表 7-1 所示的 POSIX 风格的系统调用函数。

表 7-1　　POSIX 网格的系统调用函数

函　数	功　能
dev_read（dev,buf,count）	从设备 dev 中读取 count 字节，并把结果存入缓冲区 buf 中
dev_write（dev,buf,count）	把缓冲区 buf 中的 count 字节写入 dev 中
dev_mode（dev,mode）	把设备 dev 设置成 mode 模式
dev_ioctl（dev,request,args...）	给设备 dev 发送一个控制命令（reguest），args 是各种命令参数
dev_open（dev）	打开设备 dev
dev_close（dev）	关闭设备 dev

7.3.2 MantisOS 的设计举例

在 Windows 环境中，首先安装 Cygwin 环境，下载 MantisOS 工具包并配置相应系统环境变量。在基于 MantisOS 的用户应用程序中，都是以 start()函数开始，类似 main()，系统适当地初始化其他系统级线程，如网络栈，并且可以调用 thread_new()产生新的线程。

MOS 提供了一系列 API 便于系统与 I/O 进行交互，例如：

（1）网络层包括 com_send，com_revc 等；

（2）传感器（ADC）包括 dev_write，dev_read 等；

（3）虚拟映射（LED）包括 mos_led_toggle()等；

（4）进程调度包括 thread_new()等；

其中应用程序主要包括两个部分：基站节点应用程序和普通节点应用程序，下面介绍基于 MantisOS 的节点设计及实现方法。

1. 普通节点设计

普通节点应用程序的功能是采集数据，分析数据是否达到报警级别，并通过网络将数据发送给基站节点，同时具备接收数据以及转发数据的功能。

为实现这些具体功能，创建的线程有接收线程、数据采集线程、数据分析处理线程和发送线程。

（1）在数据采集线程中，启动传感器节点相应设备感知周围环境数据以及系统数据，然后将相关数据写到缓冲区中供其他线程读取。

（2）数据分析处理线程的功能是对所采集的数据进行分析，判断是否达到节点规定的上下限，并及时打开节点上的报警装置。

（3）数据发送线程的功能是对节点采集的数据通过网络进行发送，数据传输协议可以利用洪泛协议或者其他协议。

（4）接收线程的功能是对接收到的网络数据包进行分析，并选择转发数据包。

2. 基站节点设计

基站节点上运行的线程包括数据接收线程、串口设备数据读取线程以及串口发送线程等。

（1）数据接收线程的功能是从网络上接收其他节点通过 RF 传递给自己的数据，对这些数据进行分析并处理。

（2）串口设备数据读取线程是从编程板串行口读取 PC 发送给基站的数据，基站分析数据类型，根据类型选择不同的处理方式，如将报警级别数据发送给网络所有节点等。

（3）串口发送线程的功能是将接收到的数据经处理后发送到编程板串行口，等待 PC 应用程序读取。

3. 编码

编码分为两个部分，即 C 语言程序源代码和 makefile 文件代码。C 语言程序源代码编写完后将其复制到 MantisOS 目录中名为 src 的 apps 文件夹下，然后才是 makefile 的书写过程。

4. 编译调试

在 MantisOS 中，应用程序是与内核一起编译的，必须对平台进行定制，才能将源代码编译成目标文件，步骤为：启动 Cygwin 环境，进入 MantisOS 主目录下，找到一个 autogen.sh 的脚本文件，并执行 autogen.sh 命令，等待成功执行完毕以后，再进入 build 目录，根据现有的硬件节点类型，选择各种节点硬件目录，如选择 mica2，进入相应目录，找到 configure 文件，执行 configure 命令。

7.4 SOS 操作系统

共享操作系统（Shared Operation System，SOS）是洛杉矶加利福尼亚大学的 NESL（Nanoscale Electronics and Sensors Laboratory）实验室开发的一套无线传感网络操作系统。SOS 可以消除很多操作系统静态的局限性。例如，前述的 TinyOS 操作系统虽然各个组件可以互相提供服务，但是每个传感器节点必须单独的运行一个静态的系统镜像，所以很难满足多维应用的系统或者频繁的应用更新。SOS 从设计上更多考虑动态性，它由一个公共的内核和模块组成，有自己的消息机制，引入了消息模式来实现用户应用程序和操作系统内核的绑定。

SOS 使用标准的 C 语言作为编程语言，可以充分利用 C 语言的许多编译器、开发环境、调试器和其他为 C 语言设计的工具。在 SOS 操作系统中，用户开发的应用程序被编译为*.sos 文件装载到内核上，应用程序的功能通过内核调用系统 API 与底层设备硬件进行交互控制来实现。在 SOS 操作系统的文件包括：Config、Contrib、Doc、Driver、Kernel、Module、Platform、Processor、Tools。

7.4.1 SOS 的体系结构

SOS 的体系结构分为 4 层：硬件抽象层、设备驱动层、内核层和动态模块层。硬件抽象层提供与 mica2、Ubicell 等硬件的虚拟接口，如 UART、clock 等，设备驱动层提供设备驱动信息，如 sensordriver；内核层提供内核服务，读取上层模块信息，并与底层进行交互等；动态模块层供用户开发应用程序，动态装载到 SOS 内核上。SOS 由动态加载的模块和静态内核组成，如图 7-11 所示。

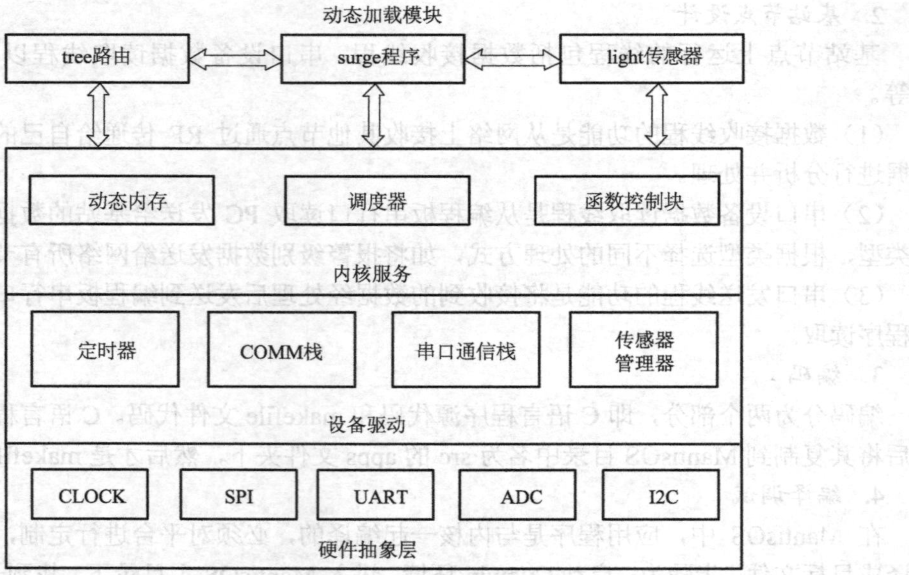

图 7-11 SOS 操作系统的体系结构

静态内核可以先烧写到节点上，在节点运行过程中，用户还可以根据任务的需要动态增删模块。模块实现了系统大多数的功能，包括驱动程序、协议、应用程序等。这些模块都是独立的，对模块的修改不会中断系统的操作。

7.4.2 SOS 的功能特点

（1）模块。在 SOS 中，模块是可以实现某些功能或者任务的二进制可执行文件，就相当于 TinyOS 中的组件。模块可能会同时负责很多部分的功能，包括底层驱动、路由协议、应用程序等。在 SOS 中，一个实际的应用程序一般由一个模块或者多个相互交互的模块组成，模块之间位置独立，主要是通过消息机制或者函数接口来相互联系。

（2）模块结构。SOS 实现了一个定义完整并且优化的带有入口和出口的模块，这一类模块组成一个模块结构，SOS 通过这样的结构来维护模块性。模块之间用两种入口机制来相互流通，第一种是通过内核的调度表，另一种是通过被模块注册的对方使用的函数。

（3）模块交互。模块之间的交互通过消息机制，调用被模块注册的函数，调用 ker_*system（API）访问内核实现的。消息本身是灵活变化的，并且传递比较缓慢，所以 SOS 提供一些直接的调用方法，可以被模块注册使用，这些调用方法可以通过调度表为模块提供反应时间短的联系。

（4）模块的插入和删除。模块的插入是通过分发协议（Distribution Protocol）侦听新的模块在网络中发送的广播来初始化的。模块的删除是通过模块发送一个 final 消息触发内核开始进行的。这个消息通知内核释放模块持有的资源。

（5）动态内存。无线传感网络嵌入式系统一般不支持动态内存。但静态内存会导致存在大量的垃圾内存碎片，可能对公共任务产生复杂的语义。SOS 中的动态内存就解决了这些问题，而且消除了模块加载过程中本来需要对静态内存的依赖。

7.4.3 SOS 的通信机制

在 SOS 操作系统中，一个应用程序包括一个或多个交互的模块。应用程序使用独立的消息通知和功能接口，它包括独立的执行模块，并且通过开发或配置来维护其模块性。在模块中，消息处理机制通过一种特定的模块处理功能来实现，消息处理句柄通过识别模块的状态来对模块进行处理。

一个独立的代码实体原型如下。

```
#include<module.h>
typedef struct{
   sos_pid_t pid;
......                              //模块状态的其他信息
   }app_state_t;                    //定义模块的状态
static int8_t module(void* state, Message * e);
//模块声明
```

下面的模块头定义是模块拥有的唯一全局变量，该结构可以修改。

```
static mod_header_t mod_header SOS_MODULE_HEADER={
   mod_id=DFLT_APP_ID0,     //模块的 ID
   state_size=sizeof(app_state_t),
                            //模块状态占用多少字节
   num_timers=0,            //该模块使用定时器的个数
   num_sub_func=0,          //该模块订阅函数的个数
   num_prov_func=0,         //该模块提供函数的个数
```

1. 模块通信

SOS 提供了两种模块间的通信机制方式，一种是通过模块的功能指针来进行通信，该方式提供的是同步通信方式，如图 7-12 所示。

SOS 的另一种模块间通信方式如图 7-13 所示，该方式提供异步通信机制。消息机制虽然灵活，但是执行比较慢，消息分发的优先级也较低。

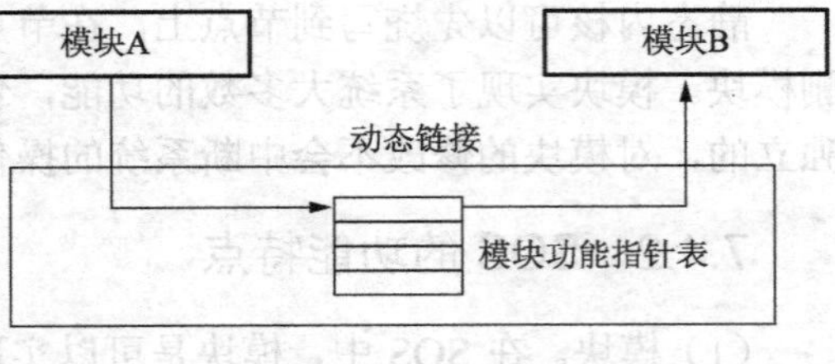

图 7-12 通过模块的功能指针来通信

在 SOS 操作中，模块与内核之间也可以进行通信，内核提供系统服务以及上层应用与硬件的接口，如图 7-13 所示。

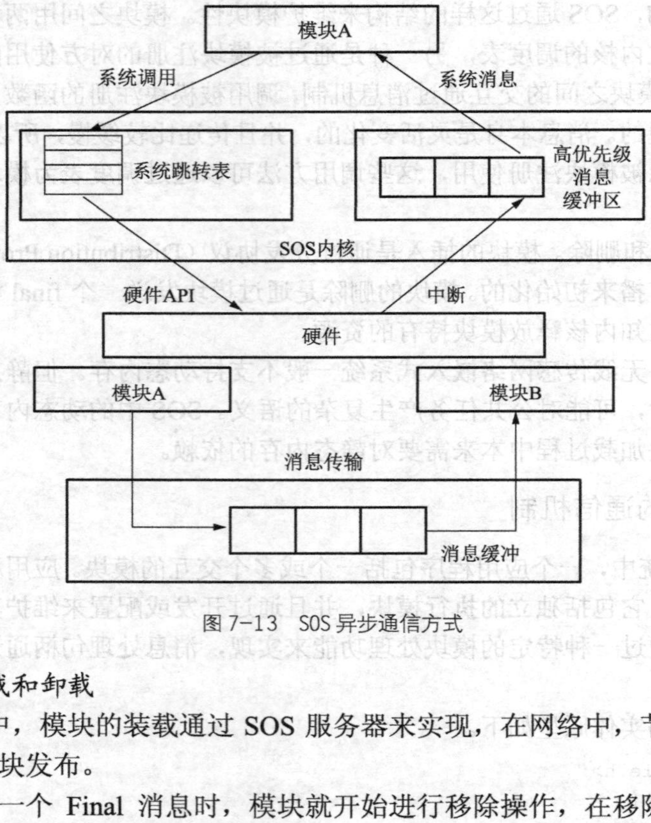

图 7-13 SOS 异步通信方式

2. 模块的装载和卸载

在 SOS 操作中，模块的装载通过 SOS 服务器来实现，在网络中，节点上的分布式协议监听是否有新的模块发布。

当内核分派了一个 Final 消息时，模块就开始进行移除操作，在移除过程中，模块的动态内存空间用到的计时器、驱动等都被释放。

3. 通信模式

SOS 最重要的模块就是它的无线通信模块。基于 SOS 的无线传感器应用程序多采用支持多跳无线通信的模块结构，支持 cc1000、cc2420 等通信栈。上层模块通过内核将消息递交给底层硬件，通过底层无线发送模块以字节形式将消息发送出去。

7.5 Z-Stack

Z-Stack 是美国德州仪器（TI）公司推出的支持 ZigBee 开发的一组基于轮转查询的协议

栈。Z-Stack 虽然被定义为一组协议栈，但是采用了多任务处理以及事件、消息队列任务通信机制等操作系统的思想来构建，如采用事件轮循机制，当各层初始化之后，系统进入低功耗模式，当事件发生时，唤醒系统，开始进入中断处理事件，结束后继续进入低功耗模式。如果同时有几个事件发生，则判断优先级，逐次处理事件，可以降级系统的功耗。

Z-Stack 通过 ZigBee 联盟认证的符合 ZigBee2006 规范的平台，支持 TI 公司的 CC243X、CC253X 以及 MSP430 搭载 CC2420 等多个平台运行，具有较强的可移植性。Z-Stack 开源的免费版本屏蔽了 MAC 层和网络层的操作细节，用户不需要太大的改动，就可以实现 ZigBee 组网的实际应用。Z-Stack 提供了大量的 API 函数供开发人员调用，设计人员无需深入了解 ZigBee 的协议实现细节即可设计出产品。利用 Z-Stack 协议栈提供的例程经过简单修改就能在多种无线传感网络中使用，大大加快了开发进程，提高开发效率，减轻编程负担，缩短工作时间，提高了软件的可重用性。

7.5.1 Z-Stack 的体系架构

整个 Z-Stack 采用分层的体系架构，根据 IEEE 802.15.4 和 ZigBee 标准，Z-Stack 分为以下几层：ZigBee 硬件层、驱动层、操作系统抽象层 OSAL 和应用层，如图 7-14 所示。硬件抽象层提供各种硬件模块的驱动，包括定时器 Timer、通用 I/O 口 GPIO、通用异步收发传输器 UART、模数转换 ADC 的应用程序接口 API，提供各种服务的扩展集。操作系统抽象层 OSAL 实现了一个易用的操作系统平台，通过时间片轮转函数实现任务调度，提供多任务处理机制。用户可以调用 OSAL 提供的相关 API 进行多任务编程，将自己的应用程序作为一个独立的任务来实现。

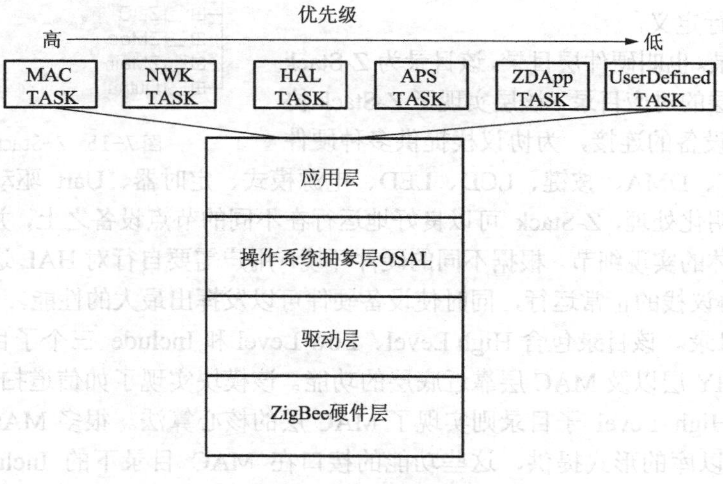

图 7-14 Z-Stack 体系架构

操作系统抽象层（OSAL）是 Z-Stack 协议栈的核心，OSAL 提供如下服务和管理：信息管理、任务同步、时间管理、中断管理、任务管理、内存管理、电源管理和非易失存储管理。

（1）信息管理 API。信息管理为任务间的信息交换或者外部处理事件（如中断服务程序或一个控制循环内的函数调用等）提供一种管理机制，包括允许任务分配或不分配信息缓存、发送命令信息到其他任务、接收应答信息等 API 函数。

（2）同步任务 API。该 API 允许一个任务等待某个事件的发生并返回等待期间的控制。

该 API 的功能是为某个任务设置事件，一旦任何一个事件被设置，就修改该任务。

（3）时间管理 API。该 API 允许定时器被内部（Z-Stack）任务和外部任务使用。该 API 提供开始和停止一个定时器的功能，这些定时器能用毫秒（ms）设置。

（4）中断管理 API。这些 API 是外部中断和任务的接口。这些 API 函数允许一个任务为每个中断分配指定服务程序。这些中断能被允许或禁止。在服务程序内，可为其他的任务设置事件。

（5）任务管理 API。该 API 用在管理 OSAL 中的任务，包括系统任务和用户自定义任务的创建、管理和信息处理等。

（6）内存管理 API。该 API 描绘了简单的存储分配系统。这些函数允许动态存储分配。

（7）电源管理 API。这里描写了 OSAL 的电源管理系统。当 OSAL 安全地关闭接收器与外部硬件并使处理器进入休眠模式时，该系统提供向应用/任务通告该事务的方式。

7.5.2 Z-Stack 的目录结构

在 Z-Stack 项目中有 14 个目录文件，如图 7-15 所示。这 14 个根目录的作用如下。

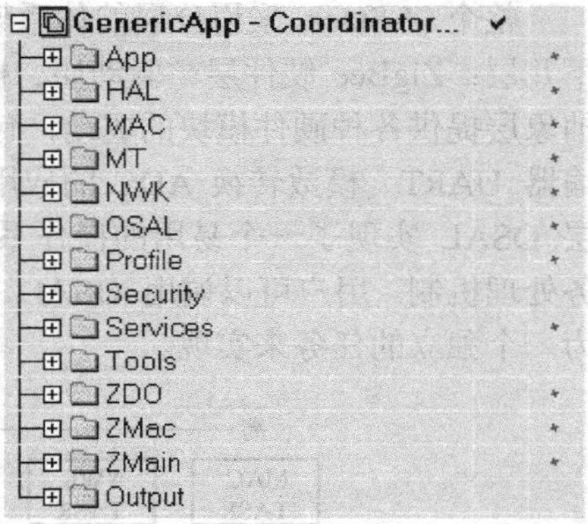

图 7-15 Z-Stack 的目录结构

（1）App 目录。App 目录就是应用层目录，这一目录对应 ZigBee 协议栈中的 APL 应用层中的应用对象模块，可以在该目录下创建多个应用对象，其中每个应用对象需要用户自定义一个 EP 号，以区分逻辑设备。该模块处于整个系统的最顶层，目录中的多数代码需要用户自行定义。

（2）HAL 目录。也叫硬件层目录，该目录为 Z-Stack 特有的硬件抽象层的对应目录。该层实现了 Z-Stack 协议栈和具体硬件设备的连接，为协议栈提供多种硬件驱动，包含 ADC、DMA、按键、LCD、LED、电源模式、定时器、Uart 驱动等。通过 HAL 对硬件设备的透明化处理，Z-Stack 可以良好地运行在不同的节点设备之上，并直接使用硬件，而不需要关心具体的实现细节。根据不同的硬件环境，用户需要自行对 HAL 进行移植和裁剪，以保证 Z-Stack 协议栈的正常运行，同时使设备硬件可以发挥出最大的性能。

（3）MAC 目录。该目录包含 High Level、Low Level 和 Include 三个子目录。Low Level 子目录实现了 PHY 层以及 MAC 层靠近底层的功能。该模块实现了如信道扫描、无线数据收发控制等功能；High Level 子目录则实现了 MAC 层的核心算法。很多 MAC 层的核心代码没有开源，而是以库的形式提供，这些功能的接口在 MAC 目录下的 Include 子目录下的 mac_api.h 文件中，以外部函数声明的形式给出。

（4）MT 目录。MT 目录即监制调试层目录，这一层同样为 Z-Stack 的特有目录，Z-Stack 在这一层提供了灵活丰富的调试接口，用户可以通过这一层对 Z-Stack 和 ZigBee 网络进行监视和调试。

（5）NWK 目录。NWK 目录即网络层目录，该目录实现了 APL 应用层中的应用程序支持子层（APS）、NWK 层，包括 Z-Stack 的全局参数以及相关参数的处理函数等。在该目录中，APS 层的相关代码没有开源，仅对外提供 APS 层的功能接口供其他模块调用。NWK 层代码同样没有开源，但为了用户可以方便地配置网络参数，TI 公司开放网络配置参数以及参数处理函数的源代码。

（6）OSAL 目录。Z-Stack 的操作系统抽象层（Operating System Abstract Layer，OSAL）目录为 Z-Stack 特有的一层，实现了协议栈运行所依赖的操作系统。

（7）Profile 目录。该目录实现了 ZigBee 协议 APL 应用层中的应用程序框架 AF 子层，为应用程序的运行提供环境，包含 AF 层处理函数的接口文件。

（8）Security 目录。该目录对应 ZigBee 协议的安全服务模块，提供各种安全服务功能。在 Z-Stack 中，该模块只是提供了功能的接口，并没有开放源代码。

（9）Services 目录。该目录定义了 IEEE 802.15.4/ZigBee 网络中设备地址的数据类型和设备的地址模式，并提供了相应的处理函数。实现的功能隶属于 ZigBee 协议标准中的 MAC 层。

（10）Tools 目录。该目录为协议栈的配置文件目录，用于配置协议栈代码运行时的内存布局、ZigBee 网络参数（如信道选择、PANID 选择等）和设备功能。

（11）ZDO 目录。该目录实现了 ZigBee 协议中 APL 应用层中的 ZigBee 设备对象（ZDO）子层的全部功能，为 APL 应用层的应用对象提供通用的功能。

（12）ZMAC。Zmac.c 是 Z-StackMAC 导出层接口文件，zmac_cb.c 是 ZMAC 需要调用的网络层函数。

（13）Zmain 目录。Zmain 目录主要包含 SoC 的汇编语言启动代码，用来引导 Z-Stack 的 C 语言入口函数。整个 Z-Stack 协议栈在这里启动，执行软硬件初始化并启动操作系统。

（14）Output 目录。输出文件目录，该目录由编译器在编译时自动生成，存放编译好的二进制文件和内存映射图。

7.5.3 Z–Stack 的工作流程

整个 Z-Stack 的主要工作流程大致分为系统启动、驱动初始化、OSAL 初始化和启动、进入任务轮循的主要阶段如图 7-16 所示。

1. 系统初始化

系统启动代码需要完成初始化硬件平台和软件架构所需的各个模块，为操作系统的运行做好准备工作，主要分为初始化系统时钟，检测芯片工作电压、初始化堆栈、初始化各个硬件模块、初始化 Flash 存储、形成芯片 MAC 地址、初始化非易失量、初始化 MAC 层协议、初始化应用帧层协议、初始化操作系统等工作。

系统上电后，通过执行 ZMain 文件夹中 ZMain.c 的 ZSEG int main( )函数实现硬件的初始化，其中包括关总中断 osal_int_disable(INTS_ALL)、初始化板上硬件设置 HAL_BOARD_INIT( )、初始化 I/O 口 InitBoard(OB_COLD)、初始化 HAL 层驱动 HalDriverInit( )、初始化非易失性存储器 sal_nv_init(NULL)、初始化 MAC 层 ZMacInit( )、分配 64 位地址 zmain_ext_addr( )、初始化操作系统 osal_init_system( )等。

硬件初始化需要根据 HAL 文件夹中的 hal_board_cfg.h 文件配置 8051 的寄存器。TI 官方发布 Z-stack 的配置针对的是 TI 官方的开发板 CC2430DB、CC2430EMK 等，如采用其他开发板，则需根据原理图设计改变 hal_board_ cfg.h 文件配置。

当顺利完成上述初始化后，执行 osal_start_system( )函数开始运行 OSAL 系统。该任务调度函数按照优先级检测各个任务是否就绪。如果存在就绪的任务，则调用 tasksArr[ ]中相对应的任务处理函数去处理该事件，直到执行完所有就绪的任务。如果任务列表中没有就绪的任务，则可以使处理器进入睡眠状态实现低功耗。OSAL 程序流程如图 7-17 所示。

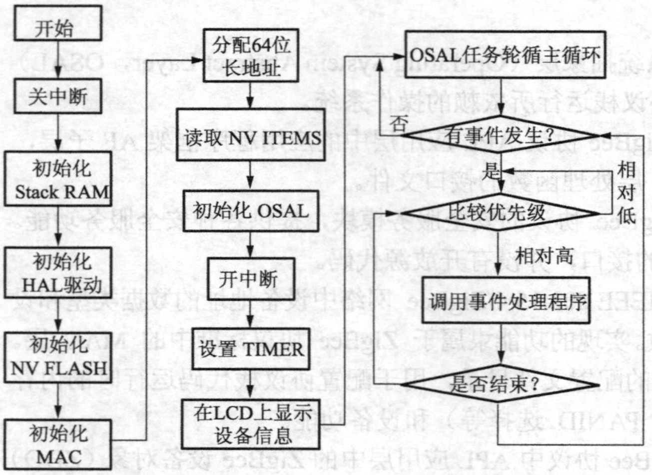

图 7-16 Z-Stack 系统运行流程

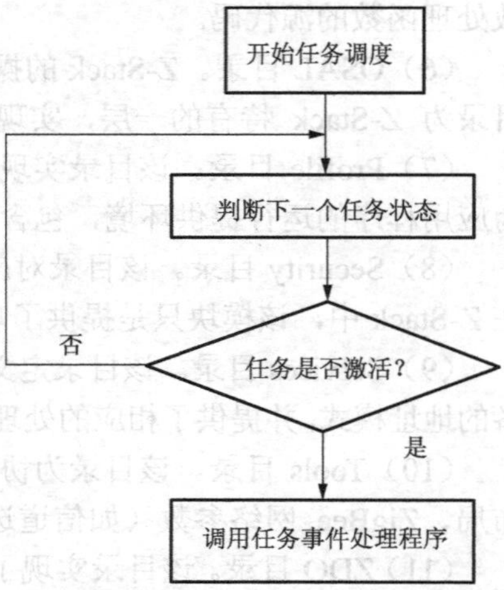

图 7-17 OSAL 任务调度流程图

osal_start_system( )一旦执行，就不再返回 Main( )函数。

2. OSAL 任务

OSAL 是整个协议栈的核心，起着操作系统的作用。Z-Stack 的任何一个子系统都作为 OSAL 的一个任务，因此在开发应用层的时候，必须通过创建 OSAL 任务来运行应用程序。通过 osalInitTasks( )函数创建 OSAL 任务，其中 TaskID 为每个任务的唯一标识号。任何 OSAL 任务必须分为两步：一是初始化任务；二是处理任务事件。任务初始化的主要步骤如下。

（1）初始化应用服务变量。const pTaskEventHandlerFn tasksArr[ ]数组定义系统提供的应用服务和用户服务变量，如 MAC 层服务 macEventLoop、用户服务 SampleApp_ProcessEvent 等。

（2）分配任务 ID 和分配堆栈内存。void osalInitTasks（void）的主要功能是通过调用 osal_mem_alloc( )函数给各个任务分配内存空间和给各个已定义任务指定唯一的标识号。

（3）在 AF 层注册应用对象。通过填入 endPointDesc_t 数据格式的 EndPoint 变量，调用 afRegister( )在 AF 层注册 EndPoint 应用对象。

通过在 AF 层注册应用对象的信息，告知系统 afAddrType_t 地址类型数据包的路由端点，如用于发送周期信息的 SampleApp_Periodic_DstAddr 和发送 LED 闪烁指令的 SampleApp_Flash_DstAddr。

（4）注册相应的 OSAL 或 HAL 系统服务。在协议栈中，Z-Stack 提供键盘响应和串口活动响应两种系统服务，但是任何 Z-Stask 任务均不自行注册系统服务，两者均需要由用户应用程序注册。值得注意的是，有且仅有一个 OSAL Task 可以注册服务。例如，注册键盘活动响应可调用 RegisterForKeys( )函数。

（5）处理任务事件。处理任务事件通过创建 ApplicationName_ProcessEvent( )函数处理。一个 OSAL 任务除了强制事件（Mandatory Events）之外，还可以定义 15 个事件。

SYS_EVENT_MSG(0x8000)是强制事件。该事件主要用来发送全局的系统信息，包括以下信息。

（1）AF_DATA_CONFIRM_CMD：该信息用来指示通过唤醒 AF DataRequest( )函数发送的数据请求信息的情况。ZSuccess 确认数据请求成功发送。如果数据请求是通过 AF_ACK_REQUEST 置位实现的，那么 ZSussess 可以确认数据正确到达目的地，否则，Zsucess

只能确认数据成功地传输到了下一个路由。

（2）AF_INCOMING_MSG_CMD：用来指示接收到的 AF 信息。

（3）KEY_CHANGE：用来确认按键动作。

（4）ZDO_NEW_DSTADDR：用来指示自动匹配请求。

（5）ZDO_STATE_CHANGE：用来指示网络状态的变化。

3. 网络层信息

ZigBee 设备有两种网络地址：1 个是 64 位的 IEEE 地址，通常也叫作 MAC 地址或者扩展地址（Extended Address），另一个是 16 位的网络地址，也叫作逻辑地址（Logical Address）或者短地址。64 位长地址是全球唯一的地址，并且终身分配给设备。这个地址可由制造商设定或者在安装的时候设置，由 IEEE 来提供。当设备加入 ZigBee 网络被分配一个短地址时，在其所在的网络中是唯一的。这个地址主要用来在网络中辨识设备、传递信息等。

协调器（Coordinator）首先在某个频段发起一个网络，网络频段的定义放在 DEFAULT_CHANLIST 配置文件中。如果 ZDAPP_ CONFIG_ PANID 定义的 PAN ID 是 0xFFFF（代表所有的 PAN ID），则协调器根据它的 IEEE 地址随机确定一个 PAN ID，否则根据 ZDAPP_CONFIG_PANID 的定义建立 PAN ID。当节点为 Router 或者 End Device 时，设备会试图加入 DEFAULT_CHANLIST 所指定的工作频段。如果 ZDAPP_CONFIG_PANID 没有设为 0xFFFF，则 Router 或者 End Device 会加入 ZDAPP_ CONFIG_ PANID 定义的 PAN ID。

设备上电之后会自动形成或加入网络，如果想设备上电之后不马上加入网络或者在加入网络之前先处理其他事件，则可以通过定义 HOLD_AUTO_START 来实现。通过调用 ZDApp_StartUpFromApp ）来手动定义多久时间之后开始加入网络。

设备如果成功地加入网络，就会将网络信息存储在非易失性存储器（NV Flash）中，掉电后仍然保存，这样当再次上电后，设备会自动读取网络信息，这样设备对网络就有一定的记忆功能。对 NV Flash 的动作，通过 NV_RESTORE( )和 NV_ITNT( )函数来执行。网络参数的相关设置大多保存在协议栈 Tools 文件夹的 f8wConfig.cfg 中。

4. 路由

Z-Stack 采用无线自组网按需平面距离矢量路由协议 AODV，建立一个 Ad-Hoc 网络，支持移动节点，链接失败和数据丢失，能够自组织和自修复。当一个 Router 接收到一个信息包之后，NMK 层会进行以下的工作：首先确认目的地，如果目的地就是这个 Router 的邻居，信息包则直接传输给目的设备；否则 Router 确认和目的地址相应的路由表条目，如果对于目的地址能找到有效的路由表条目，信息包被传递到该条目中所存储的下一个 hop 地址。如果找不到有效的路由表条目，路由探测功能被启动，信息包被缓存直到发现一个新的路由信息。ZigBee End Device 不会执行任何路由函数，它只是简单地将信息传送给前面的可以执行路由功能的父设备。因此，如果 End Device 想发送信息给另外一个 End Device，在发送信息之前将会启动路由探测功能，找到相应的父路由节点。

本章小结

无线传感网络的操作系统设计与选取是影响其应用的瓶颈问题，现有的操作系统不可能面面俱到，因此在进行无线传感网络的应用设计时，要根据具体情况来酌情选取或者修改。由于无线传感网络一般放置在恶劣环境中，能量很难替换和续航，而且无线传感网络由大量传感节点组成，信息通信量大，因此希望设计无线传感网络的操作系统时能对系统能耗进行综合管理，以增强网络能源利用率。TinyOS 是基于组件化的，效率高。Contiki 只需很少代码和很小内存就能提供多任务和支持 TCP/IP 协议。SOS 是基于模块化设计，容易编程。MantisOS 可以支持多线程，但是代码占用空间大。下表对 TinyOS 与 Contiki 两类典型无线传感网络操作系统进行了比较。

操作系统 特性比较	TinyOS	Contiki
所属领域	无线传感网络、物联网	无线传感网络、物联网
软件类型	小型 OS +无线网络协议栈	小型 OS +无线网络协议栈
OS 特性	非抢占、共享栈空间	非抢占、共享栈空间
协议支持	802.15.4、6LoWPAN、RPL、CoAP	802.15.4、6LoWPAN、RPL、CoAP
开发语言	专用 NesC 语言，入门较难，其他领域几乎不使用	通用 C 语言，入门容易，在各领域广泛使用
编译器	专用的编译器，性能和稳定性未经过验证，目前无商用编译器支持	通用的 C 编译器，如 GCC、IAR 等
开发环境	Linux、Cygwin，命令行模式，开发调试困难，门槛高	Linux Eclipse 或者 Windows IAR、IAR 图形化集成开发环境，功能强大
可移植性	需要移植编译器，移植难度高	C 语言设计，很好移植
支持的硬件	少数几种类型的处理器	8 位、16 位、32 位几乎所有的处理器类型
开发团队	主要由 Berkeley 大学开发，目前核心人员已经去 Cisco，不再开发，目前 TinyOS 很少更新代码	由 LWIP 的作者 Adam dunkels 团队以及 ETH 大学开发，目前已经成立公司全职开发，每周都有代码更新
发展趋势	TinyOS 从一开始主要做科研仿真，用户逐年骤减，基本上无产品	Contiki 可以做科研，也有不少产品，2014 年 Adam 团队的目标是要将 Contiki 作成物联网领域的首要选择

未来，无线传感网络操作系统将会重点解决如下几个问题。

（1）自适应：包括改变系统行为，以适应环境和资源（如能源）变化的节点自适应能力。

（2）可信赖：包括可靠性、容错性、安全性和私密性、易用性等。

（3）可升级：是指对系统软件进行透明或不透明的升级，以适应环境和功能需求的变化，以及根据用户需求调整系统配置的重构能力，包括对 TCP/IP、6LoWPAN 等协议的支持。

（4）节能：能源是决定无线传感网络生存寿命的关键因素，系统需要具有能量感知的能力，对性能和能耗应进行折中处理。

课后思考题

1．无线传感网络中的操作系统与一般操作系统在设计上有哪些不同？

2．简述 TinyOS、Contiki 等操作系统的各自特点和区别。

3．熟悉 TinyOS 应用程序的编译命令，正确编译/apps/RfmToLeds 应用程序。

4．描述 Z-Stack 协议栈的工作过程。

第8章 无线传感网络安全策略

无线传感网络中的安全性是一个不可忽视的问题，在一些商业性以及军事应用的场合中，采集到的隐私数据、隐私数据的传输过程、节点的分布等都不能泄露给无关人员或未得到授权的用户。如果传感节点具有安全漏洞，攻击者通过此漏洞，可方便地获取传感节点中的机密信息、修改传感节点中的程序代码，如使传感节点具有多个身份，从而以多个身份在无线传感网络中通信。另外，攻击还可以通过获取存储在传感节点中的密钥、代码等信息，从而伪造或伪装成合法节点加入传感网络中。一旦控制了无线传感网络中的一部分节点后，攻击者就可以发动很多种攻击，如监听无线传感网络中传输的信息、向无线传感网络发布假的路由信息或传送假的传感信息、进行拒绝服务攻击 DoS 等。

无线传感网络自身能量、带宽、处理和存储能力的限制，使得网络很容易受到各种安全威胁，给攻击者提供了一定的便利。攻击者可以使用能量更充足、运算存储能力更大的节点设备进行攻击，为相对能力较低的无线传感网络节点的安全防御工作带来困难。同时，网络的分布式无中心特性以及网络拓扑的动态性，在给无线传感网络节点认证带来困难的同时，不可避免地为网络的觊觎者们带来可乘之机。

通过本章的学习，读者可以了解无线传感网络的安全特征、攻击与威胁来源、密钥管理、认证管理、安全防护等几个方面的知识。

8.1 无线传感网络的安全要求

8.1.1 安全现状分析

无线传感网络系统具有严格的资源限制，需要设计低开销的通信协议，但同时会带来严重的安全问题。一方面，入侵者可以比较容易地进行服务拒绝攻击；另一方面，无线传感网络系统的资源严格受限，以及节点间自组织协调工作的特点，使其难以实现严密的安全防护。由于低成本的限制，一些无线传感网络系统只能采用单频率通信机制，入侵者通过频率扫描的手段就可以很容易地捕获无线传感网络的工作频率，在网络中植入伪装节点，采用各种手段发动攻击。

目前常用的安全策略是使用时变密钥加密的方法对无线传感网络的信息进行加密。时变加密就是连续的广播信息单元在传输之前，使用一个从密钥串中按一定的算法选取的不同密钥对需要传输的信息单元进行加密。网络中的传感节点在不同的信息单元和不同的时间拥有的密钥不同，通过使用单向的哈希算法生成一系列密码，一个根密码值通过反复的哈希计算产生一系列的密钥，密钥系列以反向的顺序对连续的数据包进行加密，这种方法可以产生加密机制。接收器可以通过对接收的密码进行哈希计算，将计算的结果同老的密码进行比较，如果与旧密码相同，则密钥有效，否则密钥失效。这种机制保证密码确实来自同一个源，单向的哈希算法保证接收器可以使用下一个密钥，但不能伪造密钥。

当对无线传感网络的节点进行分布时，通过静态输入或者密钥管理模式对每个节点初始化密钥，每一个节点都有相同的初始密钥，在传输过程中，数据包使用根密钥进行加密，下一个密钥同数据包一同传输。接收器使用根密钥对数据包进行解码，并将密钥的哈希算法值与旧密钥进行比较，如果相同，就用新密钥替换旧密钥，作为下一次数据包解码的密钥。这样的密钥解密使用的是对称加密的方法，运算的强度大大小于非对称加密算法。但由于密钥的不固定性，使监听和破译的难度加大，因此可以很好地满足无线开放数据传输的同时对低耗能的要求。

8.1.2 安全需求

一般情况下，无线传感网络安全攻击来源于如下方面：被动的数据收集、节点的背叛、虚假节点、节点故障、节点能量耗尽、信息的破坏、拒绝服务以及流量分析等。因此，无线传感网络的安全需求分为两个方面：通信安全需求和信息安全需求。

在无人监管的情况下，无线传感网络可通过微型节点之间的协同工作，实时监测和采集各种环境或移动目标的相关信息，并将大量详实而有价值的数据传送到基站进行处理，从而实现物理世界与数字世界的无缝连接。因此，如何对网内数据进行有效的认证已成为无线传感网络亟待解决的问题。在“以数据为中心”的无线传感网络中，其安全防护主要有如下方面的内容：

1. 虚假数据过滤

由于无线传感网络往往暴露在无人看守的远程或危险环境中（如战场），低成本的节点硬件不具备抗篡改性。利用这一特性，敌人可通过安插虚假节点或者控制妥协节点，对合法数据进行恶意篡改或伪造虚假数据，从而达到干扰、迷惑用户的目的。因此，需要通过数据认证来确认所接收的数据是否准确、合法，从而过滤敌人插入的虚假数据或恶意篡改的数据。

2. 安全数据聚合与数据处理

为了节约有限的无线传感网络资源，往往需要对原始采样数据进行加工和处理，并在簇头进行数据压缩和聚合。若簇头被敌人妥协，则可以伪造聚合数据，并最终转发给基站。因此需要一种安全的数据协同处理机制，对聚合数据进行认证。

3. 危险警报确认

对偏远的灾难易发地区（如火山、茂密森林）进行实时监控是无线传感网络的主要应用之一。无线传感网络通过融合分布式节点所收集的近距离目标信息，将突发事件与危险警报实时地报告给用户。然而，数据传输距离远、节点能量有限以及环境噪声等均会影响数据传输的完整性与正确性。若重要的数据受到破坏，如事件发生的时间、地理坐标等参数，即使是少量的，也有可能导致用户做出错误的判断，造成误警或延误响应。因此，需要一种可靠的数据认证机制对实时危险警报的正确性与完整性进行确认。

8.1.3 安全目标

如何保证任务执行的机密性、数据产生的可靠性、数据融合的高效性以及数据传输的安全性，是无线传感网络安全问题需要全面考虑的内容。机密性、点到点的消息认证、完整性鉴别、新鲜性、认证广播和安全管理是无线传感网络需要实现的基本安全机制，一个完善的无线传感网络安全解决方案应该需要达到如下目标。

1. 数据机密性

数据机密性是无线传感网络安全的基本需求，要求所有敏感信息在存储和传输过程中都要保证其机密性，不得向任何非授权用户泄露信息的内容。网络中重要的敏感数据传输和转发的过程中都要进行加密，保证其机密性，信息只能是掌握密钥的授权实体才能知道，任何其他实体不能通过截获物理信号或其他方式获得信息。

2. 数据完整性

有了机密性保证，攻击者可能无法获取信息的真实内容，但接收者并不能保证其收到的数据是正确的，因为恶意的中间节点可以截获、篡改和干扰信息的传输过程。在基于公钥的密码体制中，数据完整性一般是通过数字签名来完成的，但资源有限的无线传感网络无法支持这种代价昂贵的密码算法。在无线传感网络中，通常使用消息认证码来进行数据完整性检验，它使用一种带有共享密钥的散列算法，即将共享密钥和待检验的消息连接在一起进行散列运算，对数据的任何细微改动都会对消息认证码的值产生较大影响。

3. 数据新鲜性

在无线传感网络中，基站和簇头需要处理很多节点发送过来的采集信息，为防止攻击者进行任何形式的重放（Replay）攻击，即将过时消息重复发送给接收者，耗费其资源使其不能提供正常服务，因此必须保证每条消息是新鲜的或者说具有时效性，即发送方传给接收者的数据是在最近时间内生成的最新数据。

4. 数据可用性

可用性要求无线传感网络能够随时按预先设定的工作方式向系统的合法用户提供信息访问服务，但攻击者可以通过伪造和信号干扰等方式使无线传感网络处于部分或全部瘫痪状态，破坏系统的可用性，如拒绝服务（Denial of Service，DoS）攻击。无线传感网络安全要保证所提供的各种服务能够被授权用户使用，并能够有效防止非法攻击者企图中断无线传感网络服务的恶意攻击。同时，安全性设计方案不应当限制网络的可用性，并能够有效防止攻击者对传感器节点资源的恶意消耗。

5. 扩展性

无线传感网络中的传感器节点数目多，分布范围广，环境条件改变、恶意攻击或任务的变化都可能会影响无线传感网络的配置。同时，节点的经常加入或失效也会使得网络的拓扑结构不断发生变化。无线传感网络的可扩展性表现在传感器数量、网络覆盖区域、生命周期、时间延迟、感知精度等方面的可扩展级别尺度。因此，安全解决方案必须提供支持该可扩展性级别的安全机制和算法，以使无线传感网络保持良好的工作状态。

6. 鲁棒性

无线传感网络一般配置在恶劣环境、无人区域或敌方阵地中，环境条件、现实威胁和当前任务具有很大的不确定性。这要求传感器节点能够灵活地加入或去除，无线传感网络之间能够进行合并或拆分，因而安全解决方案应当具有鲁棒性和自适应性，能够随着应用背景的变化而灵活拓展，为所有可能的应用环境和条件提供安全解决方案。此外，当某个或某些节点被攻击者控制后，安全解决方案应当限制其影响范围，保证整个网络不会因此而瘫痪或失效。

7. 自组织性

由于无线传感网络类似于由一组传感器以 Ad-Hoc 方式构成的无线网络，它是以自组织的方式进行组网的，这就决定了相应的安全解决方案也应当是自组织的，即在无线传感网络配置之前，很难确定节点的任何位置信息和网络的拓扑结构，也很难确定某个节点的邻近节点集。当然，有计划的部署除外。

8. 访问控制

访问控制要求能够对访问无线传感网络的用户身份进行确认，确保其合法性。

8.2 攻击类型

在无线传感网络中，存在威胁网络安全的攻击多种多样，按照攻击者的能力可以分为粉尘（Mote-class）攻击和便携式（Laptop-class）攻击，在前一种情况下，攻击者的资源和普通的节点相当，而在后一种攻击中，攻击者拥有更强的设备和资源，也就是说，在 Laptop-class 攻击中，恶意节点拥有的资源，包括能量、CPU、内存和无线电发射器等，优于普通节点，显然，Laptop-class 攻击带来的危害更大。

按照攻击者的类型可以分为内部攻击和外部攻击。在外部攻击中，攻击者不知道无线传感网络内部信息（包括网络的密钥信息等），不能访问网络的节点。内部攻击是指网络中合法的参与者进行的攻击，攻击者可以是已被攻陷的传感器节点，也可以是获得合法节点信息（包括密钥信息、代码、数据等）的传感器节点。显然，内部攻击比外部攻击更难检测和预防，其危害性也更大。

目前无线传感网络中存在的主要攻击类型有：Sybil 攻击、选择性转发攻击、Sinkhole 攻击、Wormhole 攻击和 HELLO 攻击等。

1. Sybil 攻击

Sybil 攻击又叫做女巫攻击，是无线传感网络中容易出现的一种攻击，在这种攻击中，单个节点通过伪造身份或窃取合法节点身份，以多个虚假身份出现在网络的其他节点前，使其更容易成为路由路径中的节点，吸引数据流，以提高目标数据流经过自身的概率。Sybil 攻击中恶意节点呈现出的其他某个身份被定义为一个 Sybil 节点。Sybil 攻击对无线传感网络的破坏性很大，因此设计出防范和检测 Sybil 攻击的方法至关重要。

Sybil 攻击的方式主要有以下几种。

（1）分布式存储。Sybil 攻击可以使点对点存储系统的分段和复制机制失效，这种问题同样存在于传感网络中。当系统进行复制和分段数据传送时，这些信息可能经过多个节点，因此就有可能存储在具有 Sybil 身份的同一恶意节点中。

（2）数据汇聚。为了减少能量消耗，传感网络的节点并不是简单地对接收到的传感信息进行转发，而是对接收到的多个传感信息进行汇聚处理后再进行转发。少量的恶意节点报告不正确的传感信息可能不会对汇聚数据产生太大的影响，当网络中有多个 Sybil 节点时，攻击者就可能完全改变汇聚的结果。

（3）异常行为检测。当无线传感网络各个节点协同工作检测到一个特殊行为，为了减少误判，网络往往不立即处理该节点，而是观察该节点是否又进行了一次异常操作，然后再进行处理。而 Sybil 攻击可以利用该漏洞，在用某一身份进行多次异常行为后，换成另一个身份 ID。另外，即使网络决定撤销该节点，恶意节点也能通过更换新的 ID 而避免被撤销。

（4）公正的资源分配。一些网络的资源可能以节点为基础进行分配。例如，共享无线信道的相邻节点可能对时间进行分段，每个节点在其分配的时隙内进行信息的发送与接收。通过 Sybil 攻击，恶意节点通过声称具有多个身份，而能分配到更多的资源，这种攻击方式既会导致对合法节点的拒绝服务攻击，又使得攻击者拥有更多的资源进行其他的攻击。

2. 选择转发攻击

无线传感网络通常是基于参与节点可靠地转发其收到信息这一假设前提。在选择转发攻击中，恶意节点可能拒绝转发特定的消息并将其丢弃，以使得这些数据包不再进行任何传播。另一种表现形式是，攻击者修改节点传送来的数据包，并将其可靠地转发给其他节点，从而降低被人怀疑的程度。解决方法是由节点进行概率否决投票，并由基站或簇头撤销恶意节点。多径路由也是解决选择转发攻击比较有效的方法。

3. Sinkhole 攻击

Sinkhole 攻击也叫槽洞攻击。在 Sinkhole 攻击中，攻击者的目标是吸引所有的数据流通过攻击者控制的节点进行传输，从而形成一个以攻击者为中心的槽洞。Sinkhole 攻击通常使用功能强大的处理器来代替受控节点，使其传输功率、通信能力和路由质量大大提高，进而使得通过它路由到基站的可靠性大大提高，以此吸引其他节点选择通过它的路由。对于无线传感网络中存在的 Sinkhole 攻击，目前一般通过对路由协议进行精心的安全设计来有效防止。

4. Wormhole 攻击

Wormhole 攻击也叫虫洞攻击或者隧道攻击。在 Wormhole 攻击中，攻击者将在一部分网络上接收的消息通过低时延的信道转发，并在网络内的各簇重放。Wormhole 攻击最为常见的形式是两个相距较远的恶意节点相互串通，合谋进行攻击。在一般情况下，一个恶意节点位于基站附近，另一个恶意节点离基站较远，较远的那个节点声称自己和基站附近的节点可以建立低时延、高带宽的链路，从而吸引周围节点将其数据包发到它那里。在这种情况下，远离基站的那个恶意节点其实也是一个 Sinkhole。Wormhole 攻击可以和其他攻击（如选择转发、Sybil 攻击等）联合共同攻击无线传感网络。

5. HELLO 洪泛攻击

HELLO 洪泛攻击是针对无线传感网络的新型攻击，由于许多协议要求节点广播 HELLO 数据包来发现其邻近节点，收到该包的节点将确信它在发送者的传输范围内。假如攻击者使用大功率无线设备来广播、路由，它能够使网络中的部分甚至全部节点确信它是邻近节点。攻击者就可以与邻近节点建立安全连接，网络中的每个节点都试图使用这条路由与基站通信，但一部分节点离它相当远，加上传输能力有限，发送的消息根本不可能被攻击者接收而造成数据包丢失，从而使网络陷入混乱状态。

8.3 安全威胁

无线传感网络很容易受到各种攻击，面对这些攻击时，必须采取一定的防范措施和实施对策来解决各类攻击，保护无线传感网络的安全，保证无线传感网络继续发挥其预定作用。如采用加密技术保护通信信道的秘密和认证，使其免受外部攻击，比如窃听、分组重放攻击、分组篡改、分组欺骗等。下面从不同层次分析无线传感网络的安全威胁以及相应对策。

1. 物理层面临的安全威胁

物理层（Physical Layer）的主要功能是频率选取、载波频率的生成和信号的检测、调制。在物理层，由于无线传感网络普遍使用无线通信方式，使得攻击者很容易发起堵塞（jamming）攻击，通过干扰节点的收发信号使得节点无法正常工作。

在无线传感网络中防御堵塞攻击通常可使用跳频扩频调制 FHSS 技术，在同步且同时的情况下，接收两端以特定形式的窄频载波来传送信号，对于一个非特定的接收器，FHSS 产生的跳动信号对它而言，也只算是脉冲噪声，从而提高信号的保密性。物理层面临的另一个安全威胁是节点被物理篡改（Tamper），一般情况下很难把节点设计得具有防篡改特性，也不可能对所有节点都实施有效的物理保护，一个可行的防御措施就是把正常节点伪装或隐藏起来。

2. 数据链路层面临的安全威胁

数据链路层（Data Link Layer）主要负责数据的编码、解码和纠错，建立安全通信链路，确保信息的正确性，也就是保证数据的机密性、完整性和可认证。在数据链路层，数据的机密性可通过适当的加密机制来实现，加密机制包括两种类型：对称密码体制和非对称密码体制。与非对称密码体制相比，对称密码体制的计算复杂度和通信负载要明显小得多，因此被认为比较适用于无线传感网络，并受到广泛关注。但近年来的一些研究表明：非对称密码体制，如椭圆曲线密码体制（ECC）、Rabin 方案、NtruEncrypt 方案等，是可以应用于无线传感网络的。从计算意义上来说，非对称密码体制的安全强度要好于对称密码体制，因此对非对称密码体制进行适当改进，以适应无线传感网络应用是一个值得关注和研究的方向。数据的完整性和可认证可在加密机制基础上引入认证机制来实现。认证的基本要求是正确性和安全性。正确的认证能够保证一个实体不可能假冒成另一个实体。但是，一个实体经过正确认证后，也有可能出现安全问题，如果认证过程中实体的机密信息被泄露，则通过认证建立起来的会话是不安全的，因此认证也必须是安全的，也就是保证认证过程中，机密信息不泄露。因此认证致力于解决如下两个根本问题：一是如何防止节点篡改接收的数据包内容；二是如何防止发送方否认曾经发送的数据包内容。非对称密码体制通过数字签名技术来实现认证，而对称密码体制可通过消息认证码（Message Authentication Code，MAC）来实现。

3. 网络层面临的安全威胁

网络层（Network Layer）主要负责把一个节点的信息通过单跳或多跳路由到另一个节点。安全路由的最基本目标就是在存在安全威胁的情况下，保证路由信息的完整性、可用性和可认证，合法的接收节点能够接收到所需的全部数据包，能够对数据包的完整性以及发送节点的身份进行有效验证。网络层面临的威胁通常包括：伪造、篡改和重传路由数据包，选择性转发攻击、Sinkhole 攻击、Sybil 攻击、Wormhole 攻击、HELLO 洪泛攻击。安全路由协议必须对上述攻击采取有效的防御措施，一方面可使用数据链路层提供的加密和认证（包括广播认证）机制，防止攻击者伪造、篡改和重传路由数据包，防止攻击者假冒节点的合法身份发起 Sybil 攻击，广播认证机制可有效防止 HELLO 洪泛攻击；另一方面，采取多路转发机制，使得选择性转发攻击无法影响整个网络的安全功能，使用地理路由协议可有效防御 Sink 攻击和 Wormhole 攻击，但安全的地理路由协议需要提供可靠的安全定位机制。

4. 应用层面临的安全威胁

应用层（Application Layer）主要提供数据管理功能，两个重要的安全服务是安全定位和安全数据融合。在应用层，节点的位置信息对于许多无线传感网络应用具有现实意义，节点位置信息的正确与否在很大程度上影响无线传感网络的应用效果。在无线传感网络定位协议或算法中普通节点一般通过一类特殊的节点（如锚节点）提供的距离、角度信息或信标（beacon）信息来确定自身位置。安全定位需要研究的问题主要包括锚节点的位置参考值的安全性，也就是，若所有锚节点的位置参考值都正确，则普通节点的位置可准确定位，若某位置参考值是伪造的，或者说存在受损的信标节点，在这种情况下，如何识别受损的锚节点，或者在存在受损锚节点的前提下，如何为非信标节点提供准确的定位服务是值得研究的问题。解决措施通常包括：①增大信标节点的密度，使非锚节点尽可能少地受到受损锚节点的影响；②设置测量误差阈值（Threshold），一旦测量结果的误差超过设定的阈值，则认为测量结果不准确；③邻居节点引入认证机制，非锚节点仅仅接收被认证的位置信息。数据融合的主要作用就是减少冗余信息的传送，从而减轻网络通信负载，延长节点的寿命，这一项基本服务对于能量非常受限的无线传感网络来说是极其重要的。然而数据融合服务对于无线传感网络来说很具挑战性，数据融合面临的威胁包括拒绝服务攻击、欺骗攻击（使正常节点接收伪造的汇聚结果）等。

安全数据融合主要应解决以下两个问题：一是保证节点包括融合节点的身份以及信息合法有效，从而保证只有正常节点和信息才能参与数据融合操作，这可通过有效的加密机制和认证机制来实现；二是提高融合函数的弹力，这可通过使用截断（truncation）技术和修整（trimming）技术来实现。所谓截断技术，就是对所有的传感数据设置上限和下限，超过上限或低于下限的数据将不能参与融合操作，修整技术则是忽略一定比例数量的最高值和最低值，使得只有中间值的数据才能参与融合操作。

8.4 安全策略

8.4.1 加密算法的选择

无线传感网络作为任务型的网络，不仅要进行数据传输，而且还要进行数据的采集和任务控制等。由于节点功能限制，不能引入过多的信息传输以及计算复杂的加密算法，避免使用交互式的安全协议等。在选择和设计无线传感网络加密算法时，需要考虑以下原则：加密算法速度要快、占用存储空间小、开销小、加密算法易于实现等，同时加密算法最好多样化，以便应对不同的应用和需求。

一般的数据加密模型如图 8-1 所示。明文 m 用加密算法 E 和加密密钥 K 得到密文 c。到了接收端，利用解密算法 D 和解密密钥 K'，解出明文为 m。加密和解密变换的关系式为

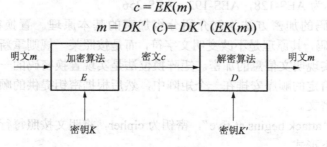

$$c = EK(m)$$

$$m = DK'(c) = DK'(EK(m))$$

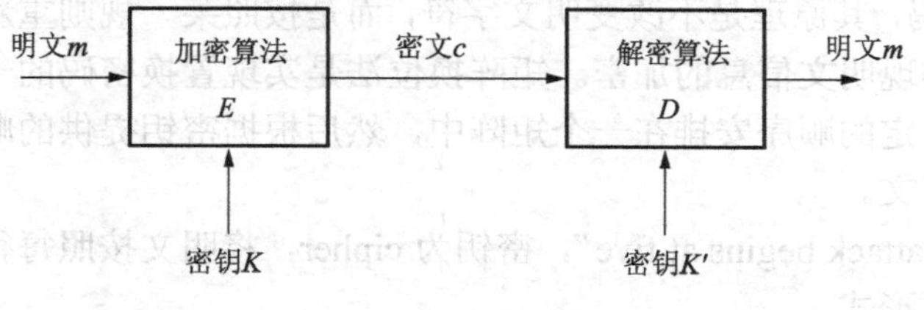

图 8-1 加密模型

根据密钥类型不同将加密的密码体制分成两类：一类是私钥密码体制，另一类是公钥密码体制。私钥密码体制的加密和解密采用相同的密钥，或者从一个密钥能够容易地推导出另一个密钥。而公钥密码体制的加密密钥和解密密钥是不同的，或者从一个密钥很难推导出另一个密钥。

1．私钥密码体制

私钥密码体制也称对称秘钥密码体制、常规密钥密码体制或者单钥密码体制。在私钥密码体制中，加密密钥和解密密钥相同，或者从加密密钥能够并不困难地推导出解密密钥。从得到的密文序列的结构来划分，私钥密码体制分为序列加密和分组加密两种不同的加密方法。

（1）序列加密

序列加密是将明文 m 看成是连续的比特流（或字符流）$m_1m_2\cdots$ 并且用密钥序列 $K=K_1K_2\cdots$ 中的第 i 个元素 K_i 对明文中的 m_i 进行加密，因此也称为流加密。

下面以替代密码（substitution cipher）为例介绍序列加密的基本原理，如表 8-1 所示为 26 个英文字母 a~z 对应的替代密码表。

表 8-1　字母替代密码表

a	b	c	d	e	f	g	h	i	j	k	l	m	n	o	p	q	r	s	t	u	v	w	x	y	z
D	E	F	G	H	I	J	K	L	M	N	O	P	Q	R	S	T	U	V	W	X	Y	Z	A	B	C

依据此密码替代表，当传输明文“wireless sensor network”，经过字母替代后就变成不可读的密文：ZLUHOHVV VHQVRU QHWZRUN。

在接收端，再依据表 8-1 所示的替代表就可以还原成明文。

序列加密方法简单，计算复杂度低，硬件实现容易，在无线传感网络系统中获得了广泛应用。但是其缺点是安全性不高，很容易被破解。

（2）分组加密

分组加密是将明文划分为固定的 n 比特的数据组，然后以组为单位，在密钥的控制下进行一系列的线性或非线性的变化而得到密文。

在采用分组密码的对称密码体制中，国际上有两个加密标准，一个是数据加密标准（Data Encryption Standard，DES），另外一个是高级加密标准（Advanced Encryption Standard，AES）。DES 由 IBM 公司 1975 年研究成功并发表，1977 年被美国定为联邦信息标准。DES 的分组长度为 64 位，密钥长度为 56 位，将 64 位的明文经加密算法变换为 64 位的密文。AES 是一种新的加密标准，它也属于分组加密算法，分组长度为 128 位，密钥长度有 128 位、192 位、256 位三种，分别称为 AES-128，AES-192，AES-256。

下面以置换密码的加密方法为例介绍分组加密的基本原理。置换密码（transposition cipher）又称换位密码，其原理是不改变明文字符，而是按照某一规则重新排列消息中的比特或字符顺序，进而实现明文信息的加密。矩阵换位法是实现置换密码的一种常用方法。它将明文中的字母按照给定的顺序安排在一个矩阵中，然后根据密钥提供的顺序重新组合矩阵中的字母，从而形成密文。

例如，明文为“attack begins at five”，密钥为 cipher，将明文按照每行 6 个字母的形式排在矩阵中，形成如下形式

a t t a c k
b e g i n s
a t f i v e

根据密钥cipher中各个字母在字母表中出现的先后顺序，给定一个置换

$$f=\begin{bmatrix}1 & 2 & 3 & 4 & 5 & 6\\ 1 & 4 & 5 & 3 & 2 & 6\end{bmatrix}$$

根据上面的置换，将原有矩阵中的字母按照第1列、第4列、第5列、第3列、第2列、第6列的顺序排列，则有下面的形式

a a c t t k
b i n g e s
a i v f t e

从而得到密文：a b a t g f t e t c n v a i i k s e。

其解密过程是根据密钥的字母数作为列数，将密文按照列、行的顺序写出，再根据由密钥给出的矩阵置换产生新的矩阵，从而恢复明文。

下面以RC（Rivest Code）加密算法为例，介绍一种典型的私钥密码加密算法。RC算法是由美国马萨诸塞（Massachusetts）技术研究所的罗纳德·李维斯特（Ronald L. Rivest）发明的，并以其姓氏命名，由RSADSI公司发行。RC算法是一种快速的对称加密算法，比较适用于廉价简单的无线传感网络。现在我们用到的RC系列算法包括RC2、RC4、RC5、RC6算法，其中RC4是序列密码算法，其他三种是分组密码算法。

（1）RC2算法。该算法设计的目的是用来取代DES算法，它采用密钥长度可变的对明文采取64位分组的分组加密算法，属于Festel网络结构。

（2）RC4算法。RC4算法是一个密钥长度可变的面向字节流的加密算法，以随机置换为基础。该算法执行速度快，每输出1字节的结果仅需要8~16字节的机器指令。RC4算法比较容易描述，它首先用8~2048位可变长度的密钥初始化一个256字节的状态矢量S。S的成员标记为S[0],S[1]，…，S[255]，整个置换过程都包含0～255的8比特数。对于加密和解密，设字节数据为K，由S中256个元素按一定方式选出一个元素生成，每生成一个K值，元素中的数据就要被重新置换一次。

（3）RC5算法。RC5算法是一种分组长度、密钥长度、加密迭代轮数都可变的分组加密算法。该算法主要包含三部分内容：密钥扩展、加密算法和解密算法。该算法包含三个参数：w（字的大小，单位为bit，允许取值16，3，64）、r（循环数，允许取值0，1，…，255）和b（密钥K中的8位字节个数，允许取值0，1，…，255）。由于RC5算法需要（$2r+2$）个w位密钥，所以需要密钥扩展。

通过密钥扩展，把密钥K扩展成密钥阵S，它由K所决定的$t=2(r+1)$个随机二进制字构成。每个子密钥的长度是一个字长，密钥扩展算法利用了两个常数

$$P_w = \text{Odd}((e - 2)2^w)[1]$$

$$Q_w = \text{Odd}((\varphi-1)2^w)[2]$$

其中 e=2. 718281828459…（自然对数），φ=1.618033988749（黄金分割），Odd（x）表示不小于 x 的最小奇整数。可选的参数值为

w	16	32	64
P	B7E1	B7E15163	B7E151628AED2A6B
Q	9E37	9E3779B9	9E3779B97F4A7C15

密钥扩展算法的第一步是将秘钥 $K[0, 1, \cdots, b-1]$ 放入另一个数组 $L[0, 1, \cdots, c-1]$ 中，其中 $c=[b/u]$，$u=w/8$，即 L 数组中的元素大小为 uw 位，将 u 个连续字节的密钥顺序放入 L 中，先放入 L 中元素的低字节，再放入其高字节，若 $L[c-1]$ 的高字节未满，则以 0 填充。当 b=0，c=0 时，c=l，[L0]=0。第二步是利用 P_w/Q_w 将数组 S 初始化成一个固定的伪随机的数组，最后将用户密钥扩展到数组 S 中。

RC5 的加密使用以下 3 个基本操作。

① 加法：记为+，表示模 2^w 加法，其逆操作为减法，记为-，表示模 2^w 减法。

② 逐位异或：这个操作记为 ⊕。

③ 循环左移：字 x 循环左移 y 比特被记为 x<<<y。其逆操作把 x 循环右移 y 比特记为 x>>>y。

RC5 的加密过程如下所述。

RC5 将明文分成两个长度为 w 比特的字，分别存放于寄存器 A 和 B 中，然后进行如下运算

```
A = A + S[0];
B = B + S[1];
for i=1 to r do
{
     A=((A⊕B)<<<B)+S[2i] ;
     B=((B⊕A)<<<A)+S[2i+1] ;
}
```

经过 r 轮运算完成之后，寄存器 A 和 B 中的值即为得到的密文输出。

RC5 的解密是加密算法的逆过程，RC5 解密过程如下。

首先按照加密相同的规则将密文分组转化为两个长度为 w 比特的字，分别保存在寄存器 A 和 B 中，然后按照如下规则运算

```
for i=1 to r do
 {
     B =((B-S[2 i+1])>>>A)⊕A;
     A =((A- S[2 i])>>>B)⊕B;
 }
     A = A - S[0];
     B = B - S[1];
```

经过 r 轮运算完成之后，寄存器 A 和 B 中的值即为得到的明文输出。

RC5 算法最显著的特征是运算简单和使用依赖于数据的循环移位。RC5 只使用在微处理器上常见的初等计算操作，因而非常易于硬件和软件的实现。RC5 基本操作每次对数据的整个字进行，所以它是一种快速的加密算法。循环移位是算法仅有的非线性部分，RC5 因为循环移位的多少依赖于通过算法的数据，线性和差分密码分析应该更困难。RC5 的加密轮数是可变的，在 6 轮后，经过线性分析已经是安全的了。推荐加密轮数至少是 12 轮，最好是 16 轮。

（4）RC6 算法

RC6 算法对 RC5 进行了改进，弥补了 RC5 在扩散速度上的不足。RC6 秉承了 RC5 设计

简单、广泛使用数据相关的循环移位思想，同时增强了抵抗攻击的能力，改进了 RC5 中循环移位的位数依赖于寄存器中所有位的不足。

RC6 的特点是输入的明文由原先 2 个区块扩展为 4 个区块，另外，在运算方面则是使用了整数乘法，而整数乘法的使用则是在每一个运算回合中增加了扩散（diffusion）的行为，并且使得即使很少的回合数也有很高的安全性。同时，RC6 中所用的操作可以在大部分处理器上高效率地实现，提高了加密速度。RC6 是一种安全、架构完整而且简单的区块加密法。它提供了较好的测试结果和参数方面相当大的弹性。RC6 可以抵抗所有已知的攻击，能够提供 AES 所要求的安全性，可以说是近几年来相当优秀的一种加密法。

由于 RC5/RC6 算法只使用了常见的初等运算，具有速度快、占用存储空间小的特点，因此在无线传感网络中广泛被采用。RC5/RC6 两者的性能对比如表 8-2 所示。

表 8-2　　RC5 与 RC6 加密算法比较

性　能	RC5	RC6	原因分析
简洁性	更好	好	RC5 和 RC6 使用用到的是常用算法，算法简单
扩散性	好	更好	RC6 引入整数乘法，提高了扩散性
执行时间	更短	短	RC6 算法采用了计算量相对较大的乘法运算
存储空间	更小	小	无论加密还是解密过程，RC5 相比 RC6 更简洁
执行效率	更高	高	RC5 运算过程更为简单
安全性	高	更高	RC6 采用乘法运算弥补 RC5 的漏洞
软硬件实现	容易	容易	都只用了常见的初等运算，有很好的适用性

私钥加密体制的优点是运算速度快，密钥产生容易，但是当无线传感网络中工作节点很多、分布很广的时候，密钥的分配和存储就成了大问题，另外一个问题就是私钥加密体制不能实现安全认证所需要的数字签名。

2. 公钥密码体制

公钥密码体制也称非对称密码体制，就是使用不同的加密密钥与解密密钥，是一种由已知加密密钥推导出解密密钥在计算上是不可行的密码体制。公钥密钥密码体制的产生主要是因为两个方面的原因，一是由于常规密钥密码体制的密钥分配（Distribution）问题，另一是由于对数字签名的需求。在公开密钥密码体制中，加密密钥（即公开密钥）PK 是公开信息，而解密密钥（即秘密密钥）SK 是需要保密的。加密算法 E 和解密算法 D 也都是公开的。虽然秘密密钥 SK 是由公开密钥 PK 决定的，但却不能根据 PK 计算出 SK。公钥加密模型如图 8-2 所示。

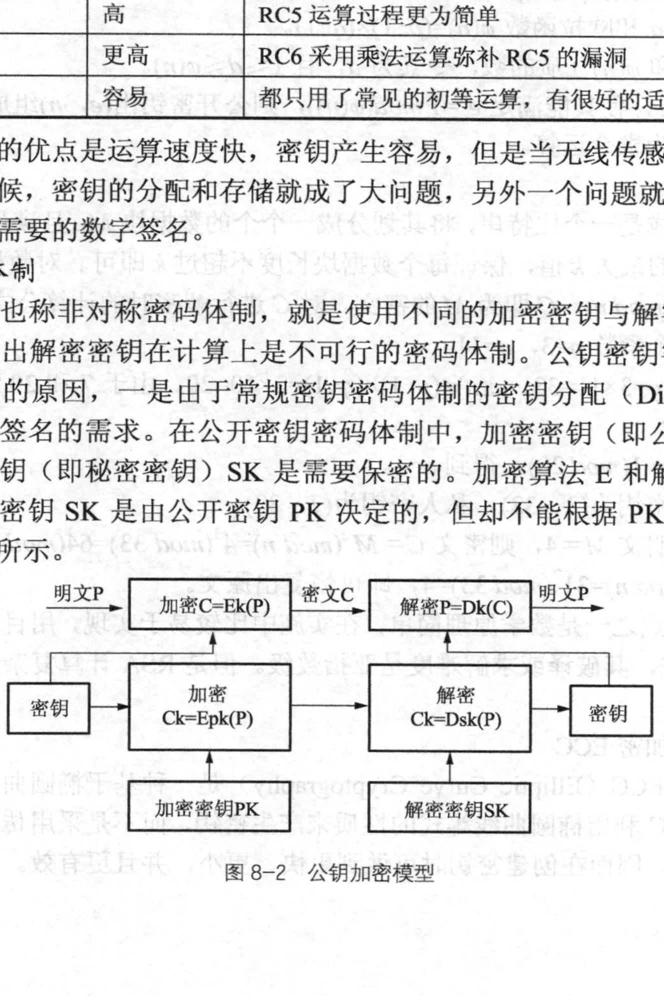

图 8-2　公钥加密模型

要想实现公钥密码体制中的非对称加密和解密，加密算法 E 和解密算法 D 必须满足以下三个条件：①D(E(m))=m，m 为明文；②从 E 导出 D 非常困难；③使用“选择明文”攻击不能破译，即破译者即使能加密任意数量的选择明文，也无法破译密文。

公钥密码体制的实施需要通过公钥加密算法才能实现。

（1）RSA 公钥加密算法

RSA 公钥加密算法是当前最广泛使用的公钥加密算法，它是 1977 年由当时美国麻省理工学院（Massachusetts Institute of Technology，MIT）的罗纳德·李维斯特（Ron Rivest）、阿迪·萨莫尔（Adi Shamir）和伦纳德·阿德曼（Leonard Adleman）共同提出的，RSA 就是他们三人姓氏的开头字母。RSA 是当今最有影响力的公钥加密算法，它能够抵抗到目前为止已知的绝大多数密码攻击，已被 ISO 推荐为公钥数据加密标准。到目前为止，世界上还没有任何可靠的攻击 RSA 算法的方式，只有短的 RSA 钥匙才可能被强力方式解破。只要其钥匙的长度足够长，用 RSA 加密的信息实际上是不能被破解的。但在分布式计算和量子计算机理论日趋成熟的今天，RSA 加密安全性也受到了挑战。

RSA 算法基于一个十分简单的数论事实：将两个大素数相乘十分容易，但是想要对其乘积进行因式分解却极其困难，因此可以将乘积公开作为加密密钥。RSA 算法流程如下。

① 密钥获取

（a）选择两个大素数 p 和 q，它们的值一般应大于 10100。

（b）计算 $n=p\times q$ 和欧拉函数 $\varphi(n)=(p-1)\times(q-1)$。

（c）选择一个和 $\varphi(n)$ 互质的数，令其为 d，且 $1\leqslant d\leqslant\varphi(n)$。

（d）选择一个 e，使其能满足 $e^d=1\ mod(\varphi(n))$，则公开密钥由 $(e，n)$ 组成，私人密钥由 $(d，n)$ 组成。其中 mod 为求余运算。

② 加密方法

首先将明文看成是一个比特串，将其划分成一个个的数据块 M，且满足 $0\leqslant M<n$。为此，可求出满足 $2k<n$ 的最大 k 值，保证每个数据块长度不超过 k 即可。对数据块 M 进行加密，计算公式为 $C=M^e(mod\ n)$，C 即为 M 的密文。对 C 进行解密时的计算公式为 $M=C^d(mod\ n)$。

如，（a）取两个素数 $p=3$，$q=11$。

（b）计算 $n=p\times q=3\times 11=33$，$\varphi(n)=(p-1)\times(q-1)=2\times 10=20$。由于 7 和 20 没有公因子，因此可取 $d=7$。

（c）解方程 $7^e=1(mod\ 20)$，得到 $e=3$。

由此得到公开密钥为(3，33)，私人密钥为(7，33)。

假设要加密的明文 $M=4$，则密文 $C=M^e(mod\ n)=4^3(mod\ 33)=64(mod\ 33)=31$，接收方解密时计算 $M=C^d(mod\ n)=31^7(mod\ 33)=4$，即可恢复出原文。

RSA 算法的特点之一是数学原理简单，在实施中比较易于实现，用目前最有效的攻击方法去破译 RSA 算法，其破译或求解难度是亚指数级。但是 RSA 计算复杂，对处理器的性能要求比较高。

（2）椭圆曲线加密 ECC

椭圆曲线加密 ECC（Elliptic Curve Cryptography）是一种基于椭圆曲线离散对数问题的公钥加密技术，ECC 利用椭圆曲线等式的性质来产生密钥，而不是采用传统的方法如利用大素数的乘积来产生，因而在创建密钥时可做到更快、更小，并且更有效。

椭圆曲线是如下所示的韦尔斯特拉斯（Weierstrass）方程所确定的平面曲线

$$y^2 + a_1xy + a_3y = a_2x^2 + a_4x + a_6$$

在基于椭圆曲线的加解密和数字签名的实现方案中，首先要给出椭圆曲线域的参数来确定一条椭圆曲线，但并不是所有的椭圆曲线都适合加密，$y^2 = x^2 + ax + b$ 是一类可以用来加密的椭圆曲线，也是最为简单的一类。设 a=−5，b=3，则该椭圆曲线如图 8-3 所示。从几何角度定义的两点加法运算的过程如下：作 PQ 连线交曲线于另一点，过该点作平行于纵坐标轴的直线交曲线于点 Z，则 Z 即为 PQ 两点之和，记为 $Z=P+Q$。倍点运算的过程为：在 R 点作切线，交曲线于另一点，过该点作平行于纵坐标轴的直线交曲线于 N 点，则记 $N=R+R=2R$。

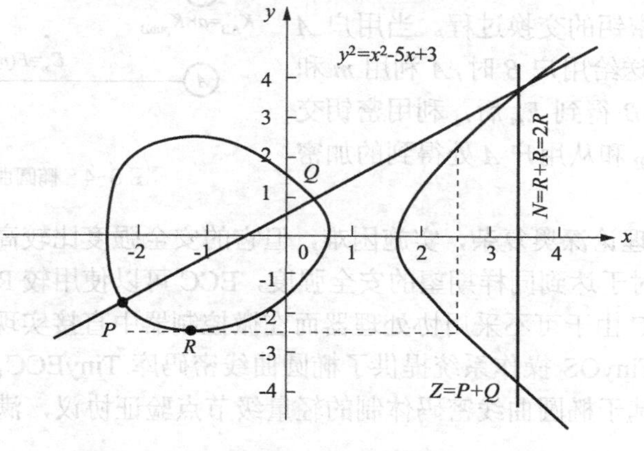

图 8-3　椭圆曲线的点加和倍点运算的几何表示

椭圆曲线加密 ECC 的工作原理如下。

① 发送方 A 选定一条椭圆曲线 $E_p(a,b)$，并取椭圆曲线上一点，作为基点 G。

② 发送方 A 选择一个私有秘钥 k，并生成公开密钥 $K=k_G$。

③ 发送方 A 将 $E_p(a,b)$和点 K, G 传给用户 B。

④ 接收方 B 接到信息后，将待传输的明文编码到 $E_p(a,b)$ 上一点 M，并产生一个随机整数 r（$r<n$）。

⑤ B 计算点 $C_1=M+rK$，$C_2=rG$。

⑥ B 将 C_1、C_2 传给发送方 A。

⑦ 发送方 A 接到信息后，计算 $C_1 - kC_2$，结果就是点 M。

因为 $C_1-kC_2=M+rK-k(rG)=M+rK-r(k_G)=M$，再对点 M 进行解码就可以得到明文。

描述一条 F_q 上的椭圆曲线，常用到以下 6 个参量

$$T = (p,a,b,G,n,h)$$

其中 p、a、b 用来确定一条椭圆曲线，G 为基点，n 为点 G 的阶，h 是椭圆曲线上所有点的个数 m 与 n 相除的整数部分。参数选取的原则如下。

① 参数 p 的选取：p 越大越安全，但越大，计算速度会变慢，200 位左右可以满足一般安全要求，通常将 p 取为 200 比特位的素数。

② 参数 a、b 的选取：先随机产生小于 p−1 的正整数作为参数 a,然后依据条件 $4a^3 + 27b^2 \neq 0\,(mod\ p)$判断，随机产生的小于 p−1 的正整数是否适合作为参数 b。

③ 基点的确定：随着参数 a、b 、p 确定，这条曲线 $y^2 = x^3 + ax + b$就定下来了。先随机

产生 0 到 $p-1$ 间的整数作为基点 x 坐标，计算 x^3+ax+b 的结果再开方就得出基点 y 的坐标。

下面详细描述基于椭圆曲线 ECC 的加密解密过程。

设节点 A 和 B 是要进行通信的双方，如图 8-4 所示。首先得到椭圆曲线 E、点 P 及素数 N。然后节点 A 将[1, $N-1$]中随机选取的整数 a 作为私钥，A 将 $K_{pubA}=aP$ 作为自己的公钥传送给用户 B，与此同时 B 将[1, $N-1$]中随机选取的整数 b 作为私钥，并将 $K_{pubB}=bP$ 作为自己的公钥传送给 A。A、B 各自将自己的私钥点乘以对方传过来的公钥得到 K_{AB}，这样就完成了密钥的交换过程。当用户 A 需要将待传数据 m 传送给用户 B 时，A 利用 m 和 K_{AB} 生成 E_m，当用户 B 得到 E_m 后，利用密钥交换过程自己生成的 K_{AB} 和从用户 A 处得到的加密数据 E_m 生成数据 m。

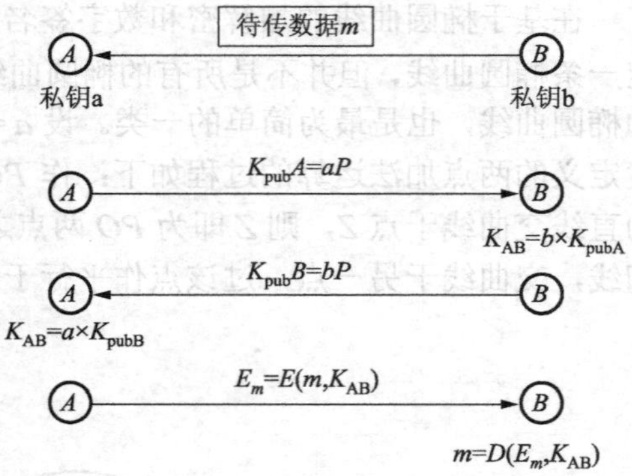

图 8-4　椭圆曲线加/解密流程

ECC 算法的数学理论深奥复杂，实施困难，但它的安全强度比较高，其破译或求解难度基本上是指数级的。对于达到同样期望的安全强度，ECC 可以使用较 RSA 更短的密钥长度。因此相比较而言，ECC 由于可不采用协处理器而在微控制器中直接实现，因而更加适合在无线传感网络中应用。TinyOS 操作系统提供了椭圆曲线密码库 TinyECC，利用 TinyECC 可以很容易地设计并实现基于椭圆曲线密码体制的轻量级节点验证协议，满足该协议在无线传感网络上的应用。

3. 混合密码体制

还有一种密码体制就是私钥密钥体制和公钥密码体制相结合的混合密码体制。混合密码体制一方面为了保证加密算法的简单性和低能耗，另一方面为了便于节点之间相互认证，跳出了私钥密钥体制和公钥密码体制的束缚，利用混合密码体制或者其他密码基础技术来实现无线传感网络中的通信机制。其中，研究最为广泛和深入的是基于 ID 身份或者 Hash 函数的加密方法。Hash 算法特别的地方在于它是一种单向算法，用户可以通过 Hash 算法对目标信息生成一段特定长度的唯一的 Hash 值，却不能通过这个 Hash 值重新获得目标信息。因此 Hash 算法常用在不可还原的密码、信息完整性校验等。常见的 Hash 算法有 MD2、MD4、MD5、HAVAL、SHA、CRC。上述算法中，除了 DES 密钥长度不够、MD2 速度较慢已逐渐被淘汰外，其他算法仍在目前的加密系统产品中使用。

从上面介绍可以看出，三类加密方法各有优缺点。在无线传感网络中，对称密钥体制的加密方法具有密钥长度短、计算和通信开销小等优点，但是安全性不高，且难以实现认证功能。而非对称加密算法具有较高的安全性，而且可以实现认证，但是需要消耗较大的计算和通信，所以较难适应于无线传感网络。基于 Hash 函数的方法具有较高的安全性，而且计算量小，是比较流行的方法，但是它仍存在私钥托管的问题。

8.4.2　密钥管理

由于无线传感网络使用无线通信，其通信链路不像有线网络一样可以做到私密可控，所以在设计无线传感网络时，更要充分考虑信息安全问题。手机 SIM 卡等智能卡利用公钥基础设施（Public Key Infrastructure，PKI）机制，基本满足了网络支付等行业对信息安全的需求。

同样，也可使用 PKI 来满足无线传感网络在信息安全方面的需求。

目前应用最多的密钥管理方案有以下几种。

1. 共享密钥预分配

为了保证无线传感网络中邻居节点之间通信的安全，可在网络节点上预先储存所有节点之间的会话密钥，如网络规模为 n 的，则需要的密钥总数为 C_n，每个节点需要储存$(n-1)$个密钥。两个节点之间可以直接使用预共享的密钥进行加密通信。显然这种方案不需要依赖基站，计算复杂度较低，因为任何两个节点间共享的密钥是独有的，所以当某一节点被俘获后，也不会泄露其他节点的密钥信息。但是这种方法对于节点存储能力要求比较高，对网络的扩展性也不好，已部署的网络已分配了密钥，使得新增节点难以加入网络。

在无线传感网络中，普通节点也可与基站共享一对主密钥，这样每个节点对储存空间的要求就比较小，使密钥计算和储存全在基站中进行。这种密钥管理方案对于收集型网络非常有效，因为所有节点都是与汇聚节点进行通信。但其对于多跳网络并没有防御 DoS 攻击的能力，另外如果基站被俘获，则整个网络的安全信息都会受到破坏

2. 随机密钥预分配

基本的随机密钥分配方案目的是在保证任意节点间通信安全的前提下，尽可能地减少对节点资源的要求。其基本思想是在节点部署前，所有节点随机从一个很大的对称密钥池中选取 n 个密钥作为节点的密钥环，并预先储存在节点上。密钥环的大小要保证两个都拥有 n 个密钥的节点有相同密钥的概率大于预先设定的概率 p，节点间相同的密钥称为共享密钥。在部署节点后，邻居节点之间要通信，就通过广播自己密钥环中所有密钥的 ID，寻找和自己有相同密钥的节点，利用其共享密钥进行会话加密，保障其通信安全。这种方案也可能存在一个或多个和它周围的节点之间没有共享密钥，使其成为孤立节点。

为了解决随机密钥分配中的孤立节点问题，可以增加网络节点部署密度，也可增加节点通信信号传输功率，从而增大其通信半径，使其能找到更多的邻居节点。

基于密钥池预分配的特点是使得节点能够与邻居建立安全链路，从很大程度上降低了节点需要的存储量，但是由于节点可能存在相同的共享密钥，单个节点被攻击可能导致网络中其他节点的不安全。

3. 基于 q-composite 的随机密钥预分配

在随机密钥预分配基本模型中，任何两个邻居节点的密钥环中至少有一个共享密钥，为了提高网络的抵抗力，要求传感器节点之间共享至少 q 个密钥。此时网络被攻击的难度与共享密钥个数 q 就成指数关系，从而增加了网络的安全性。

在 q-composite 随机密钥预分配方案中，要想使网络中任意两个节点间的安全连通度超过 q，就必须要缩小密钥池的大小，增加节点间共享密钥的重复度，这种情况带来缺点是密钥池减小，节点间共享密钥的个数增加，使攻击在俘获少量节点后能获得很大的密钥空间，因此寻找一个最佳的密钥池规模是保证安全的关键。

q-composite 随机密钥预分配和随机密钥基本分配模型的过程类似，只是要求邻居节点共享密钥数大于 q，如果两个相邻节点间共享密钥数超过 q，则利用所有超过 q 的密钥生成一个密钥 K，$K = \mathrm{hash}(K_1 \| K_2 \| \cdots \| K_q)$，作为两个节点之间的共享密钥。这样两个节点就会计算出相同的通信密钥。

4. 基于 EBS 的动态密钥管理

EBS（Exclusion Basis Systems）主要用于密钥动态管理，其有两种密钥：管理密钥和会

话密钥。管理密钥又称为密钥生成密钥，但并不直接用于加密通信数据，而是用于 EBS 内部的密钥事件，包括密钥系统的建立和更新、生成会话密钥、驱逐节点等。会话密钥称为通信密钥，当 EBS 系统建立后，会在线生成会话密钥，用于组内或某些特殊节点的通信数据加密。

EBS 为一个三元组(n，k，m)表示的集合，n 表示节点数，k 为分配给每个节点的管理密钥个数，m 为密钥更新的信息数。对于任意一个用户，最多有 k 个密钥，m 个密钥子集。

在 EBS 中最多广播 m 个数据包，就可以取消并更新任意节点拥有的全部管理密钥，从而把该节点驱逐出网络。

8.4.3 安全认证

安全认证是实现网络安全的重要问题，一般分为节点身份认证和信息认证两种。身份认证又称为实体认证，是在网络中一方根据某种协议确认另一方身份并允许其做与身份对应的相关操作的过程。信息认证主要是确认信息源的合法身份以及保证信息的完整性。

无线传感器节点部署到工作区域之后，首先要进行邻居节点之间以及节点和 Sink 节点或基站之间的合法身份认证，为所有节点接入这个自组织网络提供安全准入机制。随着不可信节点被发现、旧节点能量耗尽以及新节点的加入等新情况的出现，一些节点需要从合法节点列表中清除，不同时段新部署的节点需要通过旧节点的合法身份认证完成入网手续。

其次，来自 Sink 节点或基站的控制信息要传达到每个节点，因此需要通过节点间的多跳转发，故必须引入认证机制对控制信息发布源进行身份验证，以确保信息的完整性，同时防止非法或可疑节点在控制信息的发布传递过程中伪造或篡改控制信息。

身份认证和控制信息认证过程都需要使用认证密钥。在无线传感网络的安全机制中，密钥的安全性是基础，相应的密钥管理是无线传感网络安全最基本的问题。认证密钥（Authentication key）和通信密钥（Session key）同属于无线传感网络中密钥管理的对象实体，前者保障了认证安全，后者直接为节点间的加解密安全通信提供服务。

无线传感网络密钥管理的研究主要集中在通信密钥的预分配和管理上，即密钥在节点部署之前的预分配以及节点部署到位之后通信密钥的协商生成。对安全认证和认证密钥的研究还很薄弱。

无线传感网络的认证过程如下。

1. *初始化认证*

传感器节点一旦部署到工作区域，首要工作就是相邻节点之间以及节点和基站之间的合法身份认证初始化，为所有节点接入这个自组织网络提供安全准入机制，通过认证即可成为可信任的合法节点。

2. *身份认证管理*

身份认证的管理需要区分两种情况。

（1）一种情况是部分节点能量即将耗尽或已经耗尽，这些节点的“死亡”状况以主动通告或被动查询的方式反映到邻居节点并最终反馈到 Sink 节点或基站处，这些节点的身份 ID 将从合法节点列表中剔除。为防止敌方可能利用这些节点的身份信息发起冒充或伪造节点攻击，这个过程中的认证交互通信必须进行加密保护。此外，当某些节点被敌方俘获，这些节点同样需要及时从合法列表中剔除并通告全网络。

（2）第二种特殊情况是新节点的加入：随着老节点能量耗尽以及不可靠节点被剔除，可能需要新的节点加入网络，新节点到位后要和周围的旧节点实现身份的双向安全认证，以防止敌方可能发起的节点冒充、伪造新节点、拒绝服务等攻击。

3. 控制信息认证

随着工作进程的进展，可能需要节点采集不同的数据信息，采集任务的更换命令一般由Sink节点或基站向周围广播发布。在覆盖面积大、节点数量多的应用场景中，控制信息必然要经由中转节点路由，以多跳转发的方式传递到目标节点群。与普通节点一样，中转节点面临着被敌方窃听，甚至被俘获的安全威胁，要确保控制信息转发过程的安全可靠，就必须对逐跳转发进行安全认证，确保控制信息源头的准确性以及信息本身的完整性和机密性，保障信息不被转发节点篡改和信息内容不被非网内节点掌握。

应用场景及自身网络特点决定了无线传感网认证安全过程中的特殊性。传统网络以及无线自组网的认证方案并不能简单移植到无线传感网中。比较突出的约束因素如下。

（1）无线传感网络的无线通信、节点分散开放的网络环境导致节点间的无线通信模式必然存在通信被窃听的可能，无人看顾的部署环境同样也存在节点被俘获的可能性。

（2）节点自身的资源局限性：节点只能存放有限的数据，用于存储密钥材料的空间更为有限。单节点自身的计算能力有限，能用于建立安全通信的安全计算（单元功能函数、随机数生成函数、哈希运算等）资源更为有限。单节点自身电池能量的有限性决定了安全开销的能耗比例不能过高。

（3）其他传统方案的应用局限：安全认证在有线网络应用最为广泛的解决方案，如公钥密码体系PKI、认证中心KDC方案等非对称密钥体制，都受到前面两点的限制。

通信开销是无线传感网络能耗的决定性因素，在传统方案中多次握手协商建立安全通信的模式（如Diffie-Hellman密钥交换协议）必然要消耗传感器节点有限的能量资源。公钥算法作为非对称密钥机制算法，其计算能量消耗高出对称密钥算法几个数量级，现行的公钥机制不经改进显然无法应用于无线传感网络。KDC方案需要设置在线密钥管理服务器中心节点，对于部署区域复杂难控的无线传感网环境同样不具备可操作性。

认证协议（Localized Encryption and Auhtentication Protocol，LEAP）是一个专门为无线传感网络设计的用来支持网内数据处理的密钥管理协议。该协议根据不同类型的信息交换需要有不同的安全需求，提出了分类密钥建立机制，即每个节点存储4种不同类型的密钥：与基站的共享密钥、相邻节点间的共享密钥、与簇头节点的共享密钥以及与所有节点的共享密钥。该协议的通信开销和能量消耗都较低，且在密钥建立和更新的过程中能够最大限度减少基站的参与，避免了用对称密钥加密阻止其他节点的被动参与问题。

当前也有一些研究正致力于对非对称加密算法进行优化设计使其能适应于无线传感网络，但在能耗和资源方面还存在很大的改进空间。例如，基于RSA公钥算法的TinyPK认证方案，对执行认证的不同操作采用分级设置，能量消耗较大的私钥签名和解密操作由能源相对充足的节点或基站来完成，能耗较小的公钥验证和加密则由普通节点完成，缺点是除了能耗大之外，还存在认证节点自身的安全问题以及认证节点的分布特殊性。针对TinyPK的缺陷，基于椭圆曲线公钥算法的方案在同等安全强度的基础上缩短了密钥长度，认证方式也从传统的单一认证改进为n-t模式（节点要通过周围n个节点中至少t个节点的认证），这种方案的首要缺陷仍然是能耗问题，其次是缺乏抵抗DoS攻击的能力。

8.5 无线传感网络安全举例

无线传感网络的安全协议分为以下两类：基于基站的安全协议和不依赖于基站的安全协议。在基于基站的安全协议中，基站负责管理所有的节点，如果基站崩溃，就会导致整个网络瘫痪，因而其缺点是导致基站周围节点负载大。不依赖于基站的安全协议将网络分簇、采用密钥信息预分配，进而减少通信能耗。

SPINS（Security Privacy in Sensor Networks）是一种可用于无线传感网络的安全协议。SPINS 的假设前提是部署传感器之前，所有的传感器节点都与同一个基站各自共享一对密钥。SPINS 是依赖于基站的网络安全框架协议，其包含两个子协议：网络安全加密协议（Secure Network Encryption Protocol，SNEP）和基于时间的高效容忍丢包的流认证协议（Micro Timed Efficient Streaming Loss-tolerant Authentication Protocol，μTESLA）协议。SNEP 子协议主要实现数据的机密性、完整性、实体的认证和数据的实时性，μTESLA 子协议是一种广播认证协议。下面以 SPINS 协议为例介绍无线传感网络中的安全实现。

8.5.1 SNEP 加密

SNEP 是一个低通信开销的简单高效的安全通信协议，其本身只描述协议过程，并没有规定具体的加密认证算法，具有较好的通用性。SNEP 的机密性不仅仅体现在加密环节，还有一个重要的安全属性是语义安全，这使得明文在不同的时刻，对于不同的上下文，经过相同的密钥和加密算法后，产生的密文也不相同。如果窃听者已知一对明文和密文，也不能从加密的信息中推断出明文。为了达到此要求，可采用随机数，在数据加密前，先用一个随机的位串处理信息。

加密的格式为

$$E = \{D\}(K_{enc}, C)$$

其中，E 为加密后的密文，D 为加密前的明文，K_{enc} 为加密密钥，C 为计数器，用作块加密的初始数据。

为了达到双方的认证和数据的完整性，需要使用消息认证码（Message Authentication Code，MAC）来实现。认证公式为

$$M = \{D\}(K_{mac}, C||E)$$

其中，K_{mac} 为消息认证算法的密钥，$C||E$ 为计数器值和密文 E 的粘接。通过上式公式可以看出，消息认证码是计数器和密文一起运算。密钥 K_{mac} 和 K_{enc} 是从共享密钥中推出的，而推演的算法在 SNEP 中并没有严格的要求，可以选择如单向散射函数等。

如果节点 A 发消息给节点 B，然后节点 B 发送一个反馈信息给节点 A，采用 SNEP 的实施步骤如下。

（1）节点 A 发消息给节点 B

节点 A 通过在发往节点 B 的消息中加入 N_A 个新鲜数的方式，实现强新鲜性的保护（N_A 是随机选取而且足够长的数字，从而保证它是不能被预测的）。节点 A 随机产生新鲜数 N_A，然后把它一起随请求新鲜 R_A 发送给节点 B。

（2）节点 B 接收和认证

在节点 B 完成了认证以后，如果不成功，则节点 B 把节点 A 发送的这个消息丢弃。如果

认证成功，则节点 B 将准备反馈信息。节点 B 用认证的协议在返回给节点 A 的信息 R_B 中加入节点 A 发送给节点 B 的新鲜数。为了避免在节点 B 反馈给节点 A 的信息中直接放入新鲜数，SNEP 把新鲜数放入 MAC 编码中用 MAC 算法进行加密。SNEP 提供的强新鲜性消息格式如图 8-5 所示。

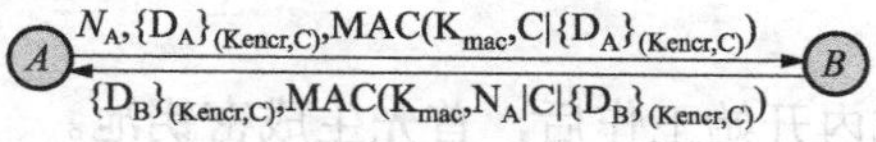

图 8-5　SNEP 强新鲜性消息格式

$A \to B$: N_A, A

$B \to S$: $N_A, N_B, A, B, \mathrm{MAC}(K_{BS}, N_A \mid N_B \mid A \mid B)$

$S \to A$: $\{SK_{AB}\}_{K_{AS}}$, $\mathrm{MAC}(K_{AS}, N_A \mid B \mid \{SK_{AB}\}_{K_{AS}})$

$S \to B$: $\{SK_{AB}\}_{K_{BS}}$, $\mathrm{MAC}(K_{BS}, N_B \mid A \mid \{SK_{AB}\}_{K_B})$

A、B 是两个通信节点，SK_{AB} 是基站 S 为节点 A 和 B 提供的临时通信密钥，SK_{AS}、SK_{BS} 为 A、B 与基站之间通信的密钥，N_A，N_B 为随机数。

③节点 A 在接收到节点 B 的反馈信息后，如果 MAC 值验证正确，节点 A 就知道节点 B 在收到请求信息后，发送这个反馈信息。

从以上 SNEP 的工作过程可以看出，其具有如下优点。

（1）通信负载较低：计算器的状态存储在每个节点本身，不必在每条消息中发送，符合无线传感网络的低功耗要求。

（2）语义安全：计数值足够长，能够防止窃听者从加密的信息中推断出信息原文，而且计数器长度足够长，从而保证在节点的生命周期内不会重复。

（3）数据认证：如果 MAC 验证通过，则接收者能够确认消息来自所声称的发送者。

（4）重放保护：在 MAC 中的计数值能够保护重放攻击。如果计数值不在 MAC 中，则对方很容易重放消息。

（5）弱实时性：如果消息验证正确，则接收者知道这个消息是接着前一个消息发送过来的，这增强了消息的混淆程度，达到了弱实时性。

8.5.2　μTESLA 认证

由于无线传感网络有别于其他网络的独特工作特性，设计一个安全高效的广播认证方案是非常困难的，这个难度主要体现在以下几个方面。

（1）高效性：生成和验证信息所需的能耗较少，这对于资源受限的传感器节点来说非常重要。

（2）认证周期：在实时性要求较高的无线传感网络中，需要快速认证数据。

（3）容忍丢包：由于无线信道的本质特性，无线传感网络常会出现丢包的情况，因此所设计的认证协议能容忍很高的丢包率。

（4）独立性：接收方不依赖其他数据包来验证新的数据包，否则会阻碍后续包的认证。

传统的广播认证协议主要依赖于非对称的数字签名方式，非对称的数字签名计算复杂，通信开销大，因此目前用于处理能力较弱的无线传感网络比较困难。最简单的方法就是让基站和所有节点共享一个广播认证密钥，这种方式虽然通信消耗低，但是安全度很低，任何一个节点被俘获都会使整个网络瘫痪。若使用一包一密的认证方式，虽然安全性大大提高，但是由于需要不停地更新密钥，增加了通信开销，而且更新密钥的过程也是一个需要认证的过程，因此需要一个折中可靠的机制来实现传感网络的认证。

μTESLA 的基本思想是先发送数据包，然后公布该数据包的认证密钥，使得敌方不能在密钥公布之前，伪造出正确的数据包，从而实现认证功能。其实现过程如下。

（1）初始化

① 基站一旦在目标区域内开始工作后，首先生成密钥池。

② 各个节点只需要存储单向散列函数的代码。

③ 基站确定 T_{int} 和 d。

假设节点 A 在［$i\times T_{int}$，$(i+1)\times T_{int}$］时间段内申请加入传感器网，过程表示为

$A\rightarrow S$：$(NM|RA)$

$S\rightarrow A$：$(TS|K_i|T_i|T_{int}|d)$，$\mathrm{MAC}(KAS,\ NM|TS|K_i|T_i|T_{int}|d)$

（2）节点认证广播包

假设基站在$[T_i,\ T_i+T_{int}]$内发送广播包 P_1、P_2。

①节点接收到广播包后，判断广播密钥 K_i 还没有公布，保存 P_1、P_2。

②在 T_{i+2} 时刻，基站公布 K_i，节点计算 $F(K_i)$，看是否等于 K_{i-1}，若相同则 K_i 是合法密钥，否则丢弃该密钥。

③由于网络不稳定，可能并没有收到 K_i，只收到 K_{i+1}，此时节点计算 $F(F(K_{i+1}))$，若等于 K_i-1，则 K_i+1 是合法的，并计算 $K_i=F(K_{i+1})$，用 K_i 对 P_1、P_2 进行认证。

这种延迟认证的方式，可以有效地解决丢失认证的问题。这些通过单向散列函数生成的密钥，在已知祖先密钥的情况下，可以推导出其所有的子孙密钥，反之则不行。

本章小结

无线传感网络安全研究面临着许多不确定的因素，现有的各种安全解决方案多是在借鉴传统网络特别是无线 Ad-Hoc 网络安全方案的基础上提出来的，具有一定的局限性。未来，无线传感网络的安全策略将会集中在如下几个方面。

（1）入侵检测问题。在无线传感网络节点不具有全局唯一身份标识的条件下，恶意节点可能在网络配置前已经存在，并和其他节点一起参与密钥的预分发和建立过程，从而达到窃听和破坏信息的目的。因而，在源认证和数据流认证之前，必须设计相应的方案来确认通信一方不是恶意节点。目前，有些无线传感网络安全解决方案假设每个节点具有全网唯一的身份标识，并在此基础上构建身份认证方案，这不符合无线传感网络的实际情况。

（2）安全方案和技术方案的有机结合问题。无线传感网络由于在电源能量、计算能力、存储空间及通信带宽等方面都非常有限，因而安全解决方案不能设计得太复杂，并尽可能地避开公钥运算，以适应无线传感网络资源受限的特点。如何在不显著增加网络开销的情况下，综合考虑安全性、效率和性能问题，在满足安全性需求的前提下，使性能和效率达到最优，从而构造出理想的无线传感网络安全方案，并设计相应的协议和算法，是一个需要深入研究的问题。

（3）管理和维护节点的密钥数据库问题。由于无线传感网络中节点、簇头和基站之间的通信都需要会话密钥来保证其安全性，因此，每个节点需要维护和保持一个密钥数据库。在节点存储能力有限的条件下，如何依据节点计算、存储和通信能力确定簇的规模和数据库存

储密钥的数目，以及如何在密钥建立、密钥更新和密钥撤销等阶段动态地维护和管理数据库，这些都是需要进一步研究的问题。

（4）安全路由问题。协议层的安全威胁并不是不相关的，若把单独某层的安全威胁作为方案的终极解决目标，不但其应用范围受到限制，而且不利于网络节点资源的合理利用。网络的安全是由各层的安全总体决定的，实现跨层的安全解决方案，需要突破已有的设计方法，对设计目标进行优化组合，尽量在层与层之间预留可用的安全接口，以实现安全功能的无缝集成。

课后思考题

1．无线传感网络应具备的安全需求有哪些？
2．无线传感网络常见的攻击类型有哪些？
3．对称密钥和非对称密钥管理方案的优缺点有哪些？
4．μTESLA 的核心思想是什么？
5．无线传感网络的认证机制有哪些？
6．无线传感网络的访问控制协议有哪些？ 如何保证安全？

第9章 无线传感网络远程传输

无线传感网络工作时，需要通过传输网络将现场传感器采集的物理量信息传送到监控中心，监控中心与采集现场数据的传感器节点相距很近，也可以相距很远。有些无线传感网络的工作现场在户外甚至野外，工作环境比较恶劣，工作条件也十分受限；有些监测区域往往为人迹罕至的山间或者森林，布线、电源供给等都受到限制，这使得数据的远程传输非常困难。那么，在这种情况下，选择何种传输方式将数据传送到监控中心或者远端服务器上就变得极为重要了。在无线传感网络的应用系统中，一般把连接监测网络与传输网络的节点称为汇聚节点，有时还需要设计单独设备（如网关）来进行数据协议的转换，然后通过单独部署和开发的节点和设备将感知数据借助各种传输网络传送给监控中心。

通过本章的学习，读者可以了解在现有条件下，有哪些方法可以用于无线传感网络数据的远程传输，掌握不同传输方法的具体实现和各自的适用领域。

9.1 网络传输

9.1.1 因特网传输

因特网（Internet）又称国际互联网，是网络与网络之间串连成的庞大网络，是当今世界上最大的计算机网络。这些网络以一组通用 TCP/IP 协议相连，形成逻辑上单一的、巨大的、覆盖全世界的全球性互连网络。因特网是一种非常有效的传输网络，这是因为其具有使用广泛、接入方便、成本低廉、服务质量有保障等优点，因而往往成为无线传感网络进行远程数据传输的首选。一个用因特网做传输网络的无线传感网络监测系统如图 9-1 所示。

当汇聚节点接收到现场传感器节点通过多跳方式传送过来的信息和数据包后，通过通信协议的翻译和转换，可以通过 ADSL 接入、局域网宽带接入方式或者 HFC 宽带接入方式等接入因特网，数据则以 IP 数据包的方式在互联网上传输到远端监控中心。

目前阶段，很多无线传感网络都采用非 IP 协议，这是因为无线传感网络为了降低通信负载，去除冗余，避免为每个节点分配固定且唯一的地址标识，而采用基于数据融合的路由方法。而对因特网而言，网络中的每一个独立终端（节点）为了被准确标识，都被分配了全球唯一的 IP 地址，其路由机制是报文分组进行独立路由选择。如果无线传感网络数据包想借助基于 IP 协议的因特网传输，就必须要采取一些方法，如设计单独网关设备，通过网关来进行数据帧的转换，屏蔽两个异构网络的差异，实现数据的顺畅传输，如图 9-2 所示。

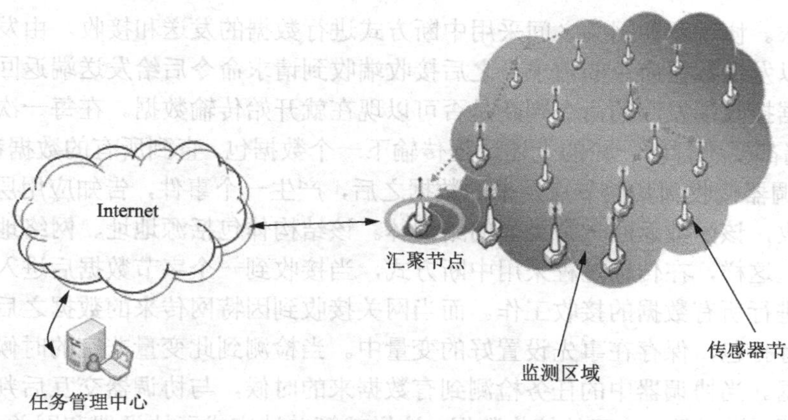

图 9-1 基于因特网的无线传感网络监测系统

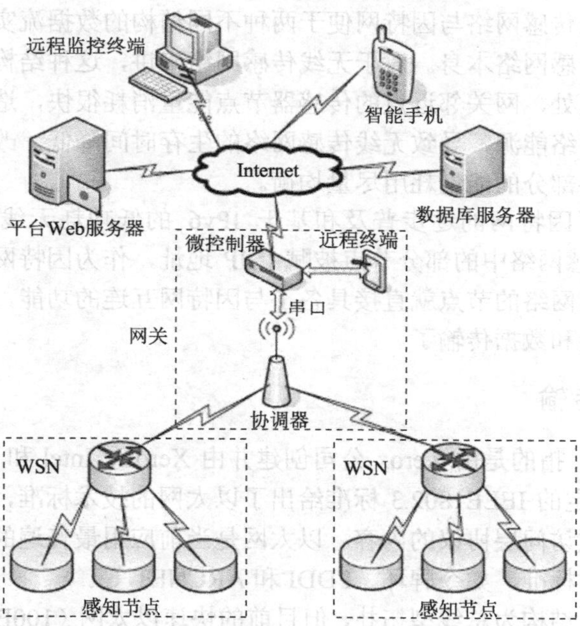

图 9-2 利用网关进行因特网连接的无线传感网数据传输

在图 9-2 中，数据由 WSN 进入网关采用串行传输的通信方式。WSN 各个节点把收集的数据送到协调器，再经由协调器交给应用层，应用层通过调用串口 API 发送到网关。网关将因特网发送来的数据进行解封装后，再通过串口交给协调器。协调器再将数据封装，加上 WSN 的短地址发送出去。这样就实现了从 WSN 到网关的双向数据传输。网关到互联网的传输可采用以太网口传输和客户端与服务器（C/S）模式的通信方式，并用 Windows Socket 网络编程实现，这样就完成了从网关到互联网的数据传输。网关把无线传感网络与因特网连接起来，从而可以通过因特网实时控制物理世界，并根据需要对所工作的节点进行控制及管理。

以 ZigBee 无线传感网络为例，对于星型的 ZigBee 网络拓扑结构，所有的节点都与协调器交互，因此要实现 ZigBee 网络与网关的通信，可以通过协调器与网关通信，协调器与网关通过串口进行连接。串口通信具有成本低、传输质量可靠、全双工等特点，可以满足嵌入式简化设备的需求。协调器和网关之间采用中断方式进行数据的发送和接收。由发送端向接收端发送是否可以发送数据命令的请求，之后接收端收到请求命令后给发送端返回一个命令数据，发送端根据接收端发回的命令判断是否可以现在就开始传输数据。在每一次数据传输完毕之后，发送端都要进行新一轮的上述过程传输下一个数据包，直到所有的数据都传输完毕。

ZigBee 协调器接收到其他节点发来的数据之后，产生一个事件，告知应用层，应用层调用相关函数接收，该函数返回一个类型的结构体。该结构体包括源地址、网络地址、地址类型等相关信息。这样，在传输过程采用中断方式，当接收到一个字节数据后进入中断，从而调用接收函数进行所有数据的接收工作。而当网关接收到因特网传来的数据之后，按照所需数据的格式进行打包，保存在事先设置好的变量中。当检测到此变量非空的时候，与协调器交互后发送数据。当协调器中的任务检测到有数据来的时候，与协调器交互后判断对方是否真的要发送数据，如果是，才开始接收数据。这样就简单地完成了协调器和网关之间的通信，达到了数据的交换，实现了从 ZigBee 的无线传感网络到网关的通信。

利用网关连接无线传感网络与因特网便于两种不同结构的数据流实现无痕传递，且易于管理，无需调整无线传感网络本身。对于无线传感网络来讲，这种结构的缺点是大量数据流聚集在靠近网关的节点处，网关邻近点的传感器节点能量消耗很快，造成无线传感网络的不同部分不能均衡使用网络能源，导致无线传感网络的生存时间降低。改进的办法是并行使用多个网关，使网络中各部分的能量耗用尽量均衡。

随着下一代 IPv6 因特网的逐步普及和基于 IPv6 的低功耗无线传感网络标准的出现（6LoWPAN），无线传感网络中的部分节点被赋予 IP 地址，作为因特网体系中进行通信的一个主机，这样无线传感网络的节点就直接具备了与因特网互连的功能，从而可以无需再单独借助网关设计进行连接和数据传输了。

9.1.2 以太网传输

以太网（Ethernet）指的是由 Xerox 公司创建并由 Xerox、Intel 和 DEC 公司联合开发的基带局域网。IEEE 制定的 IEEE 802.3 标准给出了以太网的技术标准，它规定了包括物理层的连线、电信号和介质访问层协议的内容。以太网是当前应用最普遍的局域网，它在很大程度上取代了其他局域网标准，如令牌环、FDDI 和 ARCNET 等。

以太网的标准拓扑结构为总线型拓扑，但目前的快速以太网（100BASE-T、1000BASE-T 标准）为了最大程度地减少冲突，最大程度地提高网络速度和使用效率，使用了交换机（Switch）来进行网络连接和组织。这样，以太网的拓扑结构就成了星型。但在逻辑上，以太网仍然使用总线型拓扑和载波监听多点接入/冲突检测（Carrier Sense Multiple Access/Collision Detection，CSMA/CD）的总线争用技术。

传统的基于 RS485、CAN 等总线的各种集散控制系统，由于其固有的缺陷，正在被基于 TCP/IP 协议的工业以太网所取代，工业以太网总线和我们现在使用的局域网是一致的，它采用统一的 TCP/IP 协议，避免了不同协议之间不能通信的困扰，它可以直接和局域网的计算机互连而不需额外的硬件设备，方便数据在局域网的共享，可以用 IE 浏览器访问终端数据，而不要专门的软件。由于工业以太网采用统一的网线，减少了布线成本和难度，避免多种总线并存。另外，它可以和现有的基于局域网的数据库管理系统实现无缝连接，因而特别适合远程控制，配合电话交换网和 GPRS/CDMA 等移动通信网实现远程数据采集。下面介绍几种常用的工业以太网协议。

1. Modbus TCP/IP 协议

该协议由施耐德（Schneider）公司推出，以一种非常简单的方式将 Modbus 帧嵌入到 TCP 帧中，使 Modbus 与以太网和 TCP/IP 结合，成为 Modbus TCP/IP。这是一种面向连接的方式，每一个呼叫都要求一个应答，这种呼叫/应答的机制与 Modbus 的主/从机制一致，通过工业以太网交换技术大大提高了确定性，改善了一主多从轮询机制上的制约。

2. Profinet 协议

Profinet 协议由西门子（Siemens）开发并由 Profibus International 支持，目前它有 3 个版本。

第一个版本定义了基于 TCP/UDP/IP 的自动化组件。采用标准 TCP/IP+以太网作为连接介质，采用标准 TCP/IP 协议加上应用层的 RPC/DCOM 来完成节点之间的通信和网络寻址。它可以同时挂接传统 Profibus 系统和新型的智能现场设备。现有的 Profibus 网段可以通过一个代理设备（proxy）连接到 Profinet 网络当中，使整套 Profibus 设备和协议能够原封不动地在 Profinet 中使用。传统的 Profibus 设备可通过代理与 Profinet 上面的 COM 对象进行通信，并通过 OLE 自动化接口实现 COM 对象之间的调用。它将以太网应用于非时间关键的通信，用于高层设备和 Profibus-DP 现场设备技术之间，以便将实时控制域通过代理集成到一个高层的水平上。

第二个版本中，Profinet 在以太网上开辟了两个通道：标准的使用 TCP/IP 协议的非实时通信通道；另一个是实时通道，旁路第三层和第四层，提供精确通信能力。该协议减少了数据长度，以减小通信栈的吞吐量。为了优化通信功能，Profinet 根据 IEEE 802.3 定义了报文的优先级，最多可用 7 级。

第三版本采用了硬件方案以缩小基于软件的通道，以进一步缩短通信栈软件的处理时间。为连接到集成的以太网交换机，Profinet 第三版还提供基于 IEEE 1588 同步数据传输的运动控制解决方案。

3. Ethernet/IP

Ethernet/IP 是适合工业环境应用的协议体系。它是由 ODVA（Open Devicenet Vendors Asso-cation）和 ControlNet International 两大工业组织推出的最新成员。与 DeviceNet 和 ControlNet 一样，它们都是基于 CIP（Control and Information Protocol）协议的网络。它是一种面向对象的协议，能够保证网络上隐式（控制）的实时 I/O 信息和显式信息（包括用于组态、参数设置、诊断等）的有效传输。

Ethernet/IP 采用和 Devicenet 以及 ControlNet 相同的应用层协议 CIP。因此，它们使用相同的对象库和一致的行业规范，具有较好的一致性。Ethernet/IP 采用标准的 Ethernet 和 TCP/IP 技术传送 CIP 通信包，这样通用且开放的应用层协议 CIP 加上已经被广泛使用的 Ethernet 和 TCP/IP 协议，就构成 Ethernet/IP 协议的体系结构。

4. EtherCAT

EtherCAT（Ethernet for Control Automation Technology）由德国倍福 Beckhoff 公司开发，并由 EtherCAT 技术组（EtherCAT Technology Group，ETG）支持。它采用以太网帧，并以特定的环状拓扑发送数据。网络上的每一个站均从以太网帧上取走与该站有关的数据，或插入该站本身特定的输入/输出数据。网络内的最后一个模块向第一个模块发送一个帧以形成和创建一个物理和逻辑环。EtherCAT 还通过内部优先级系统，使实时以太网帧比其他的数据（如组态或诊断数据等）具有较高的优先级。组态数据只在传输实时数据的间隙（如间隙时间足够传输的话）中传输，或者通过特定的通道传输。EtherCAT 还保留标准以太网功能，并与传统 IP 协议兼容。为了实现这样的装置，需要专用 ASIC 芯片，以集成至少两个以太网端口，并采用基于 IEEE 1588 的时间同步机制，以支持运动控制中的实时应用。

5. Powerlink

Powerlink 由贝加莱 B&R 公司开发，并由 Ethernet Powerlink 标准化组（Ethernet Powerlink Standardisation Group，EPSG）支持。Powerlink 协议对第三、第四层的 TCP（UDP）/IP 栈进行了扩展。它在共享式以太网网段上采用槽时间通信网络管理（Slot Communication Network Management，SCNM）中间件控制网络上的数据流量。SCNM 采用主从调度方式，每个站只有在收到主站请求的情况下，才能发送实时数据。因此，在一个特定的时间，只有一个站能够访问总线，所以没有冲突，从而确保了通信的实时性。为此，Powerlink 需采用基于 IEEE 1588 的时间同步。在其扩展的第二版中，包括了基于 CANopen 的通信与设备行规。

下面以 Modbus 为例介绍基于 Modbus TCP/IP 协议的无线传感网络传输，如图 9-3 所示。

在实际应用中可以设计 WSN/Modbus 网关，利用网关的协议转换（如在 Z-Stack 协议栈中嵌套 Modbus 协议）将无线传感网络工作节点虚拟成 Modbus 终端节点，实现无线传感网络与 Modbus 的无缝集成，保证无线传感网络响应 Modbus 命令的实时性。通过 Modbus 总线可以将无线传感网络工作节点采集的各种现场物理数据通过 TCP/IP 协议可靠地传输给监测中心和控制中心。

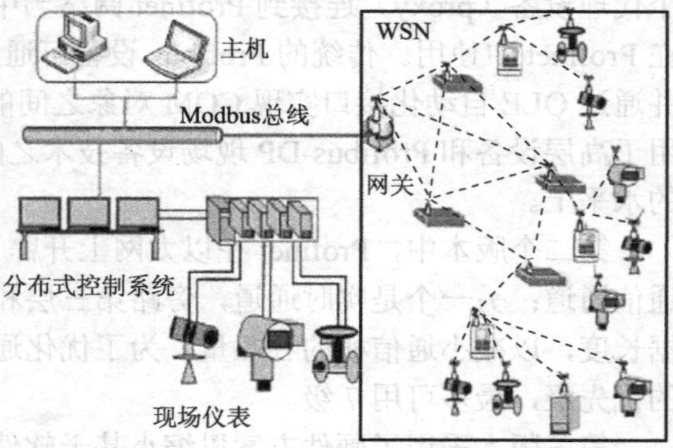

图 9-3 基于 Modbus 工业以太网的无线传感网络传输

9.1.3 无线局域网传输

以 Wi-Fi 为典型代表的无线局域网 WLAN 迅速普及与广泛使用，使得很多无线传感网络可以直接借用与因特网高速相连的 Wi-Fi 热点作为传输手段来实现传感数据的远程传输。采用 Wi-Fi 进行传输的无线传感网络，不仅能够享受到成熟的 Wi-Fi 技术带来的好处，还能在单节 AA 电池下维持数年的使用寿命。与无线传感网络比较，Wi-Fi 网络更成熟，在设备互操作上具备明显优势，比无线传感网络有更长的通信距离、更快的通信速率。基于 IP 的联网技术能够非常方便地实现与已经安装在企业和家庭中的无线传感网络进行无缝连接，而且还具有更好的安全性。

智慧城市建设中有一项很重要的内容就是中心城区的 Wi-Fi 热点全覆盖建设，那么在这种网络环境下，当无线传感网络应用于城市管理，如交通流量检测、气象观测、环保监测、旅游景区人流监测以及景观灯光控制等应用领域的时候，就可以利用与因特网相连的 Wi-Fi 热点将无线传感网络采集的各种监测数据进行远程传输。

下面以 ZigBeeLightLink（ZLL）为例，介绍如何利用无线局域网技术（Wi-Fi）控制 ZigBee 照明节点。ZigBeeLightLink 是国际 ZigBee 联盟于 2012 年 4 月发布的一种先进的低成本灯控应用解决方案，该方案纳入一种简单的配置机制，使消费者可以开箱即用，系统配置就像按一下按钮一样简单，安装简单直观、无需额外工具和专业知识，其示意图如图 9-4 所示。

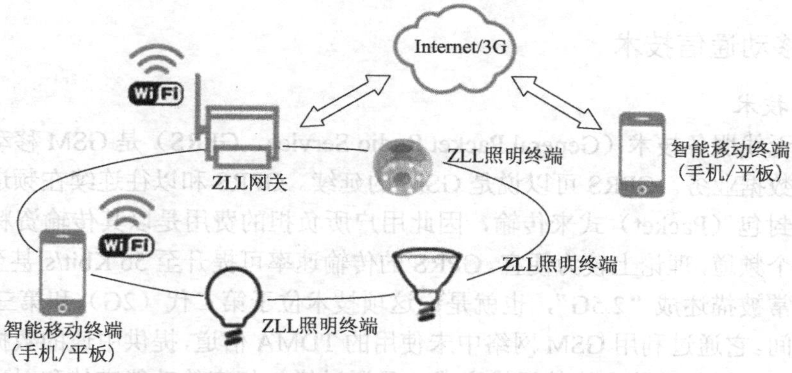

图 9-4　基于无线局域网的 ZigBeeLightLink 照明控制示意图

与家居自动化（ZigBeeHomeAutomation）等其他 ZigBee 应用标准不同，ZigBeeLightLink 是专门针对照明应用设计的，可轻松实现照明设备的颜色设置、调光级数和亮度设置、存储情景模式和自动灯控，从而实现最大程度的便利及最高能效。设计师可以针对不同的应用场合自主决定赋予产品哪些功能。系统功能可以像开/关灯一样简单，也可以如功能齐全的家居照明方案一样复杂。无论做出什么选择，产品都具有互操作性。这项新标准迅速得到了飞利浦、GE 等各大国际照明厂商的支持，国内公司如上海顺舟等也推出了基于 ZLL 协议的 ZigBee 模块，为传统的照明灯具厂商提供一揽子的智能照明解决方案。

9.2　移动通信传输

由于无线传感网络中信息感知节点的广泛性和移动性，而当前各种移动通信网络具有覆盖面广、可无线传输等优点，比较适合作为野外等现场环境恶劣以及固网接入不方便等无线传感网络应用中的主要传输手段。与此同时，随着第三代移动通信的不断发展和普及，现代移动通信网络的数据通信功能日益强大，已经开始应用的 4G 通信网络支持的业务范围更加广泛。虽然移动通信系统主要是为语音通信设计的，但是第三代及后继的移动通信系统增强了系统的数据通信功能，提供低廉方便的数据远程传输方法，因此利用现代移动通信网络为无线传感网络采集数据进行远程传输是也目前比较常用的一种方法。

移动通信系统发展演进过程如图 9-5 所示，经过四代技术的演进，如今已经迈向第五代移动通信（5G）时代。

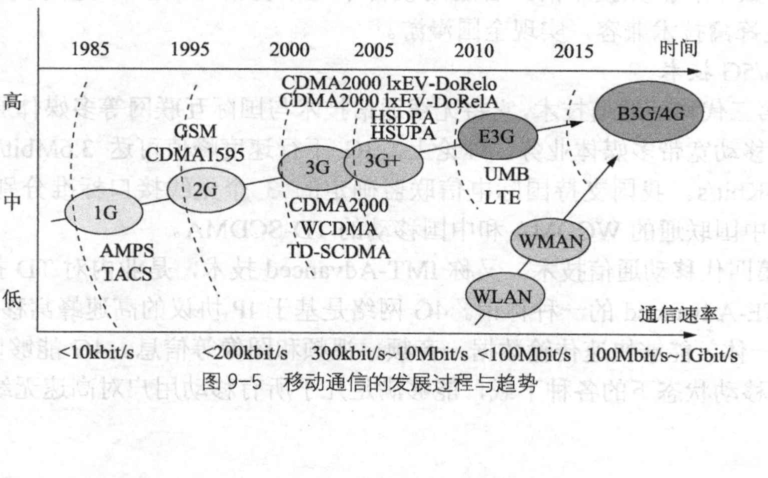

图 9-5　移动通信的发展过程与趋势

9.2.1 移动通信技术

1. GPRS 技术

通用分组无线服务技术（General Packet Radio Service，GPRS）是 GSM 移动电话用户可用的一种移动数据业务。GPRS 可以说是 GSM 的延续。GPRS 和以往连续在频道传输的方式不同，它是以封包（Packet）式来传输，因此用户所负担的费用是以其传输资料单位计算，并非使用其整个频道，理论上较为便宜。GPRS 的传输速率可提升至 56 Kbit/s 甚至 114 Kbit/s。

GPRS 经常被描述成“2.5G”，也就是说这项技术位于第二代（2G）和第三代（3G）移动通信技术之间。它通过利用 GSM 网络中未使用的 TDMA 信道，提供中速的数据传递。GPRS 突破了 GSM 只能提供电路交换的思维方式，只通过增加相应的功能实体和对现有的基站系统进行部分改造来实现分组交换，这种改造的投入相对来说并不大，但得到的用户数据速率却相当可观，而且因为不再需要现行无线应用所需的中介转换器，所以连接及传输都会更方便容易。如此，用户不仅可以联机上网，参加视讯会议等互动传播，而且在同一个视讯网络上（VRN）的用户甚至可以无需通过拨号上网，而持续与网络连接。GPRS 在分组交换的通信方式中，数据被分成一定长度的包（分组），每个包的前面有一个分组头（其中的地址标志指明该分组发往何处）。数据传送之前不需要预先分配信道，建立连接。而是在每一个数据包到达时，根据数据报头中的信息（如目的地址），临时寻找一个可用的信道资源将该数据报发送出去。在这种传送方式中，数据的发送和接收方同信道之间没有固定的占用关系，信道资源可以看作是由所有的用户共享使用。GPRS 由于数据业务在绝大多数情况下都表现出一种突发性的业务特点，对信道带宽的需求变化较大，因此采用分组方式进行数据传送，能更好地利用信道资源。

2. CDMA 技术

码分多址（Code Division Multiple Access，CDMA）是指一种扩频多址数字式通信技术，通过独特的代码序列建立信道，可用于二代和三代无线通信中的任何一种协议。CDMA 是 CDMA 无线接入台的一种多路方式，多路信号只占用一条信道，极大地提高了带宽使用率，应用于 800 MHz 和 1.9 GHz 的超高频（UHF）移动电话系统。CDMA 使用带扩频技术的模数转换（ADC），输入音频首先数字化为二进制元。传输信号频率按指定类型编码，因此只有频率响应编码一致的接收机才能拦截信号。由于有无数种频率顺序编码，因此很难出现重复，增强了保密性。CDMA 通道宽度为 1.23MHz，网络中使用软切换方案，尽量减少手机通话中的信号中断。数字和扩频技术的结合应用使得单位带宽信号数量比模拟方式下成倍增加，CDMA 与其他蜂窝技术兼容，实现全国漫游。

3. 3G/4G/5G 技术

3G 是指第三代移动通信技术，它将无线通信技术与国际互联网等多媒体通信技术结合在一起，可提供移动宽带多媒体业务。理论上，3G 下行速度峰值可达 3.6Mbit/s，上行速度峰值也可达 384Kbit/s。我国支持国际电信联盟确定的 3 个无线接口标准分别是中国电信的 CDMA2000、中国联通的 WCDMA 和中国移动的 TD-SCDMA。

4G 是指第四代移动通信技术，又称 IMT-Advanced 技术，是业内对 TD 技术向 4G 技术发展的 TD-LTE-Advanced 的一种称谓。4G 网络是基于 IP 协议的高速蜂窝移动网，它集 3G 和 WLAN 于一体，能够快速传输数据、音频、视频和图像等信息。4G 能够以 100Mbit/s 以上的速度进行移动状态下的各种下载，能够满足几乎所有移动用户对高速无线服务的要求。

2012年1月18日，国际电信联盟正式审议通过将LTE-Advanced和Wireless-MAN-Advanced（802.16m）技术规范确立为4G国际标准，我国主导制定的TD-LTE-Advanced同时成为4G国际标准。2013年12月4日工信部正式向三大移动通信运营商发布4G牌照，中国移动、中国电信、中国联通均获得TDD-LTE牌照，并正式开展商业运营。

5G是指第五代移动通信技术，它是4G的延伸，理论上，手机在利用该技术后无线下载速度可达到每秒10Gbit。除智能手机外，5G还可支持智能手表、健身腕带、智能家庭设备、医疗设备等无线智能设备。目前，包括华为、中兴等公司在内的全球各大移动通信设备商已经开始开展5G的实验研究与应用工作。2014年5月13日，三星电子宣布，其已开发出了首个基于5G核心技术的移动传输网络，并表示将在2020年之前进行5G网络的商业推广。

9.2.2 移动通信远程传输应用举例

1. 模块选择

现在移动通信模块品种众多，对于初次进行方案设计的人员来说难以抉择。常规的移动通信模块包括GPRS、CDMA、3G等。随着产业的发展和技术的进步，现在大多数无线模块都内置了TCP/IP协议。

CDMA模块基于CDMA平台的通信模块，它将通信芯片、存储芯片等集成在一块电路板上，使其具有通过CDMA平台收发短消息、语音通话、数据传输等功能。CDMA模块可以实现普通CDMA手机的主要通信功能，也可以说是一个“精简版”的手机。CDMA模块主要由韩国和欧洲公司提供，如AnyData和Wavecom公司，国内的华为和中兴也推出了自己的高质量CDMA模块。目前，常见的型号包括华为的EM200、Anydata的DTGS-800和Wavecom的Q2358/2438、中兴的MG815+等模块。这些模块都具有CDMA 1X的数据传输功能，也都内置了TCP/IP通信协议栈。

因为CDMA传输速率很高，所以主要用于数据传输的工业模块应用领域，CDMA模块比GPRS模块在速率上有明显优势。但是CDMA模块在工业领域的运用要远远落后于GPRS模块的应用，其主要原因由两个方面造成，一方面是由于CDMA网络的覆盖和建设不如GSM网络完善，另一方面是因为CDMA模块的成本早期高于GSM模块至少2～4倍，使得生产成本高很多。相比之下，GPRS模块以成本低、覆盖范围广，受到更多用户的青睐。

GPRS模块按功能可以分成3种。

（1）GPRS DTU（Data Transfer Unit）为GPRS数传单元，常称为GPRS透明传输模块）。

（2）GPRS/GSM Modem，这是一种纯的GPRS/GSM调制解调器，常称为GPRS猫。

（3）包含TCP/IP协议栈的GPRS Modem。

在工作方式上，GPRS DTU与GPRS Modem的最大区别就是GPRS DTU内部的CPU主动控制拨号和处理TCP/IP协议包，而GPRS Modem则是被动的，需要外部设备来拨号和处理TCP/IP协议包。如果是要求数据长期可靠传输，那么采用GPRS DTU，通过GPRS网络平台，实现与监控中心端的数据通信。即便现场是计算机，也可以设置拨号网络，在无人值守的无线传感网络下要进行自动传输，建议使用GPRS DTU，因为普通计算机的操作系统（如Windows）的拨号网络主要是针对普通用户的上网业务（如浏览网页、收发Email等）设计的，而不是针对数据可靠收发应用设计的。

3G模块是通过接收3G无线网络信号进行无线通信的终端设备，可以进行二次功能的开发满足用户不同通信需求。3G 模块又分为 WCDMA 模块、CDMA2000/EVDO 模块、TD-SCDMA 模块。根据 3G 模块应用不同，又可以分为内置式 3G 模块和外置式 3G 模块。随着 3G 网络的不断发展，无论是内置 3G 模块还是外置式 3G 模块，在通信速率上，都有不同的速率。联通 WCDMA 的速率一般分为 7.2 Mbit/s /14.4 Mbit/s /21.6 Mbit/s /42 Mbit/s。电信 EVDO 速率一般分为 1.8 Mbit/s /3.1 Mbit/s 9.7 Mbit/s，移动 TD-SCDMA 的速率则为 2.8 Mbit/s。国内 3G 模块厂商有华为、中兴、大唐、阿乐卡等。国外 3G 模块厂商有三星、西门子、飞利浦、ANYDATA、BELLWAWE 等。

2. 利用 GPRS/CDMA 进行远程传输举例

无线远程抄表是将无线传感网络技术、现代移动通信技术与电力系统进行技术结合，使传统的人工抄表方式转变为通过无线网络直接传输用电数据，是无线传感网络技术在智慧城市建设中的典型应用之一。无线抄表服务通过记录水表、电表等公共事业数据的仪表上装载的无线模块，在远程实现对水、电、煤等公共事业数据的准确及时收集和处理。这些公共部门专用设备再定期通过无线通信模块将收集的数据发送至智能管理平台，从而实现远程抄表的功能。

GPRS 网络是覆盖范围广、接入时间短、性能完善、实施方便、成本低廉、传输可靠的无线网络，采用 GPRS 网络进行数据传输的模块体积小、功耗低，适合作为无线传感网络的数据传输方式。

下面以远程无线抄表系统为例，介绍利用无线传感网络进行数据采集和利用 GPRS 进行远程传输的基本方法。基于无线传感网络的网络集中抄表系统整体一般采用分布式体系结构，分上层（用于用电管理中心与集中器之间）和下层（集中器与采集器之间）两层结构，如图 9-6 所示。上层通信以电力局中心的系统主站为中心，通过 GPRS/CDMA 网络与分散于各物业小区的集中器连接，形成 1 对 N 的连接形式，实现集中器和数据中心系统的实时在线连接。下层通信包括集中器对电表参数的采集、存储、转发，以及转发上位机下达的指令和对电表进行控制操作等。每栋居民楼设置一个采集器，电表通过 RS-485 总线与采集器通信，采集器通过 WSN 终端节点与小区中心的 WSN 中心节点及集中器通信。用电管理中心与集中器之间数据的采集采用星型结构，集中器与采集器之间数据的采集采用无线传感网络的网状结构。

相比较传统的人工抄表服务，远程无线抄表除了具有避免打搅用户、大幅节省人工抄表成本的优点之外，还能解决某些地方的有线线路接入限制的制约，减少对线路的依赖，从而降低系统建设的成本，非常符合政府与事业单位提高用户感受与降低成本的目标。远程无线抄表系统这种采用低成本的 WSN 组网技术，结合 GPRS/CDMA 网络组建了一个无线传输信道，缩短了单段的传输距离，削弱了信道衰减与干扰的影响，提高了信道传输的稳定性，可以广泛用于各种水、电、天然气等与居民生活息息相关的城市管理中。

3. 多种远程传输的配合使用

在无线传感网络的实际应用中，可以根据现场的不同情况灵活选择多种传输技术，相互配合加以使用，如可以通过 CDMA/GPRS/3G 移动通信、Wi-Fi 无线局域网、以太网等方式来传输 WSN 所采集的各种数据，并上传至数据库服务器，主机或者移动终端（如智能手机、平板电脑等）可以根据工作的需要选择 3G 或者 Wi-Fi 等方式连入 Internet，直接访问数据库服务器或者直接与某个 WSN 的汇聚节点发送命令短信，进而对无线传感网络所采集的数据进行监测和管理，如图 9-7 所示。

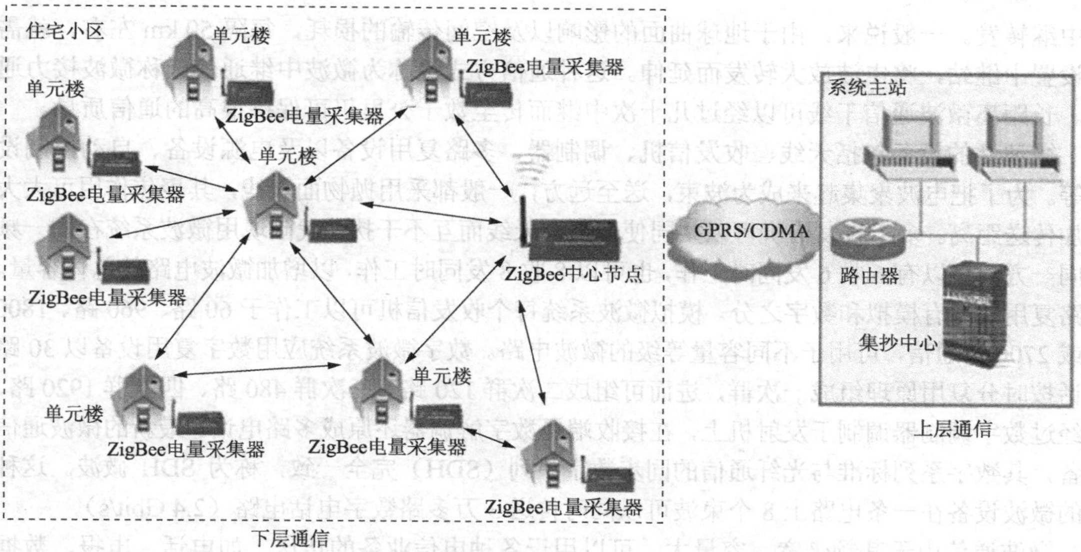

图 9-6 利用 GPRS/CDMA 进行电力数据的远程传输

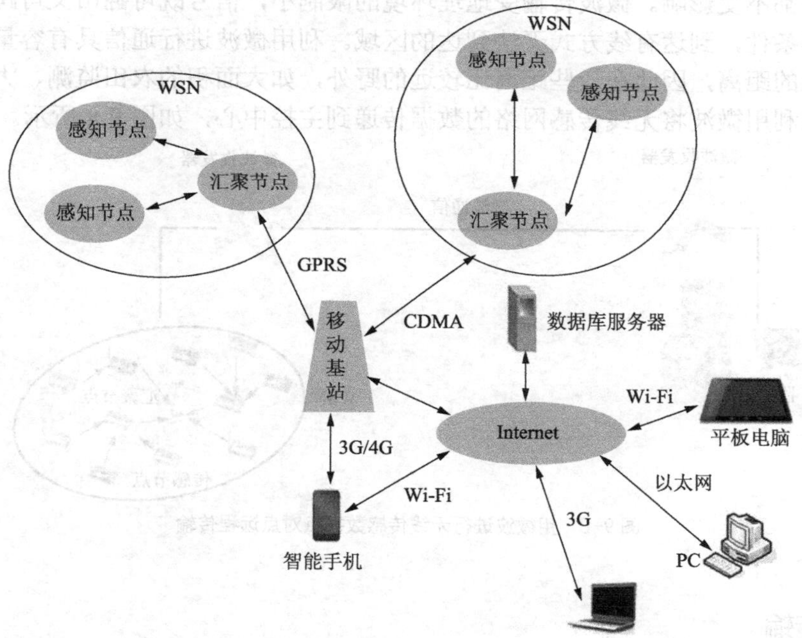

图 9-7 多种手段的无线传感网络远程传输

9.3 微波传输

微波传输是一种最灵活、适应性最强的远程通信手段，具有建设快、投资小、应用灵活的特点。由于微波的频率极高，波长又很短，其在空中的传播特性与光波相近，也就是直线前进，遇到阻挡就被反射或被阻断，因此微波通信的主要方式是视距通信，超过视距以后需要中继转发。一般说来，由于地球曲面的影响以及空间传输的损耗，每隔 50 km 左右，就需要设置中继站，将电波放大转发而延伸。这种通信方式也称为微波中继通信或称微波接力通信。长距离微波通信干线可以经过几十次中继而传至数千公里仍可保持很高的通信质量。

微波站的设备包括天线、收发信机、调制器、多路复用设备以及电源设备、自动控制设备等。为了把电波聚集起来成为波束，送至远方，一般都采用抛物面天线，其聚焦作用可大大增加传送距离。多个收发信机可以共同使用一个天线而互不干扰。我国现用微波系统在同一频段同一方向可以有 6 收 6 发同时工作，也可以 8 收 8 发同时工作，以增加微波电路的总体容量。多路复用设备有模拟和数字之分。模拟微波系统每个收发信机可以工作于 60 路、960 路、1800 路或 2700 路通信，可用于不同容量等级的微波电路。数字微波系统应用数字复用设备以 30 路电话按时分复用原理组成一次群，进而可组成二次群 120 路、三次群 480 路、四次群 1920 路，并经过数字调制器调制于发射机上，在接收端经数字解调器还原成多路电话。最新的微波通信设备，其数字系列标准与光纤通信的同步数字系列（SDH）完全一致，称为 SDH 微波。这种新的微波设备在一条电路上 8 个束波可以同时传送 3 万多路数字电话电路（2.4 Gbit/s）。

微波通信由于其频带宽、容量大，可以用于各种电信业务的传送，如电话、电报、数据等均可通过微波电路传输。微波通信具有良好的抗灾性能，水灾、风灾以及地震等自然灾害，微波通信一般都不受影响。微波传输受地理环境的限制小，信号既可翻山又可跨海，能够适用于各种地形条件，到达有线方式无法到达的区域。利用微波进行通信具有容量大、质量好并可传至很远的距离，因此在一些距离比较远的野外，如大面积的农田监测、大范围的灾害监测等，可以利用微波将无线传感网络的数据传递到主控中心，如图 9-8 所示。

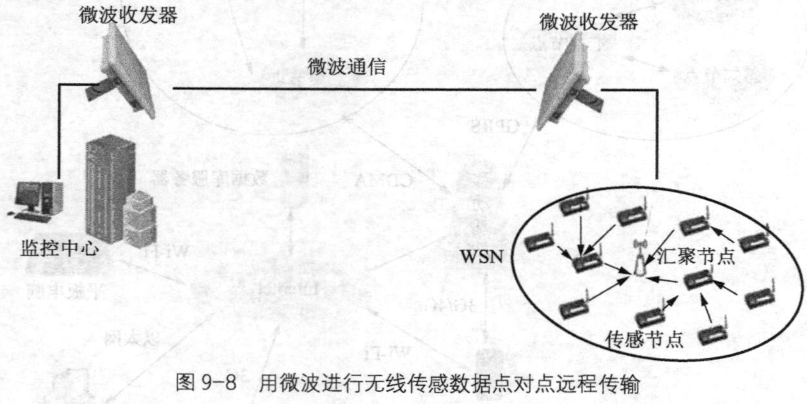

图 9-8　用微波进行无线传感数据点对点远程传输

9.4　卫星传输

9.4.1　卫星通信简介

卫星通信与现在常用的电缆通信、微波通信等相比有较多的优点，具体表现在以下几个方面。

（1）卫星通信的传播距离远。同步通信卫星可以覆盖最大跨度达 18000km 的区域。在整个覆盖区的任意两点都可通过卫星进行通信，而微波通信一般是 50 km 左右设一个中继站，一颗同步通信卫星的覆盖距离相当于 300 多个微波中继站。

（2）卫星通信路数多、容量大。一颗现代通信卫星可携带几十个转发器，可提供几十路电视和成千上万路电话。

（3）卫星通信质量好、可靠性高。卫星通信的传输环节少，不受地理条件和气象的影响，可获得高质量的通信信号。

（4）卫星通信运用灵活、适应性强。卫星通信不仅能实现陆上任意两点间的通信，而且能实现船与船、船与岸上、空中与陆地之间的通信，它可以组成一个多方向、多点的立体通信网。

（5）成本低。在同样容量、同样距离的条件下，卫星通信和其他通信设备相比，耗费的资金少，卫星通信系统的造价并不随通信距离的增加而提高，随着设计和工艺的成熟，成本还在不断降低。

典型卫星远程传输如图 9-9 所示。

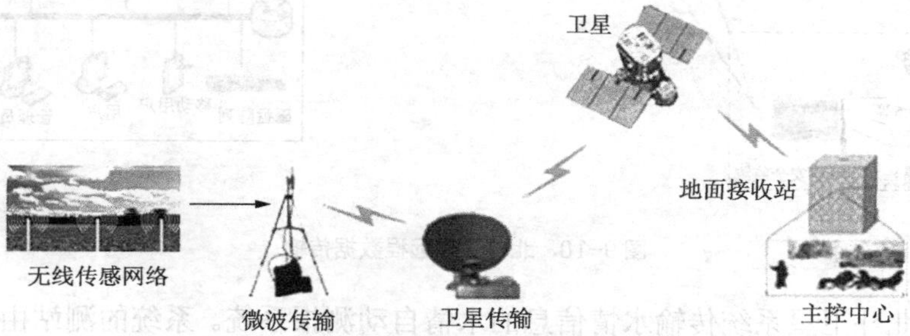

图 9–9　卫星远程传输示意图

9.4.2　北斗卫星数据传输

北斗卫星导航系统（BeiDou Navigation Satellite System，BDS）是中国自行研制的全球卫星导航系统，现在已发展成为可供民用定位和数据通信的系统。北斗卫星系统由 3 个主要部分组成：空间卫星、地面站（Land Earth Station，LES）及民用控制中心和用户终端。如图所 9-10 所示。

北斗卫星系统具有点对点双向数据传输方式，它采用数据报告方式，以数据包的形式传输，一次发送 210 字节，一般用户一次最多可发送 110 bytes 信息。测站终端发送采用码分多址直接扩频序列调制，扩频伪码采用周期伪随机序列，发送频率为 L 波段，通过卫星转换为 C 波段由地面站接收，由神州天鸿民用中心站处理后发到卫星，再经卫星转换为 S 波段由测站终端或指挥型终端接收，完成一次点对点的通信。反向发送过程亦然。测站型终端和指挥型终端的最大区别在于前者只能锁定在一个波束上，而后者可以同时锁定所有波束，发送信息时也是如此，前者每次只能在单波束上发送，后者则可以同时在所有波束上发送。

在北斗卫星通信点对点方式中，还有一种通播的方式，即在一个用户群（用户系统）中，将一个作为主站（中心站）的终端设备号码写入本群中其他测站的终端设备的映像地址中，当此中心站以通播方式发送时，群中所有使用同一波束的测站都能同时收到此信息。此功能可以用作系统的广播回执，即在系统的一次定时报后一定时间内，将收到此信息的测站和未收到此信息的测站的消息广播出去，未收到自报信息的测站则再次发送信息，从而提高了系统的畅通率，同时也减少了系统中心站的发送次数。如果用户系统的主站采用指挥型终端，则回执可在全部波束上一次性发送，用户系统的所有测站可以同时收到主站的回执。

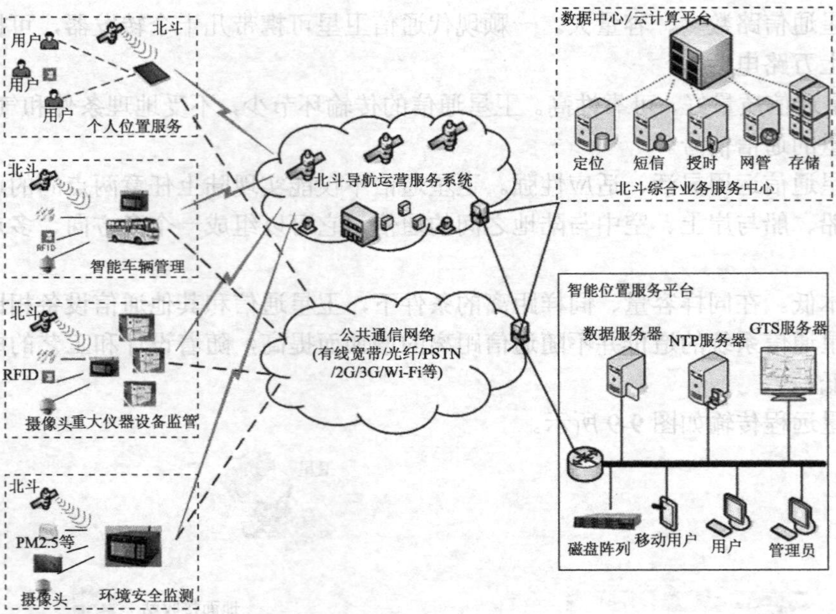

图 9-10　北斗卫星远程数据传输

图 9-11 为北斗卫星系统传输水情信息的水情自动测报系统。系统的测站由传感器（包括雨量传感器、水位传感器等）、遥测终端、北斗卫星终端、电源等组成，由遥测终端作为核心，完成水情信息的采集、存储并控制北斗卫星终端完成信息的发送和指令的接收。北斗卫星测站终端是在其后端设备的控制指令下发送数据报告的，它在收到后端设备的发送数据报告指令后，直接向卫星发送信息，其信道编码与调制方式为码分多址（CDMA）方式，利用冗余编码方法使得入站数量达到 200 站/秒，按照水利水文信息传输整点报的需求，以 10 分钟收集全部站点数据计算，此类用户理论上可容纳 12 万测站用户，所以其信道容量极大。

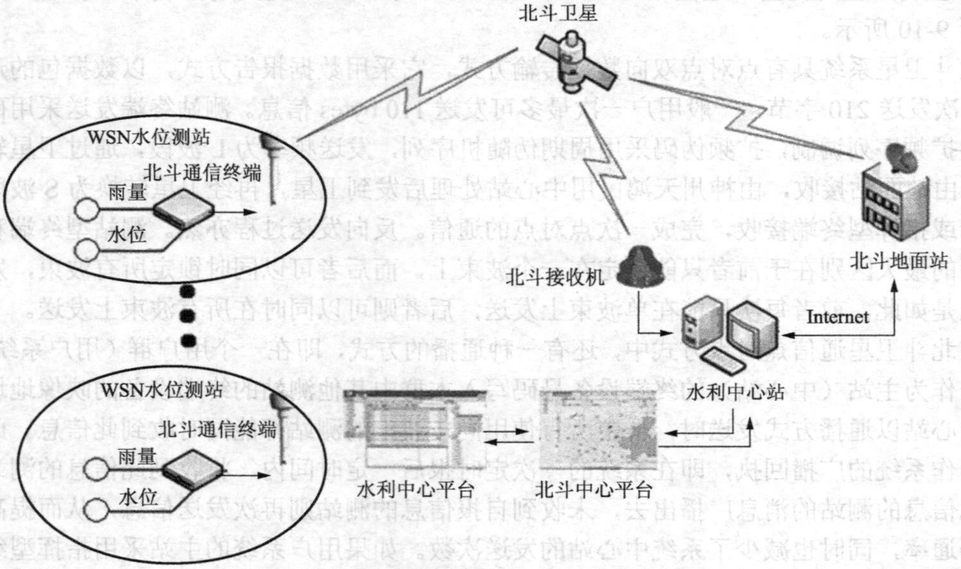

图 9-11　利用北斗卫星进行水位监测的无线传感网络数据传输

9.5 光纤传输

9.5.1 光纤通信原理

光纤通信是利用光波在光导纤维（简称光纤）中传递光脉冲来进行通信。有光脉冲相当于 1，无光脉冲相当于 0。由于光波的频率非常高，约为 10^8 MHz 的量级，因此光纤通信系统的传输带宽远远大于目前其他传输媒体的带宽，使得光纤通信容量非常大。随着光纤通信器件的规模化生产和应用的日益普及，光纤成本在不断降低，利用光纤作为对无线传感网络系统采集的数据进行远程传输的手段也不失为一种较好的选择。

1. 全反射原理

我们知道，当光线在均匀介质中传播时是以直线方向进行的，但在到达两种不同介质的分界面时，会发生反射与折射现象，如图 9-12 所示。

根据光的反射定律，反射角等于入射角。

根据光的折射定律

$$n_1 \sin\theta_1 = n_2 \sin\theta_2$$

其中 n_1 为纤芯的折射率，n_2 为包层的折射率。

显然，若 $n_1 > n_2$，则会有 $\theta_2 > \theta_1$。如果 θ_1 增大到某一程度 θ_k 时，则会使折射角 $\theta_2 = 90°$，此时的折射光线不再进入包层，而将全部返回到纤芯中进行传播，人们把对应于折射角 θ_2 等于 90° 的入射角叫作临界角。当 $\theta_1 \geqslant \theta_k$ 时，光全部返回到纤芯中，如图 9-13 所示。

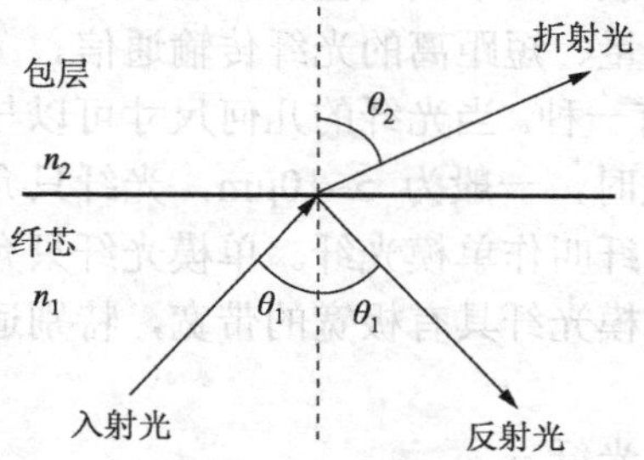

图 9-12　光的反射与折射

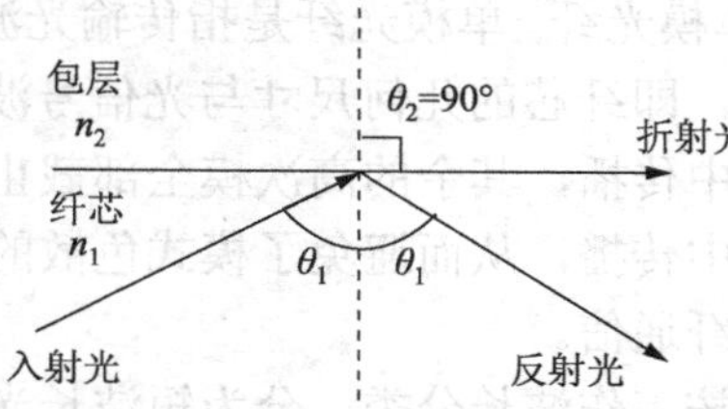

图 9-13　光的全反射现象

不难理解，当光在光纤中发生全反射现象时，由于光线基本上全部在纤芯区传播，没有光跑到包层中去，所以可以大大降低光能量的衰耗。

光纤通信利用的是光的全反射原理。光纤通常由非常透明的石英玻璃拉成细丝，主要由纤芯和包层构成双层通信圆柱体。纤芯很细，其直径只有 8~100μm，光波正是通过纤芯进行传导。包层较纤芯有较低的折射率，当光线从高折射率的媒体射向低折射率的媒体时，其折射角将大于入射角，如图 9-14 所示。当入射角足够大时，就会出现全反射，即光线碰到包层就会折射回纤芯。这个过程不断重复，光也就沿着光纤传输下去。光纤在结构上有中心和外皮两种不同介质，光从中心传播时遇到光纤弯曲处，会发生全反射现象，而保证光线不会泄漏到光纤外。

2. 光纤的结构

光纤呈圆柱形，由纤芯（直径为 9~50μm）、包层（直径约为 125μm）和涂敷层（直径约为 1.5cm）三大部分组成，如图 9-14 所示。

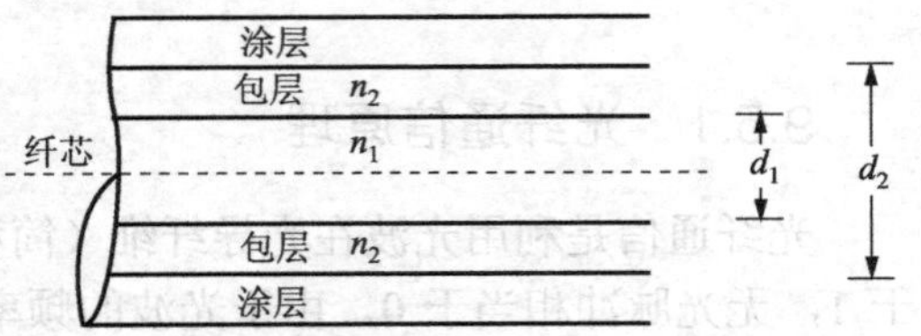

图 9–14 光纤结构

纤芯主要采用高纯度的 SiO_2（二氧化硅），并掺有少量的掺杂剂，以提高纤芯的光折射率 n_1。包层也是高纯度的 SiO_2，也掺杂一些掺杂剂，主要是降低包层的光折射率 n_2。涂敷层采用丙烯酸酯、硅橡胶、尼龙等以增加机械强度和可弯曲性。

3. 光纤的分类

光纤的种类很多，下面按不同特性进行分类介绍。

（1）按折射率分布分类，分为阶跃光纤和渐变光纤。

① 阶跃光纤。阶跃光纤表示单包层光纤，纤芯和包层折射率都是均匀分布，折射率在纤芯和包层的界面上发生突变。

② 渐变光纤。渐变光纤是指光纤蛛心处的折射率最大，但随横截面的增加而逐渐变小，其变化规律一般符合抛物线规律，到了纤芯与包层的分界处，正好降到与包层区域的折射率相等的数值；在包层区域中其折射率的分布是均匀的。

（2）按传输的模式分类，分为多模光纤和单模光纤。

① 多模光纤。多模光纤是指传输光波的模式不止一种。多模光纤纤芯的几何尺寸远大于光波波长，一般在 50μm 左右，光信号是以多个模式方式进行传播的，光信号的波长以主纵模为准。不同的传播模式具有不同的传播速度和相位，因此经过长距离的传播之后会产生时延，导致光脉冲变宽，叫作光纤的模式色散或模间色散。由于模式色散影响较严重，降低了多模光纤的传输容量和距离，多模光纤仅用于较小容量、短距离的光纤传输通信。

② 单模光纤。单模光纤是指传输光波的模式只有一种。当光纤的几何尺寸可以与光波长相比拟时，即纤芯的几何尺寸与光信号波长相差不大时，一般为 5~10μm，光纤只允许一种模式在其中传播，其余的高次模全部截止，这样的光纤叫作单模光纤。单模光纤只允许一种模式在其中传播，从而避免了模式色散的问题，故单模光纤具有极宽的带宽，特别适用于大容量的光纤通信。

（3）按工作波长分类，分为短波长光纤和长波长光纤。

① 短波长光纤：波长在 600~900nm 范围内呈现低衰耗的光纤称称作短波长光纤。

② 长波长光纤：波长在 1000~2000nm 范围内的光纤称作长波长光纤。

（4）按套塑类型分类，分为紧套光纤和松套光纤。

① 紧套光纤。紧套光纤是指具有紧套二次被覆结构的单模或多模光纤，是在裸光纤的一次被覆光纤（UV 光纤）上直接二次套塑料（PVC/PVDF/LSZH/Hytrel）等制造而成的。

② 松套光纤。松套光纤指经过一次被覆光纤松散地放在塑料套中形成的单模或多模光纤。

4. 数字光纤通信的基本框图

数字光纤通信技术作为信息化时代的主要信息传输技术已广泛的应用于现代通信的各个领域。数字光纤通信系统一般由光发送机、光纤与光接收机等几个部分组成，如图 9-15 所示。发送端的电端机把信息（如话音）进行模/数转换，用转换后的数字信号调制发送机中的光源器件 LD（Laser Device），则 LD 发出携带信息的光波。即当数字信号为“1”时，光源器件发送一个“传号”光脉冲；当数字信号为“0”时，光源器件发送一个“空号”（不发光）。光波经低衰耗光纤传输后到达接收端。在接收端，光接收机把数字信号从光波中检测出来送给电端机，电端机再进行数/模转换，恢复成原来的信息。这样就完成了一次通信的全过程。其中光发送机的调制方式有两种：直接调制（一般速率小于等于于 2.5 GB/s 时，也称内调制）和间接调制（一般速率大于 2.5 GB/s 时，也称外调制）。

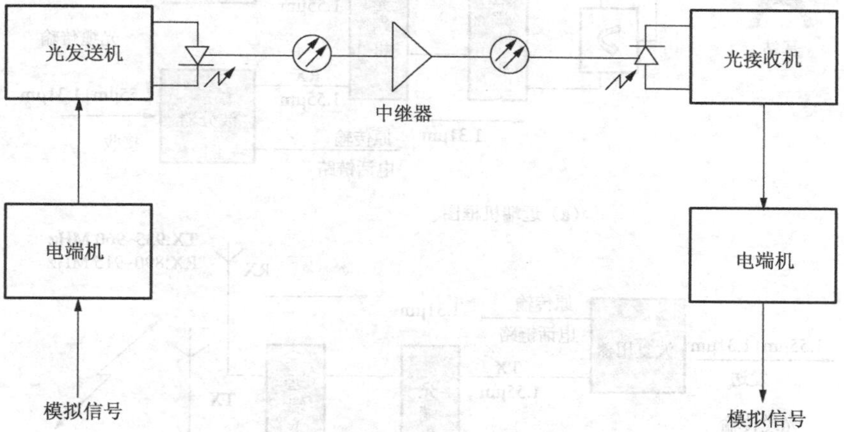

图 9-15　数字光纤通信系统基本原理

光纤传输的实现与发展表明光纤主要具有以下几个方面的突出优点。

（1）传输损耗小、中继距离长，对远距离传输特别经济。

（2）抗雷电和电磁干扰性能好，这在有雷电等恶劣气象环境下以及大电流脉冲干扰的环境下尤为重要。

（3）无串音干扰，保密性好，不容易被窃听和截获数据。

（4）体积小，重量轻，维护成本低，这在现有电缆管道已拥塞不堪的情况下特别有利。

9.5.2　光纤通信应用举例

计算机和物联网技术为快速发展的网络设备之间的互连以及成千上万不同设备之间需要网络化的设备提供了技术基础。光载无线通信（Radio-Over-Fiber，ROF）技术就是应高速大容量无线通信需求，新兴发展起来的将光纤通信和无线通信结合起来的无线接入技术。

光载无线交换机采用模拟光纤通信技术及射频交换技术实现 Wi-Fi 无线信号源的远端传输、分布、交换与控制，是一种以无线的方式连接网络终端设备的产品，其工作原理如图 9-16 所示。它主要以企业级 Wi-Fi 接入点作为无线互连节点，以模拟光纤链路作为网络传输设备，以射频开关作为网络交换设备，提高了无线网络平台的安全性、可靠性、灵活性和可扩展性，将交互式宽带无线网络应用到工业自动化、环境监测、灾难预防等多个领域，极大地拓宽了无线网络的服务内容。以它为依托组建的无线传感网络信息处理平台安全可靠，简便耐用，性价比高，易于与已有的网络产品集成，功能强大，能够满足无线传感网络在远程数据传输中的要求。

图 9-17 所示的是利用光载无线交换机布控的无线传感网，可对无线传感网现场的各种数据实现远距离的监控和分析，并实现重要信息的反馈和事故灾难的预警。该方案可以应用于大型水产品养殖基地的水质检测，煤矿的气体检测，粮库的温度检测，大厦、厂房、森林的火灾预警预防等无线传感网络应用领域。

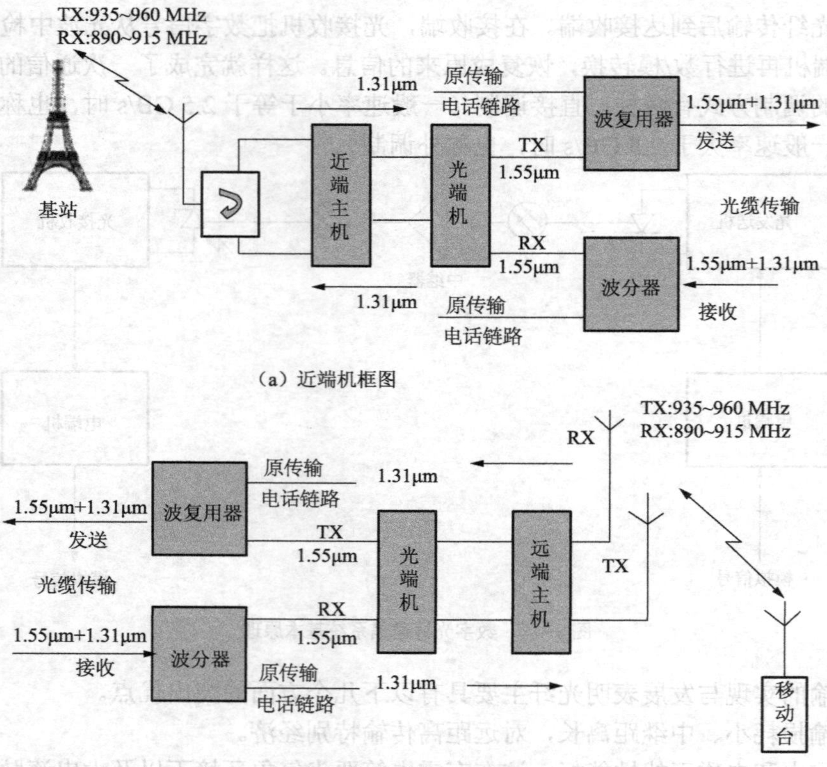

（a）近端机框图

（b）远端机框图

图 9-16 光载无线通信的原理框图

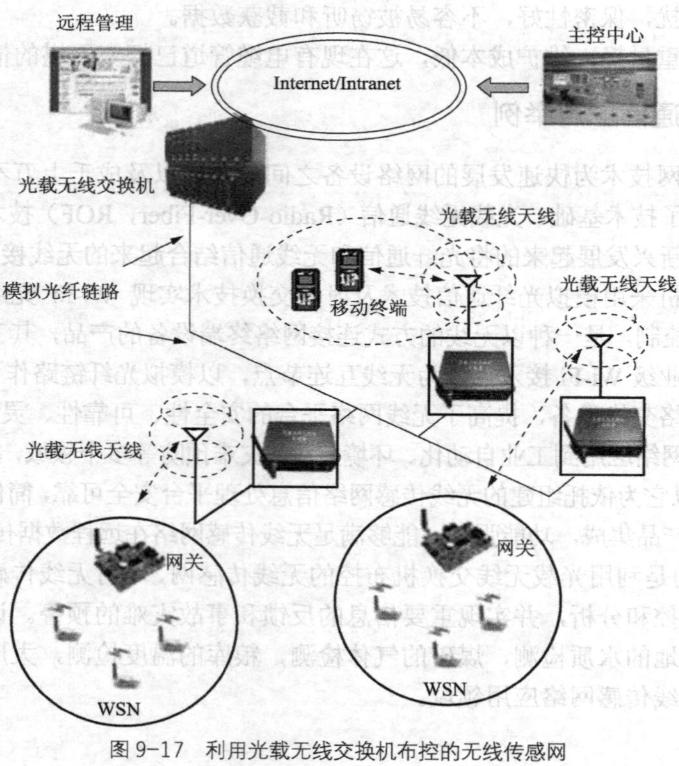

图 9-17 利用光载无线交换机布控的无线传感网

本章小结

无线传感网络数据的传输网络可以由单一制式网络构成，也可以由多种异构网络互连而成。异构网络互连互通过程中有许多技术瓶颈，如两种使用不同通信协议的异构网络之间互连实现数据顺畅传输的技术，在多种异构网络并存的环境下，实现低成本经济性的互联互通等。

传输网络的组成形式多样，可使用点对点的光纤或者微波直接传递数据，也可由单一的某制式网络构成，或由两种甚至两种以上不同制式的网络互连而成。传输网络可以是有线的，可以是无线的，也可以是有线网络和无线网络互连构成的混合网络。在不同的应用环境中，传输网络中可以包含多种异构网络，如短距离的局域网、有线的城域网、IEEE 802.11 系列局域网、2.5G 移动无线蜂窝网络 GPRS/CDMA1X 网络、3G/4G/5G 移动通信网、Internet、卫星通信广域网、IEEE 802.16/WiMax 等无线城域网。在目前阶段，并不是以上各种异构网络都能实现互连互通，如固网和移动网络。在这方面只有前瞻性的认识才能较好地处理无线传感网络传输环节中的许多问题。总体来说，要满足无线传感网络汇聚节点/网关设备与监控中心之间进行可视数据通信，同时还要兼顾传输网络的实现成本低廉，部署方便，并且和无线传感网络的应用环境相适应。

课后思考题

1．无线传感网络有哪些远程传输方式？

2．简述如何利用互联网来进行无线传感网络的远程传输。

3．简述如何利用点对点技术进行无线传感网络数据的远程传输。

第10章 无线传感网络应用设计

无线传感网络具有很强的应用相关性，在不同的应用要求下需要配套不同的网络模型、软件系统和硬件平台等。无线传感网络与传统的无线通信网络有很大的区别，传统无线通信网络的首要设计目标是提供尽可能高的服务质量，节点的能量可以补充，因此能量消耗是次要考虑的问题。而无线传感网络的工作节点不能补充能量，尽可能延长网络系统的生存时间成为无线传感网络的首要设计目标。

通过本章的学习，读者可以掌握在组建和部署无线传感网络应用的过程中，关于无线传感网络系统的硬件设计与软件开发的一些重要内容，如功能单元、设计原则、芯片选型、电源选择、操作系统选择、开发环境建立、软件开发工具等。本章以常用的温湿度数据无线采集与网络传输为例进行介绍，并给出了部分程序代码。

10.1 无线传感节点的设计原则

无线传感网络中的感知节点是一个完整的嵌入式系统，要求其各个节点的性能必须是相互协调和高效的，各个节点设计时模块的选择可以根据实际应用系统来权衡和取舍。由于无线传感网络的工作特点，在进行无线传感节点设计的时候需要遵循一些基本原则。

1. 最大限度地降低功耗

由于多数无线传感网络节点采用电池供电，加之不同的工作环境差异极大，传感器数量大，低功耗是无线传感网络节点设计的重要准则。设计时从硬件和软件两个方面降低功耗。硬件上尽可能使用低电压、低功耗的芯片；软件上可以添置电源管理功能，合理分配能量，使得电池的使用时间尽量长。

2. 微型化

无线传感网络节点在保证对目标系统本身的特性不会造成影响的基础上，要求在体积上尽可能的小。在某些应用场合，甚至需要目标系统能够小到不容易让人察觉的程度，以完成一些特殊任务。在软件方面，要求所有软件模块都应该精简，没有冗余代码，对不同的应用系统需要配套不同的软件代码。

3. 扩展性和灵活性

无线传感网络节点需要定义统一、完整的外部接口，在需要添加新的硬件部件时，可以在现有节点上直接添加，而不需要开发新的传感器节点。可以根据需要开发多种应用，在相同的硬件平台上实现多种应用。软件的扩展性体现在节点的软件不需要额外设备就可以自动升级。

4. 稳定性和安全性

传感器节点工作模块的各个部件都能够在给定的外部变化范围内正常工作，如在给定的温度、湿度、压力等外部条件下，无线传感网络节点的各个功能模块的各个工作部件都要保证正常的功能，因此传感器节点必须具有稳定性和安全性。稳定性在软件上也要得到保证，一方面要保证逻辑上的正确性与完整性，另一方面保证硬件出现问题时，能够及时感知并采取积极的措施，如协议栈复位、看门狗设计等。

5. 低成本

低成本是无线传感网络节点的基本要求。只有成本低，节点才能大量地布置在目标区域中，也才能表现出无线传感网络的各种优点。低成本的客观要求也产生了对传感器节点各个部件提出了苛刻的要求。因此在芯片、元件、模块、开发平台等的选择上要进行综合比较，在追求系统可靠性的前提下进行成本核算，达到最优的性价比。

10.2 无线传感节点的功能模块

在本书第 1 章中，对无线传感网络感知节点的基本功能单元进行了划分，主要包括传感器模块、处理器模块（包括存储器）、无线通信模块、电源管理模块等 4 个部分，下面介绍这 4 个部分承担的工作以及器件选型。

1. 传感器模块

传感技术的发展经历了 3 个阶段：一般传感器→智能传感器→无线传感器。早期的一般传感器只能实现数据的采集。智能传感器是在一般传感器的基础上进行改进，使传感器具有计算处理能力。这样，传感模块不但能够实现数据等信息的实时采集，还能对采集到的数据信息进行一定程度的计算和处理，便于进行监控。无线传感器则是在智能传感器的基础上集成无线通信的功能模块，使得传感器不再是单独的数据采集模块，而是一个能够实现数据实时采集、计算和处理以及数据信息交换和控制的有机整体。无线传感模块是无线传感网络中的节点，它是无线传感网络的基本组成部分，属于无线技术中较为底层的一个分支。

传感器模块中可应用的传感器种类很多，有麦克风、光传感器、温度传感器、湿度传感器、振动传感器、磁传感器、加速度传感器、烟雾传感器、红外传感器等。随着技术的发展，传感器本身的性能也在提高，如有些温湿度传感器能支持低功耗模式，采集完数据后，自动转入休眠状态。例如，美国 Crossbow 公司基于 Mica 节点开发了一系列传感器板，采用的传感器有光敏电阻 Clairex CL94L、温敏电阻 ERTJ1VR103J、加速度传感器 ADI ADXL202、磁传感器 Honeywell HMC1002 等。温湿度传感器 DHTxx 系列能支持低功耗模式，采集完数据后自动转入休眠模式，电流小于 1 μA。

多数传感器的输出是模拟信号，而无线传感网络是数字网络，需要进行模/数转换。在网络节点配置模/数转换器和使用数字换能器接口都是常采用的方案。无线传感网络除了对现场的特定物理量进行监测外，如果需要控制现场的一些物理量，在传感器模块中还需要和各种执行器（如电子开关、声光报警设备、微型电机等）结合，兼具监测和控制的功能。

传感器电源的供电电路设计对传感器模块的能量消耗来说非常重要。对以小电流工作的传感器（如几百微安）可由处理器 I/O 口直接驱动。当不用该传感器时，将 I/O 口设置为输入方式。这样外部传感器没有能量输入，也就没有能量消耗，例如，温度传感器 DS18B20 可以采用这种方式。对于大电流工作的传感器模块，I/O 口不能直接驱动传感器，通常使用场效应管（如 Irlm16402）来控制后级电路能量输入。当有多个大电流传感器接入时，通常使用集成的模拟开关芯片来实现电源控制（如 MAX4678 芯片）。

2. 处理器模块

无线传感网络中的节点都具有一定的智能性，能够合理地处理传感器采集到的数据，根据处理的结果做出不同处理。这些工作主要由处理器模块来承担。处理器模块还负责通信协议的实现、运行进程的调度管理和数据融合等工作。

从处理器的角度来看，无线传感网络节点可以分为两类：一类节点采用以 ARM 处理器为代表的高端处理器，还有一类节点则采用低端微控制器。使用 ARM 处理器的传感器节点能量消耗较大，多数支持动态电压调节或者动态频率调节等节能策略，处理能力强大，适合应用于大数据量处理的场合。使用低端微控制器的传感器节点的数据处理能力比前者要差，但是工作消耗功率很小。

处理器模块一般与存储部件紧密结合，根据从数据采集模块和无线通信模块传送过来的数据完成数据融合、节点定位等各种计算功能。在加解密操作中，CPU 的计算能力和节点的存储能力（程序代码存储、动态数据存储、公共参数存储等）是必须考虑的参数，CPU 计算与存储器 I/O 接口的优化设计会很大程度地提高计算效率。

典型的低功耗处理器有：Atmel 公司 AVR 系列的 ATMega128L 处理器、TI 公司生产的 MSP430 系列处理器等，汇聚节点（负责汇聚数据的节点）则可以采用功能强大的 ARM 处理器、8051 内核处理器、ML67Q500x 系列或 PXA270 处理器等。这些处理器的性能综合比较如表 10-1 所示。

表 10-1　无线传感网络节点中采用的处理器性能比较

处理器 / 性能参数	ATMega128L	MSP430F1611	ML67Q5002	PXA270
总线带宽（bit）	8	16	32	32
时钟频率（MHz）	7.3728	4	60	520
工作电压（V）	3.3	3.3	3.3	2.5/3.3
工作电流（mA）	20	0.6	120	—
休眠电流（μA）	25	4.3	20	—
内部 Flash（Byte）	128 K	48 K+256	256K	—
内部 SRAM（Byte）	4 K	10 K	32 K	—

3. 无线通信模块

无线通信有多种传输手段，如无线电波传输、红外线传输、光波传输、超声波传输等。使用红外线作为传感器节点之间的数据传输载体也是一种可选传输方式。该方式的优点在于不受无线电干扰，也不受无线电管理部门的管制。但红外线的传输不能穿透非透明物体，仅能进行视距传输，限制了红外传输在无线传感网络中的某些应用场合。光波传输机制简单，技术实现容易，如可以使用激光二极管传输经过数据调制后的红外激光束进行数据传输，但是它与红外线类似，只能进行视距传输，且易受大气状况影响，应用场合受限。也有无线传感网络采用超声波作为无线通信载体，超声波穿透能力强，但是传输距离有限。因此在无线传感网络应用领域，大多采用 ISM 频段的无线电波作为传输载体。

在选用无线通信模块时，应根据具体的应用环境选择嵌入不同通信协议标准的模块，如基于 IEEE 802.15.4 的 ZigBee 模块、基于 IEEE 802.15.3a 的超宽带 UWB 模块、基于 802.11b/g/n 的 Wi-Fi 模块和基于 802.15.1 的蓝牙模块等。UWB 模块的发射信号功率谱密度低、系统构造复杂度低、安全性好、数据传输速率高、能提供厘米级的定位精度，但传输距离仅在 10m 左右，穿透性不好。随着 Wi-Fi 的广泛应用和 Wi-Fi 模块价格的降低，目前在无线传感网络应用中，从部署的快捷性和经济性等方面考虑，一些有持续能量供应的应用场合也会考虑采用 Wi-Fi 模块作为无线通信单元。蓝牙无线通信技术成熟，应用普及，在无线传感网络中也有应用。但是由于其协议栈相对复杂，且功耗高，组网规模小，因而应用受限。目前应用最多的是 ZigBee 无线通信模块。ZigBee 完整的协议栈只有 32KB，支持地理定位功能，非常适合在无线传感网络中应用。随着 6LoWPAN 的发布和实施，基于 ZigBee 和 IPv6 的无线通信方式将代表无线传感网络的发展方向。

当前有很多无线通信模块可供选择，如 TI 公司的 CC2400/2500 系列芯片、Nordic 公司的 nrf903 和 Semtech 公司的 XE1205 等。随着技术的发展和标准的统一，很多无线射频芯片直接封装了特定底层协议的无线射频模块，如 Ericsson 公司生产的 ROK101 007 芯片封装了 Bluetooth 底层协议。为了方便 ZigBee 技术的应用，ZigBee 器件厂商，特别是很多第三方厂商推出了很多 ZigBee 无线模块。市场上的 ZigBee 无线模块多采用 TI-Chipcon 或者 Freescale 的器件。下面对几种典型的 ZigBee 生产厂商及芯片性能做一比较，见表 10-2。

表 10-2　ZigBee 生产厂商及芯片性能对比

厂商芯片 / 性能参数	TI(Chipcon) (CC2530)	Jennic (JN5148)	Freescale (MC13192)	EMBER (EM260)	ATMEL (LINK-23X)	ATMEL (Link-212)
工作频率（Hz）	2.4G	2.4G	2.4G	2.4G	2.4G	868/915M
发射功率（dBm）	+2.5	+4.5	+3.6	+3	+3	+10
速率（kbit/s）	250	250	250	250	250~2000	20~1000
发射功率（dBm）	+2.5	+4.5	+3.6	+3	+3	+10
接收灵敏度（dBm）	−97	−97	−92	−97	−101	−110
最大发射电流（mA）	15	35	35	37.5	21	30
最大接收电流（mA）	18	24	42	41.5	20	14
休眠电流（μA）	0.2	1	1	1	0.28	0.5
工作电压范围（V）	2.0~3.6	2.0~3.6	2.0~3.4	2.1~3.6	1.8~3.6	1.8~3.6
硬件自动 CSMA/CA	有	有	无	无	有	有
硬件自动帧重发	有	无	无	无	有	有
硬件自动帧确认	有	无	无	无	有	有
硬件自动地址过渡	有	有	无	无	有	有
FCS 计算功能	有	有	有	有	有	有
硬件 RSSI 计算功能	有	有	有	有	有	有
硬件 AES/DES	有	有	有	有	有	有
硬件开放度	不开放	部分开放	部分开放	部分开放	全开放	全开放

对于ZigBee模块的生产厂家及型号主要有DIGI的Xbee模块、顺舟公司的SZ05模块、佳杰公司的RF2530模块、厦门四信的F8913模块、深圳鼎泰克的DRF1601模块等。在选取ZigBee模块进行无线传感网络应用开发的时候，最好将应用需求进行一个较为清晰的定位，如距离、数据量、组网、应用场景等。例如，若功耗考虑相对较弱，但对距离要求较高的应用，可以使用点对点能够传10~20km远的Xbee模块。又如，进行温湿度等数据采集，需要功耗较低，数据量不大且距离近，可以使用顺舟SZ05低功耗模块。由于ZigBee采用随机接入MAC层，且不支持时分复用的信道接入方式，部分ZigBee模块一般会对数据进行校验，返回 ACK 等操作（一般射频芯片等硬件层会自带，部分公司模块会在程序上也进行相应操作），网络节点数越多，整个网络所有节点采集的数据到服务器的时间就越长，因此不能很好地支持一些实时性要求较高的业务。

4. 电源管理模块

电源模块是无线传感网络节点的基础模块，它直接关系到感知节点的寿命、成本、体积和设计的复杂度。对于传感器节点来说，在电源模块中，如果采用大容量电源，那么网络各层通信协议的设计、网络功率管理等方面的指标都可以降低，从而降低了设计难度。容量的扩大意味着体积和成本的增加，因此电源模块设计必须首先选择合理的电源种类。

众所周知，市电是最便宜的电源，而且不必担心电源耗尽。但市电一方面受到供电线路的限制，不易用于移动性的无线节点；另一方面，市电需通过电源电压转换电路才可供节点使用，额外增加了成本。但对于一些市电使用比较方便的场合，比如路灯控制、交通流量监测等应用领域，仍可以考虑使用市电供电。

电池供电是目前最常见的传感器节点供电方式。根据电极材料，电池可以分为镍锌电池、镍铬电池、银锌电池、锂电池和锂聚合物电池等。按照电池能否充电，电池可分为可充电电池和不可充电电池。一般不可充电电池比可充电电池能量密度高，如果没有能量补充来源，则应选择不可充电电池，如日常使用的原电池（也称干电池）。在可充电电池中，锂电池和锂聚合物电池的能量密度最高，但是成本也比较高，而锂聚合物电池是唯一没有毒性的可充电电池。虽然使用可充电的蓄电池似乎比使用原电池要好，但蓄电池也有缺点，如能量密度有限，它的重量能量密度和体积能量密度远低于原电池，这就意味着要想达到同样的容量要求，蓄电池的尺寸和重量都要比原电池大一些。另外，与原电池相比，蓄电池自放电更严重，这就限制了它的存放时间和在低负载条件下的服务寿命。考虑到无线传感网络规模庞大，蓄电池的维护成本也不可忽略。尽管有这些缺点，蓄电池仍然有很多可取之处，例如，蓄电池的内阻通常比原电池要低，可用于对峰值电流要求较高的应用中。

各种电池的性能参数比较如表10-3所示。

表10-3　　电池类型及性能比较

性能指标 \ 电池类型	铅酸	镍镉	镍氢	钴酸锂	钴酸锰锂	磷酸铁锂
体积能量比（W·h/L）	64	75	170	320	200	180
重量能量比（W·h/kg）	27	50	70	150	110	90
循环寿命/次	300	500	500	600	250	2000
单位价格（RMB/Wh）	1.0~1.5	3	6	—	—	3~5

续表

电池类型 / 性能指标	铅酸	镍镉	镍氢	钴酸锂	钴酸锰锂	磷酸铁锂
自放电率	5%	20%	30%	5%	10%	5%
安全性能	很好	很好	较好	较差	较好	很好
高温性能	较好	很好	好	较差	很差	很好
倍率放电	好	很好	较好	较好	较好	较好
环保性能	污染严重	污染严重	绿色环保	无污染	无污染	绿色环保型

无线传感网络中的节点成千上万，对电池的更换是非常困难的，甚至是不可能的。因此，在一些临时性或者有时间限制的应用领域，如对某个区域在特定时间段（3 个月或者半年）的环境监测、科学研究中心对某种动植物在 1~2 年内的生长活动的观测等，往往采用价格低廉的纽扣电池或者干电池，电池耗尽后传感节点就永久失效。干电池分碳性和碱性两类。碳性电池的全称应该是碳锌电池，也称为锌锰电池，是目前应用最普遍的干电池，它有价格低廉和使用安全可靠的特点，基于环保因素的考量，由于其含有镉，因此用后必须回收，以免对地球环境造成破坏。碱性电池适用于放电量大及长时间使用的应用场合，其内阻较低，因此产生电流较一般锌锰电池大，且碱性电池的导体是铜棒，外壳是钢壳，安全可靠，无需回收，所以碱性电池用得较多。典型的干电池如图 10-1 所示。

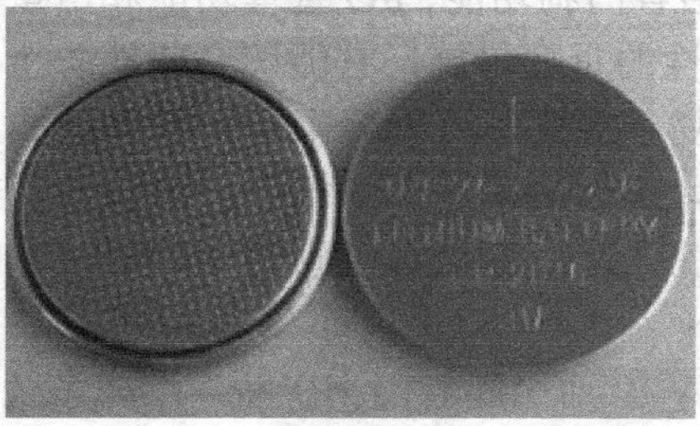

图 10-1 典型的干电池

如果需要长时间（如 5~10 年甚至更长）运行且节点不能失效，就需要采用能量高或者可充电电池。在面向无线传感网络的应用中，出现了一种在耗电量极小的情况下可使用 10 年的电池——锂亚硫酰氯电池，锂亚硫酰氯电池的自然放电极少，即便放置 10 年，依然可以正常使用。另外，手机的广泛使用使得手机电池容量不断增大，而价格相对便宜，且都具有可充电功能，因此选用手机电池作为无线传感网络节点的电源也不失为一种较为经济实用的解决方案。现在，手机电池一般用的是锂电池，典型的可充电锂电池如图 10-2 所示。现在手机的电池容量都可以达到 3000mA 以上。在这种能源供应下，ZigBee 节点如果采用有效的能量管理，其工作时间可在数年以上。

当然，传感器节点在某些情况下可以直接从外界的环境获取足够的能量。它包括通过光电效应、机械振动等不同方式获取能量。如果设计合理，采用能量收集技术的节点尺寸可以做得很小，因为它们不需要随声携带电池。最常见的能量收集技术包括太阳能、风能、热能、电磁能和机械能。例如，有些无源设备，通过机械切割磁力线的方式产生瞬间电能给内置的传感器芯片供电。

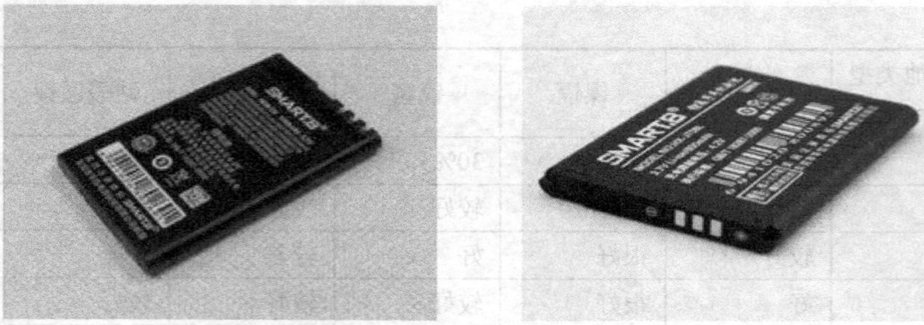

图 10-2　典型的可充电锂电池

节点所需的电压通常不止一种，这是因为模拟电路与数字电路所要求的最优供电电压不同，而非易失性存储器和压电换能器需要使用较高的电源电压。任何电压转换电路都会有固定开销消耗在转换电路本身而不是负载上。对于占空比非常低的传感器节点，这种开销占总功耗的比例可能非常大。另外，节点各部件之间的协同也需要精心设置。例如，当节点部件工作电压由 2.7V 降到 2V 时，在同样电能的情况下，节点生命周期可能会延长 5 倍左右，所以当前根据传感器节点在不同时段的不同工作模式采用动态功率管理、动态电压调度等进行能量管理和控制。

5. 外围模块设计

无线传感网络节点外围模块的功能主要包括看门狗功能、I/O 管理功能和电量检测功能等。看门狗（Watch Dog）是一种增强系统稳健性的重要措施，它能够有效地防止系统进入死循环或者程序跑飞。传感器节点的工作环境复杂多变，可能会由于干扰而造成系统软件的运行混乱。例如，因为干扰造成程序计数器计数值出错时，系统会因为访问了非法区域而跑飞。看门狗解决这一问题的过程就是在系统运行后启动看门狗的计数器，看门狗开始自动计数。

如果达到了指定的首位，看门狗就自动溢出，从而引起看门狗中断，造成系统复位，恢复正常程序流程。为了保证开门狗的动作正常，需要在程序的每个指定时间段内至少置位看门狗计数器计数一次，这就是俗称的“喂狗”。对于传感器节点而言，可用软件设定看门狗的反应时间。

通常在休眠模式下，微处理器的系统时钟将停止，由外部事件中断来重新启动系统时钟，从而唤醒 CPU 继续工作。在休眠模式下，微处理器本身实际上已经不消耗电流了，要想进一步减少系统功耗，就要尽量将传感器节点的各个 I/O 模块关闭。随着 I/O 模块的逐个关闭，节点的功耗就会越来越低，最后进入深度休眠模式。需要注意的是，通常让节点进入深度休眠状态前，需要将重要的系统参数保存在非易失性存储器中。

另外，由于电池寿命有限，应避免节点工作中突然发生断电的情况。当电池电量将要耗尽时，必须有某种指示，以便及时更换电池或者提醒邻居节点。噪声干扰和负载波动也会造成电源端电压的波动，在设计低电量检测电路时应予考虑。

10.3　无线传感网络节点设计方案

1. 两种主流的无线传感网络节点设计方案

（1）基于微控制器 MCU 加上对应的无线射频芯片方案

这种方案是在微控制器上运行协议栈，而射频芯片主要完成无线通信的接入，可以灵活选用芯片，并充分发挥各种优势。典型应用如 MSP430 和 CC2420、PIC18 系列单片机、ATmege128 和 AT86RF230 等。这种设计方式用在复杂的环境中会产生一些弊端。由于传感器节点主要是单片机与无线通信模块的组合，而非集成于一个芯片上，这必然需要人为地布置单片机与无线通信模块的连接，这种组合连接方式将会降低芯片之间数据传输的可靠性。

（2）集成了 MCU 和射频收发模块的 SoC 方案

这种方案是将微控制器和射频芯片整合到单芯片上，可以节省成本，提高系统可靠性。典型应用如 CC2430、CC2530、JN5121 等。但这种方案灵活性差，功耗较大。例如，CC2430 采用 8051 单片机内核处理能力有限；JN5121 的发射和接收电流都很大，为 40～50 mA。在这种方案中，传感器节点各部件的这种组合与集成在一个芯片上的设计相比，大大增加了节点的体积与重量。

集成片上系统（System on Chip，SoC）是向下一代无线传感网络节点设计的必然趋势，它在物理设计上进行改进来减少节点的体积、成本和功耗，是从根本上解决低成本和高可靠性的技术手段。下一代节点的典型代表有 U.C. Berkeley 的智能微尘（Smart Dust）和 PicoRadio、美国密西根大学空间环境中心（CSEM）的 WiseNET、芬兰坦佩雷技术大学的 Multi-Radio WSN Platform 等，它们均采用了 SoC 技术，在一个芯片上集成了 CPU、自定义逻辑模块，甚至射频模块和传感器模块，用这样的芯片辅以较少的外设来实现传感器节点。

① 智能微尘是 1999 年 U.C. Berkeley 在美国国防部委托下开发出的一套无线传感网络节点，采用光通信方式。同时，它采用了 MEMS 技术，融合了硅微加工、光刻铸造成型（LIGA）和精密机械加工等多种微加工技术，使得它的长度在 5mm 之内。Smart Dust 采用了 SoC 的方式，在一个芯片中集成了传感器、处理器、光通信装置等器件，成功地达到减小体积，降低功耗的目的。

② PicoRadio 研究组（属于 Berkeley 的无线研究中心）为了研发采用 SoC 技术的无线传感网络节点 PicoNode，设计了 PicoRadio Test Bed 这一研发平台，它由处理器板、电源板、通信板和传感器板 4 个板块叠加而成。其中处理器板采用了 ARM 1100 的 CPU 和 Xilinx XC4020XLA 的 FPGA 作为处理器，通信板采用蓝牙作为通信方式。在开发中，应用层和高层次的网络协议用软件的方式通过 CPU 来实现，底层次的网络协议以及蓝牙芯片的控制则通过硬件编程的方式用 FPGA 实现。由于 PicoRadio Test Bed 只是一个测试平台，还没有实现真正意义上的 SoC，因此 PicoRadio Test Bed 体积和功耗还难以让人满意。其研究还表明，在运行同样 MAC 协议的相同工艺下，不同平台在功耗方面有较大差异，以 ASIC 为最低。因此，只要将 PicoRadio Test Bed 转化为 ASIC 芯片，它的功耗和体积就可望大幅下降。

③ WiseNET 是瑞士 CMES 开发的一套无线传感网络节点芯片，WiseNET 采用 SoC 技术，专门为无线传感网络而设计。在一块芯片上集成了射频模块、MAC 协议、采用 Cool-RISC 结构的微控制器、电源模块、ADC 模块以及 SPI、I2C 的接口，用户只需外接电池、传感器和天线，即可将它制作成节点。它从功能、体积和功耗上，都比用通用的 CPU 设计出的传感器节点有较大的改进。

④ 如果说前三种节点体现的是 SoC 节点在体积和功耗上的优势，芬兰坦佩雷技术大学的 Multi-Radio WSN Platform 则体现出了 SoC 节点在硬件灵活性上的优势。与往常的节点不同，Multi-Radio WSN Platform 采用了 4 个射频模块，用频分的方式在 4 个频段上同时进行数据收发，可达到较高的数据传输速率。采用的是 Altera Cyclone EP1C20 的 FPGA，使用 Nios

II CPU 软核作为片上的处理器，同时它在 FPGA 上实现了 4 个射频芯片的接口模块，建立一个射频控制模块来协调四个射频芯片的工作。目前在国内开展面向下一代网络节点 SoC 的工作有中科院计算所的 EASISOC，并已经完成了一款具有简单功能的节点 FPGA 验证，目前正在开展高端 SoC 节点的设计验证工作。

目前，此类节点的开发，一般先在 FPGA 开发平台上进行，验证完成后再转为 ASIC 量产。由于能够自行选择和设计逻辑模块，此类平台的开发灵活性有了很大的提高，在 FPGA 验证完成的情况下，配上先进的工艺来设计 ASIC 芯片，可以大幅度减少节点的功耗、体积和成本，并且提高可靠性。不过此类节点的开发比较复杂，目前多为各个实验室自行开发各自的平台。随着 SoC 技术的发展和 IP（Intellectual Property）模块的普及，此类节点的开发会越来越容易。

2. 无线传感网络节点的硬件平台和节点设计

当前国内外研究领域中有许多无线传感网络节点的硬件平台相继出现，其中比较典型的节点有 Mica 系列、Telos、Imote2 和 IRIS 等。这些平台主要采用了不同的处理器和无线通信模块，其中以 Mica 系列节点设计和 Telos 节点应用最广泛，如美国大鸭岛海燕生活习性和栖息地环境的监测和红杉树微气候环境监测都采用了 Mica 系列节点，用于采集温度、湿度、大气压强、声音和光照等信息。目前许多研究机构在构建低带宽数据采集的应用中都采用了这两种节点作为硬件平台。表 10-4 对当前无线传感网络节点进行了综合比较。

表 10-4　无线传感网络节点综合比较

参数比较 无线节点	处理器	射频芯片	扩展存储器	特点
Mica2	ATMega128L	CC1000	512KB	低功耗、电源监测、全球唯一地址
Mica z	ATMega128L	CC2420	512KB	低功耗
Tmote	MSP430F1611	CC2420		USB 接口、超低功耗，集成温湿度、光照度传感器
CSIRO	ATMega128L	nrf903	4KB	GFSK 调制，误码率低
TinyNode 584	MSP430F1611	XE1205	512KB	无线传输速率高，距离远
Imote2	PXA270	CC2420	32MB	USB 接口，处理功能强大，可以进行音视频处理
XYZ	ML67Q5002	CC2420	—	处理功能强大
BTNodes	ATMega103	ROK101 007	64KB	低功耗，Bluetooth 通信
EASI210	ATMega128L	CC1000	512KB	电源监测、低功耗，高稳定性，全球唯一地址

由表 10-4 可以看出，各公司生产的不同无线传感网络节点根据所选用的核心处理器、射频通信芯片和扩展功能的不同，分别具有不同的特点。例如，Tmote 采用 MSP430 单片机具有的超低功耗特点。Imote 2 及 XYZ 节点采用了超强处理器的节点，更加擅长处理大数据量，适用于高速通信、环境复杂、需要强大数据处理能力的场合。Mica2 使用 ATMega128L 芯片处理器，则在性能和功耗之间较为平衡，处理速度较快，而功耗又相对较低，是一种折中的方案。在射频方面，很多节点采用 2.4GHz 无线通信频率，使用了 802.15.4/ZigBee 通信协议以及 Bluetooth 通信协议，这两种方式将 MAC 层以下的通信协议固化在模块中，不需要进一步开发，步骤简化，更具兼容性，如 Mica z、Tmote、Imote2、XYZ 和 BTNodes 节点，采用

其他射频芯片的节点由于其通信频率比较低，因此在通信距离上较有优势，还可开发满足需要的 MAC 协议。

支持系统异构性的节点目前为数不多，CrossBow 公司生产 SPB400 stargate 网关节点使用了 PXA255 处理器，操作系统采用了 Linux。传感节点则采用 mica 系列，使用 TinyOS 操作系统。该网关节点具有强大的数据处理功能，并有多种接口，包括串行口、USB、以太网以及 JTAG 接口等，与 mica 节点插接使用来实现射频通信。

目前，为了支持异构网络（包括网络中采用不同的或混合的无线通信方式）而需要具有更强系统异构性的节点不多见，Intel Xcale 是一个例子，在使用了 PXA250 XScale 处理器的网关上增加 802.11 通信方式，使得网关节点间具有较强的通信能力，网络中其他传感节点使用非 802.11 协议（如 802.15.4/ZigBee）的方式进行无线通信，以支持分层的异构网络应用。目前，对异构网络的研究大多数是针对异构网络通信协议和算法的研究，以及 Mesh 网络的体系结构的研究等，尚缺乏足够多样化的实际节点系统平台作为支持。因此，支持系统异构性的、系列化的无线传感网络节点正是当前急需启动的研究内容。

10.4 设计举例

温湿度数据采集在工农业生产控制、环境监测等场合有着广泛的应用需求，如气象监测、温室大棚农作物生长、建筑节能监控、矿井安全作业、山体滑坡及地震前兆观测等。由于这些地方监测区域范围广，有些工作环境十分恶劣（一般在户外或者野外偏远区域），因此需要借助无线传感网络来进行远程温湿度的数据采集与传输。

下面以基于 ZigBee 的温室大棚蔬菜养殖中温湿度的采集与组网传递为例，讲解无线传输网络的设计，示意图如图 10-3 所示。整个系统主要分感知节点（也称终端节点）、汇聚节点（也称协调节点）和上位机（PC）监测系统三个部分，感知节点负责温湿度的数据采集与无线传输，汇聚节点负责组建 Zigbee 网络，将感知节点接收的数据通过串口传输给上位机，上位机通过监测软件获取环境的温湿度数据并将结果显示出来。

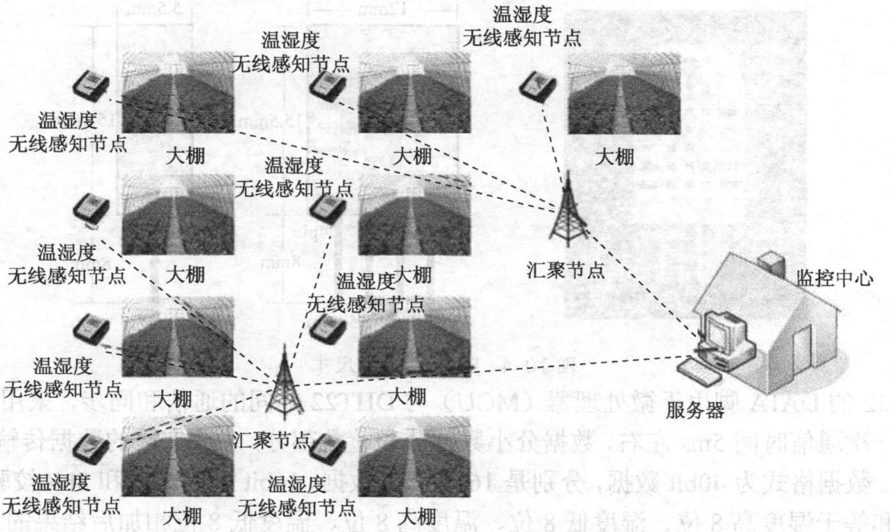

图 10-3 基于无线传感网络的温室大棚蔬菜养殖温湿度信息采集

10.4.1 芯片选型

1. 传感器芯片选择

DHT22 数字温湿度传感器是一款含有已校准数字信号输出的温湿度复合传感器。它运用专门的数字模块采集技术和温湿度传感技术，确保产品具有极高的可靠性与卓越的长期稳定性。DHT22 传感器包括一个电阻式感湿元件和一个测温元件（Negative Temperature Coefficient，NTC），具有品质优良、超快响应、抗干扰能力强、性价比极高等优点。每个 DHT22 传感器都在极为精确的湿度校验室中进行校准。校准系数以程序的形式储存在 OTP（One Time Programmable）内存中，传感器内部在检测信号的处理过程中要调用这些校准系数。单线制串行接口使系统集成变得简易快捷。DHT22 由于体积小、功耗低、信号传输距离远（可达 20m 以上）等特点，已经成为各类应用甚至最为苛刻的温湿度应用场合中的最佳选择。

DHT22 传感器为 4 针单排引脚封装，各个引脚功能如表 10-5 所示，传感器测量范围及精度如表 10-6 所示，DHT22 实物外观图和尺寸如图 10-4 所示。

表 10-5　　DHT22 引脚说明

Pin	名　称	注　释
1	VDD	DC 3.3~6 V
2	DATA	数字双向单总线
3	NC	空脚，请悬空
4	GND	接地，电源负极

表 10-6　　DHT22 量程及精度

类　型	量 程 范 围	精　度
温度	-40℃～80 ℃	±0.5℃
湿度	20%~90 %RH	±2%RH

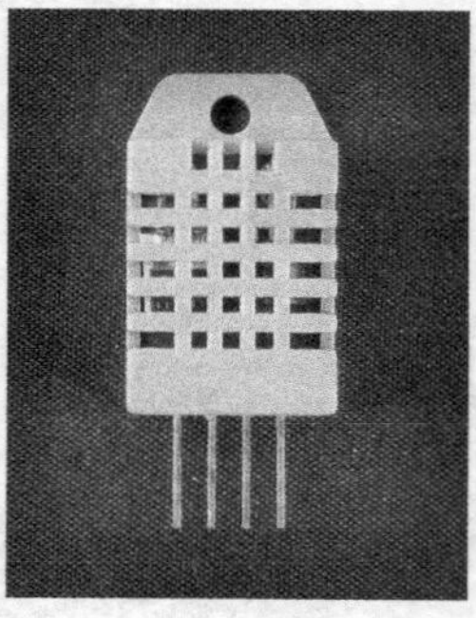

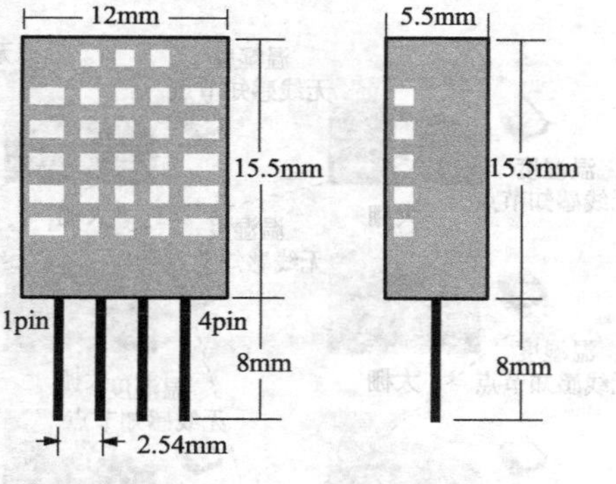

图 10-4　DHT22 外观和尺寸

DHT22 的 DATA 脚用于微处理器（MCU）与 DHT22 之间的通信和同步，采用单总线数据格式，一次通信时间 5ms 左右，数据分小数部分和整数部分，一次完整的数据传输为 40bit，高位先出。数据格式为 40bit 数据，分别是 16bit 湿度数据、16bit 温度数据和 8bit 校验和数据。8 位校验和等于湿度高 8 位、湿度低 8 位、温度高 8 位、温度低 8 位相加后结果的末 8 位。

设接收 40bit 数据为

0000 0010 1000 1100	0000 0001 0101 1111	1110 1110
湿度数据	温度数据	校验和

其中，湿度数据= 65.2%RH；

温度数据= 35.1℃；

当温度低于 0℃时，温度数据的最高位置 1。

例如：−10.1℃ 表示为 1000 0000 0110 0101。

用户主机（MCU）发送一次开始信号后，DHT22 从低功耗模式转换到高速模式，等待主机开始信号结束后，DHT22 发送响应信号，送出 40bit 的数据，并触发一次信号采集。主机从 DHT22 读取的温湿度数据总是前一次的测量值，如两次测量间隔时间很长，就连续读两次以获得实时的温湿度值。

2. ZigBee 芯片与模块选择

（1）ZigBee 芯片选择

CC2530 是德州仪器（TI）公司生产的支持 2.4 GHz IEEE 802.15.4、ZigBee 和 RF4CE 应用的一个片上系统（SoC），其外围管脚定义如图 10-5 所示。CC2530 能以非常低的材料成本建立强大的网络节点。CC2530 有四种不同的闪存版本：CC2530F32/64/128/256，分别具有 32/64/128/256KB 的闪存。CC2530 有不同的运行模式，使得它尤其适应超低功耗要求的系统。运行模式之间的转换时间短，进一步确保了低能源消耗。功耗模式 1 的工作电流为 0.2mA，唤醒系统仅需 4μs；功耗模式 2 的工作电流为 1μA，睡眠定时器运行；功耗模式 3 的工作电流为 0.4μA，外部中断唤醒。CC2530 芯片结合了 Z-Stack 协议栈，并提供了一个强大和完整的 ZigBee 解决方案，主要特点及技术指标如下。

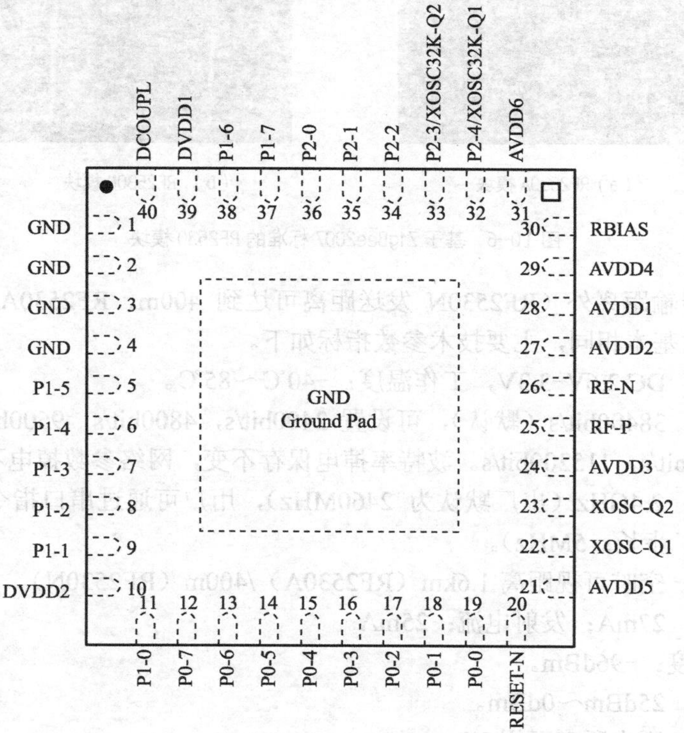

图 10-5　CC2530 管脚图

① 高性能、低功耗的 8051 微控制器内核。

② 适应 2.4GHz IEEE 802.15.4 的 RF 收发器。

③ 极高的接收灵敏度（-97dBm）和抗干扰性能。

④ 256KB Flash 存储器。

⑤ 8KB SRAM，具备在各种供电方式下的数据保持能力。

⑥ 硬件支持避免冲突的载波侦听多路存取（CSMA/CA）。

⑦ 具有 8 路输入 8～14 位 ADC。

⑧ 高级加密标准（AES）协处理器。

⑨ 小尺寸 QFP-40 封装，6mm×6mm。

（2）模块选择

针对 CC2530 芯片的开发模块，选择佳杰公司生产的 RF2530A 和 RF2530N 模块，它们都基于 ZigBee2007 标准，支持 TI 第二代微处理芯片 CC2530F256。RF2530A 比 RF2530N 多加一片射频收发前端 CC2591 芯片，利用 SMT（Surface Mounted Technology）工艺，工作在免费的 2.4G 频段，数字 IO 接口全部引出，开发使用方便快捷。两种模块的外观如图 10-6 所示。

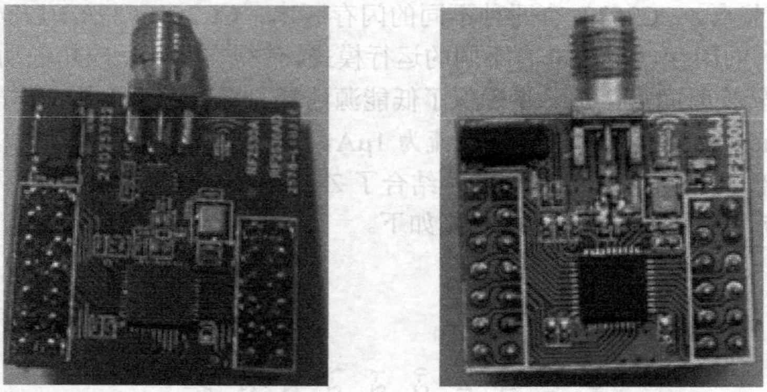

（a）RF2530A 模块　　（b） RF2530N 模块

图 10-6　基于 ZigBee2007 标准的 RF2530 模块

两种模块除传输距离外（RF2530N 发送距离可达到 400m，RF2530A 发送距离可达到 1.6km），其余特性基本相同，主要技术参数指标如下。

① 输入电压：DC 2.6V-3.3V，工作温度：-40℃～85℃。

② 串口速率：38400bit/s（默认），可设置 2400bit/s，4800bit/s，9600bit/s，19200bit/s，38400bit/s，57600bit/s，115200bit/s。波特率掉电保存不变，网络参数掉电不变。

③ 无线频率：2.4GHz（出厂默认为 2460MHz），用户可通过串口指令更改频道（2405 MHz～2480 MHz，步长：5MHz）。

④ 传输距离：空旷可视距离 1.6km（RF2530A）/400m（RF2530N）。

⑤ 接收电流：27mA；发射电流：25mA。

⑥ 接收灵敏度：-96dBm。

⑦ 发射功率：25dBm～0dBm。

⑧ 用户接口：引出所有可用 I/O。

10.4.2　开发环境

TI 公司的协议栈 Z-Stack 符合 ZigBee2006 规范，功能强大，协议栈底层已实现，对于简单的应用，开发者只需要在应用层开发即可，本文选用 Z-Stack 作为底层协议来开发。

1. 安装 Z-Stack 协议栈

从 TI 公司官方网站下载 ZStack-CC2530-2.3.0-1.4.0.exe 安装程序。Z-Stack 安装文件需要用到 Microsoft.NET Framework 工具，如果计算机上没有该工具，则安装程序会自动安装上该工具。第一次安装 Z-Stack 可能会因为首次安装.NET Framework 而重新启动计算机。重启后再点击 ZStack-CC2530-2.3.0-1.4.0.exe 文件，按照提示依次安装即可。安装完成后，默认在 C 盘 Texas Instruments 目录下会出现 ZStack-2.3.0-1. 4.0 目录，如图 10-7 所示。

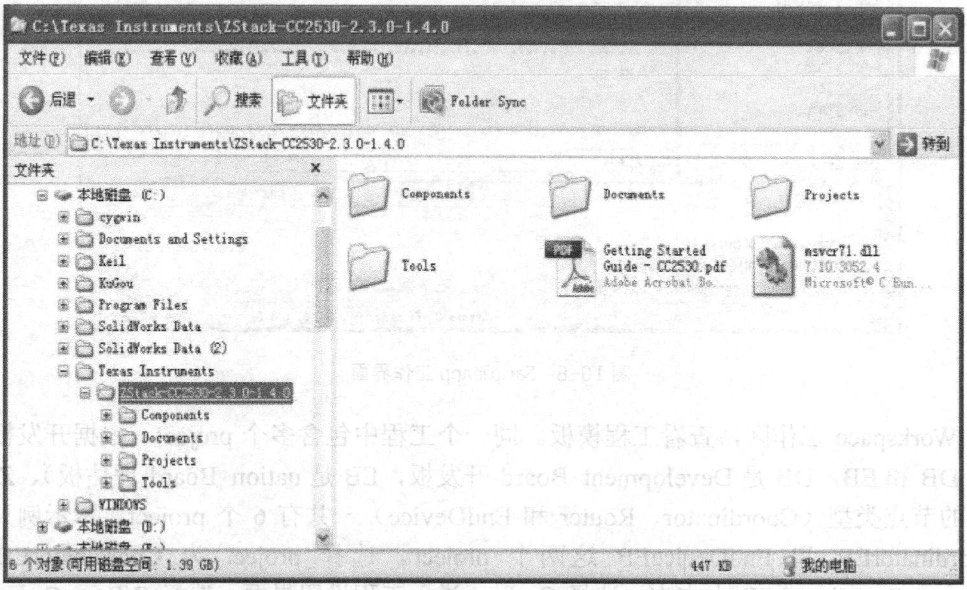

图 10-7　ZStack-CC2530-2.3.0-1.4.0.exe 安装程序

根目录下有一个安装卸载协议栈的 PDF 说明书，另外包含 Documents、Components、Projects、Tools 文件夹。Document 文件夹包含了对整个协议栈进行说明的所有文档。用户可以把该文件夹下的文档作为学习使用的参考手册。Compnents 文件夹是 Z-Stack 协议栈各个功能部件的实现，包含协议栈各个层次的目录结构。Projects 文件夹包含了 Z-Stack 功能演示的各个项目例程。Tool 文件夹下存放 TI 自带的网络工具。

2. IAR 工程配置

下面以协议栈自带例程的 IAR 工程配置为例进行说明。

打开 C: \Texas Instruments\ZStack-CC2530-2.3.0-1.4.0\Projects\zstack\Samples\SampleApp\CC2530DB 目录下的工程文件，如图 10-8 所示。

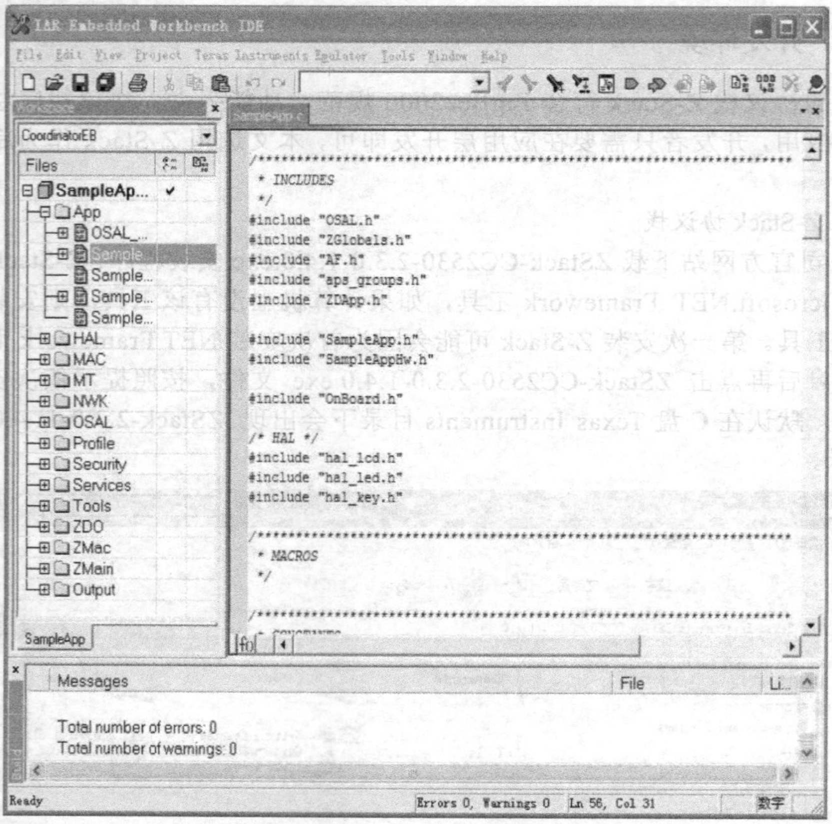

图 10-8 SampleApp 工作界面

在 Workspace 工作区，查看工程模板。同一个工程中包含多个 project，根据开发板的类型（分 DB 和 EB，DB 是 Development Board-开发板，EB 是 uation Board-评估板）、ZigBee 网络中的节点类型（Coordinator、Router 和 EndDevice）一共有 6 个 project。本示例只需用到 CoordinatorEB 和 EndDeviceEB 这两个 project。选择 project 为 CoordinatorEB，在 GenericApp-CoordinatorEB 上右击，选择 Options 进入工程设置界面，选择 C/C++ Compiler→Preprocessor，设置预编译项。去掉 LCD_SUPPORTED=DEBUG，HAL_UART 在 GenericApp 中根据是否需要串口功能来酌情添加。

以 CoordinatorEB 为例，查看工程相关配置，如图 10-9 所示。其中协议栈中使用相关的宏定义来控制设备流程及类型，可以在工程的 Options→C/C++Compiler→Preprocessor 中查看。

通过对比不同的工程可以发现，不同工程的 Defined symbols 定义不同，从而可实现不同功能流程的控制。

此外，还可以通过工程的 Options→C/C++Compiler→Extra Options 选项查看该工程模板的配置文件，如图 10-10 所示。

在 f8wConfig.cfg 等配置文件中定义了工程相关的网络通信设置。其中比较重要的是和 ZIGBEE 通信相关的信道通道的设置和 PAN ID 的设置，用户可以更改该文件中的相关宏定义来控制 ZigBee 网络的通道和 PAN ID，以此解决多个 ZigBee 网络的冲突问题。

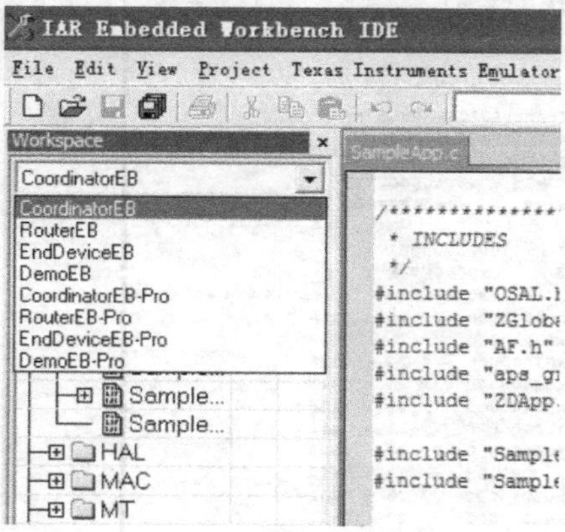

图 10-9　工程相关配置

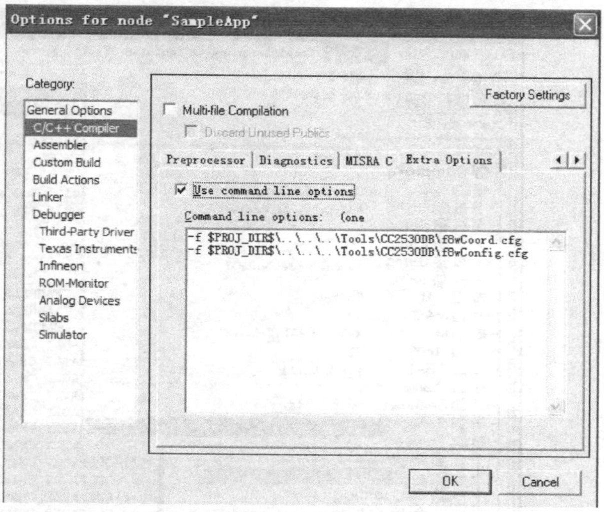

图 10-10　工程模板的配置文件

3. 编译工程，并下载调试

选择相应的模板工程，进行编译，并下载调试，如图 10-11 所示。

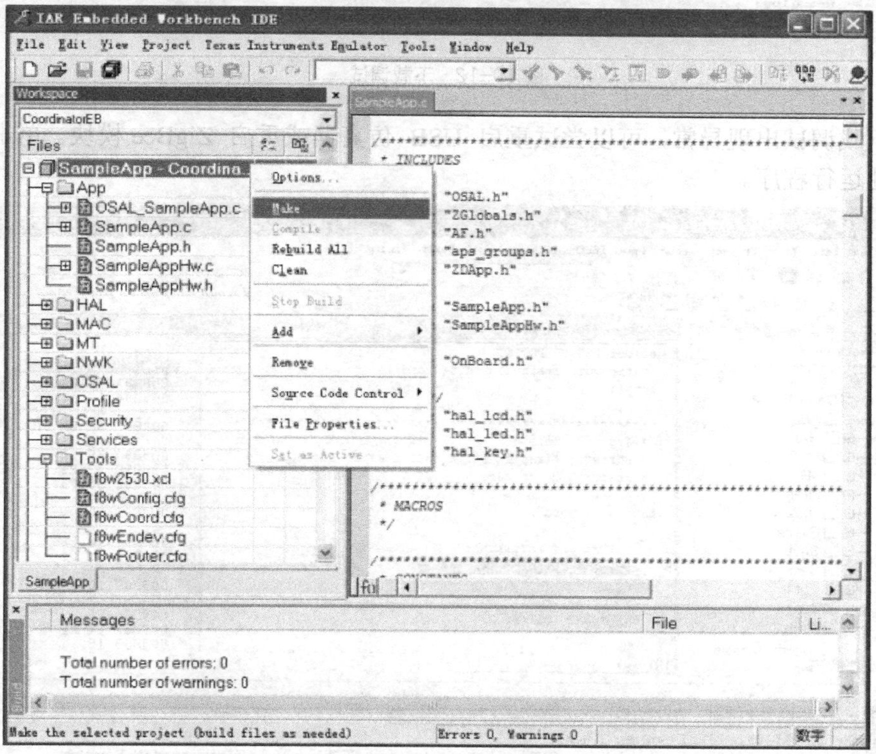

图 10-11　编译文件

连接 ZigBee 模块硬件，使用 USB 仿真器连接 ZigBee 模块，将 ZigBee 调试板的电源跳至 3.3V，上电后，即可通过 IAR 工程的 Debug 来下载并调试，如图 10-12 所示。

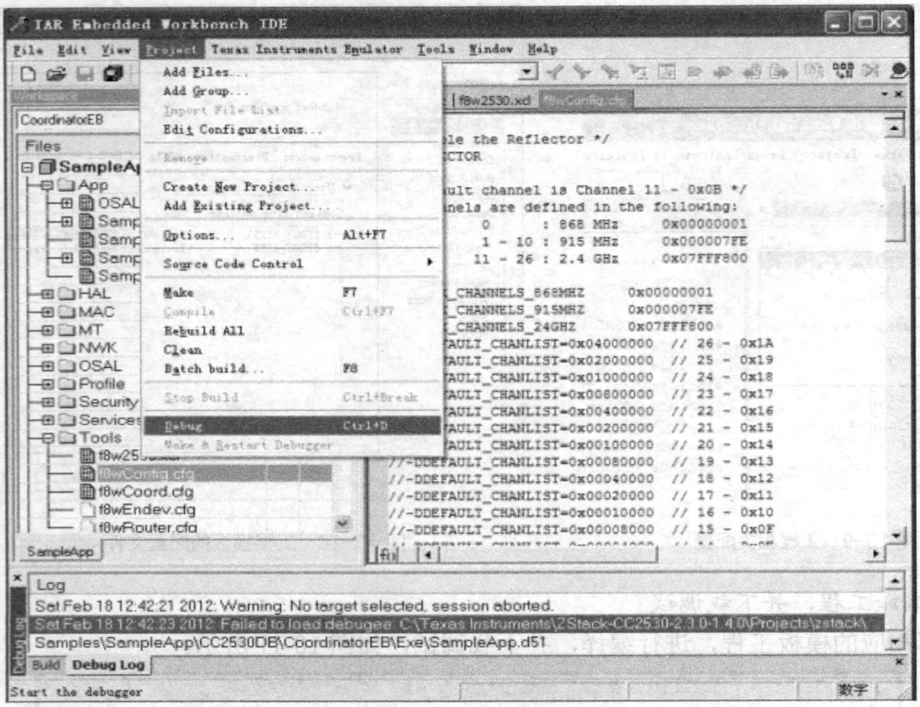

图 10-12 下载调试

如果下载调试出现异常，可以尝试重启 USB 仿真器或重启 ZigBee 模块。单击图 10-13 中的画圈处运行程序。

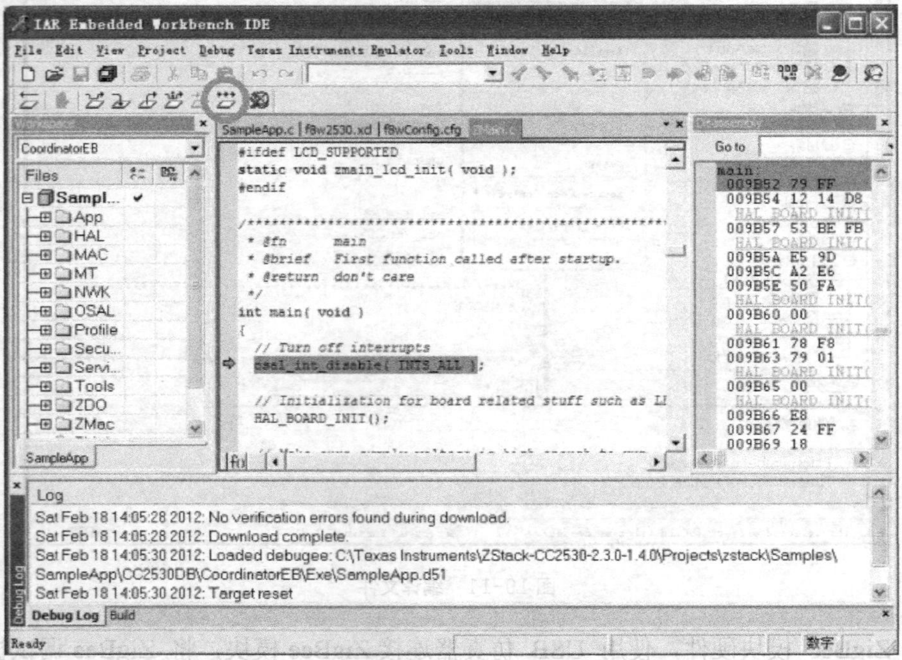

图 10-13 仿真器连接

4. 使用 Chipcon Flash Programmer 软件更改 MAC 物理地址

第一次使用 ZigBee 模块，可能会因为 ZigBee 模块的 MAC 地址无效，而无法正常运行程序，只有使用 Chipcon Flash Programmer 软件来手动修改 MAC 地址，才能正确运行程序。

ZigBee 模块默认出厂地址为 64 位的 0xFF 无效地址，该地址为 ZigBee 的全球唯一地址。因此可以通过 SmartRFProgr_1.6.2 软件来更改该物理地址，以此完成基于 Z-Stack 协议栈的实验。

（1）打开目录“\演示程序烧写目录\img\ZigBee”，运行 Setup_SmartRFProgr_1.6.2.exe 程序，如图 10-14 所示。

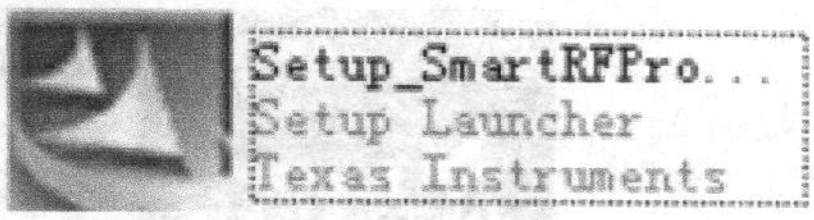

图 10-14 Setup_SmartRFProgr 图标

（2）连接好 ZigBee 模块和 USB 仿真器后，即可检测到 ZigBee 模块，如图 10-15 所示。

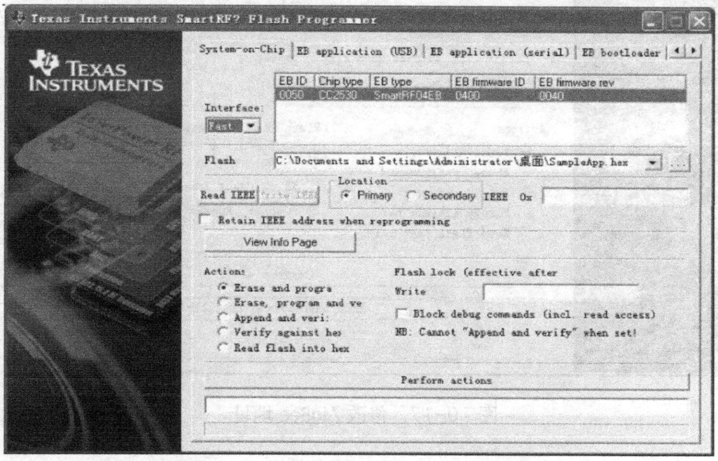

图 10-15 检测设备

连接时保证硬件连接准确，可以手动复位 USB 仿真器或 ZigBee 模块，且保证在 IAR 工程中退出 Debug 调试模式。

（3）使用 Reed IEEE 读 ZigBee 物理地址，如图 10-16 所示。

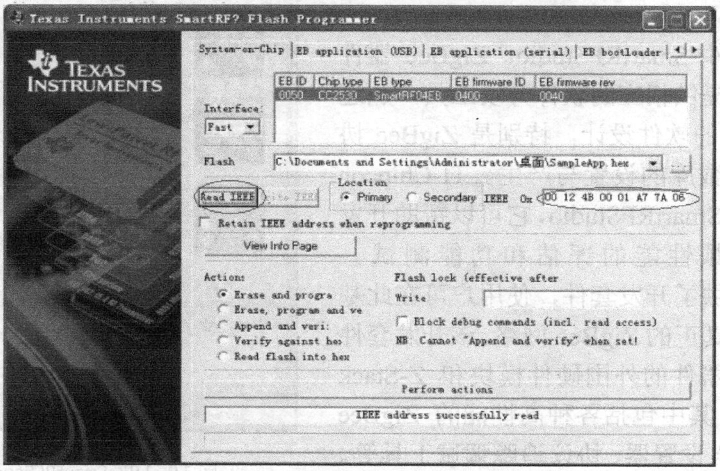

图 10-16 读 IEEE 地址

如果监测到ZigBee模块，就可读出该模块的64位物理地址。

（4）手动修改IEEE物理地址，使用Write IEEE烧写。保证写入的IEEE地址为非0xFF且不与局域网中其他模块的IEEE地址冲突即可。当底部显示IEEE address successfully write时表示写入成功，如图10-17所示。

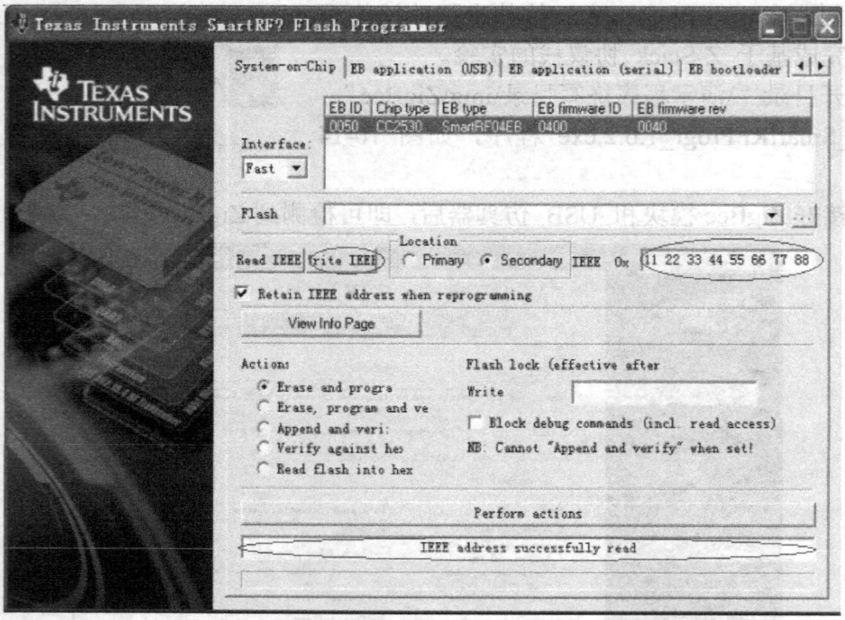

图10-17　修改ZigBee地址

修改好ZigBee模块的IEEE地址后，即可重新下载调试程序。此时，如果ZigBee模块下载了协调器的工程二进制程序，则该ZigBee模块可以作为协调器运行并自动创建网络；如果下载了EndDeviceDB工程，则该ZigBee模块作为终端节点设备；同样，如果下载了RouterDB工程，则该ZigBee模块作为路由器设备。

5. 辅助工具

（1）评估软件SmartRFStudio。ZigBee器件和模块厂商都会提供相应的软件开发工具，加速ZigBee无线通信的软件设计，特别是ZigBee协议栈及其操作函数库的设置与产生。TI-Chipcon提供了评估软件SmartRFStudio，它可以帮助开发者进行产品射频性能的评估和功能测试。TI-Chipcon还提供了开发套件，使用户可在此基础上评估和设计真正的ZigBee网络。该开发套件还包括ZigBee器件的外围硬件模块和Z-Stack ZigBee协议栈，其中包括各种高性能的ZigBee软件工具，如网络设置器、协议追踪调试工具等。其界面如图10-18所示。

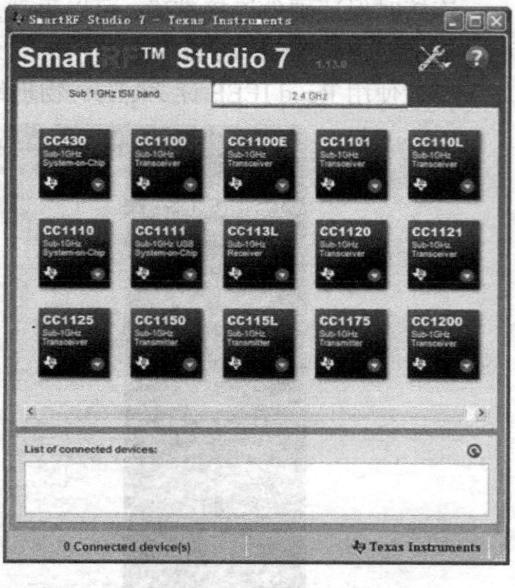

图10-18　SmartRFStudio评估软件

（2）协议软件包监听器 Packet Sniffer。在进行 ZigBee 开发时，可以使用一个下载器和模块组成嗅探器（sniffer），相关信号的读取和显示使用 TI 的 Packet Sniffer 软件完成，从 TI 的网站上下载 swrc045j.zip，解压后安装。Packet Sniffer 不仅监控 ZigBee 的数据包，而且监控 IEEE 802.15.4 的所有无线数据包。Packet Sniffer 程序界面如图 10-19 所示。

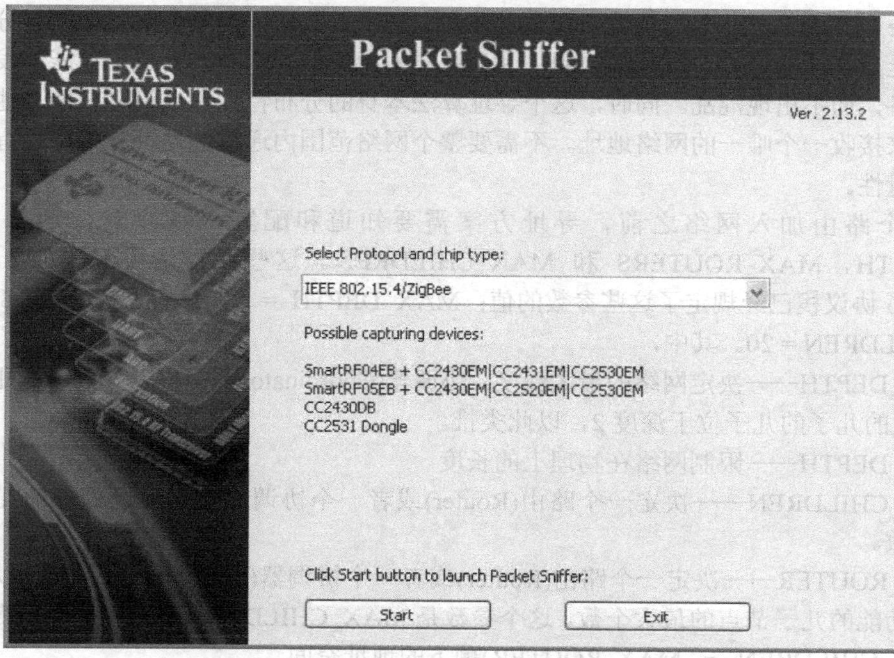

图 10-19 协议软件包监听器 Packet Sniffer 界面

（3）CC Debugger 仿真器。CC Debugger 是一个主要用于 Texas Instruments 低功耗的射频片上系统的在线小型编程仿真器。可以配合 IAR 8051 核嵌入式平台软件进行调试和编程，也可以配合 Texas Instruments 的“SmartRF Studio”软件调试无线模组，全面支持 CC2530、CC2531、CC2430、CC2431、CC2510、CC1101 等系列。其仿真器外观和目标板调试端口引脚说明如图 10-20 所示。

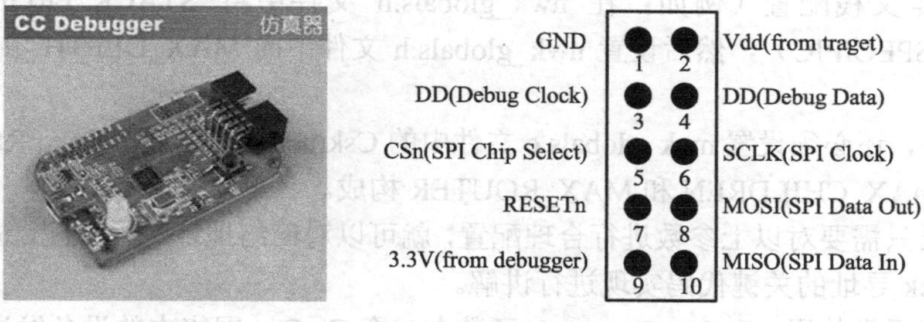

图 10-20 CC Debugger 仿真器与管脚图

10.4.3 程序示例

1. 网络地址分配

ZigBee 设备有两种类型的地址。一种是 64 位 IEEE 地址，即 MAC 地址；另一种是

16 位网络地址。64 位 IEEE 地址是一个全球唯一的地址，并且一经分配就将跟随设备一生，它通常由制造商或者被安装时设置，这些地址由 IEEE 组织来维护和分配。16 位网络地址是当设备加入网络后分配的，它在网络中是唯一的，用来在网络中鉴别设备和发送数据。

ZigBee 使用分布式寻址方案来分配网络地址。这个方案保证在整个网络中所有分配出去的网络地址是唯一的。这一点是必须的，因为这样才能保证一个具体的数据包能够发送到它指定的设备，而不出现混乱。同时，这个寻址算法本身的分布特性保证设备只能与他的父辈设备通信来接收一个唯一的网络地址。不需要整个网络范围内通信的地址分配，这有助于网络的可测量性。

在每个路由加入网络之前，寻址方案需要知道和配置一些参数。这些参数是 MAX_DEPTH，MAX_ROUTERS 和 MAX_CHILDREN。这些参数是栈配置的一部分，ZigBee2006 协议栈已经规定了这些参数的值：MAX_DEPTH = 5，MAX_ROUTERS = 6 和 MAX_CHILDREN = 20。其中，

MAX_DEPTH——决定网络的最大深度。协调器(Coordinator)位于深度 0，它的儿子位于深度 1，他的儿子的儿子位于深度 2，以此类推。

MAX_DEPTH——限制网络在物理上的长度。

MAX_CHILDREN——决定一个路由(Router)或者一个协调器节点可以处理的儿子节点的最大个数。

MAX_ROUTER——决定一个路由(Router)或者一个协调器(Coordinator)节点可以处理的具有路由功能的儿子节点的最大个数。这个参数是 MAX_CHILDREN 的一个子集，终端节点使用(MAX_CHILDREN – MAX_ROUTER)剩下的地址空间。

如果开发人员想改变这些值，则需要完成以下几个步骤。

（1）首先，要保证赋给这些参数的新值要合法。即整个地址空间不能超过 2^{16}，这就限制了参数能够设置的最大值。可以使用 projects\ZStack\tools 文件夹下的 CSkip.xls 文件来确认这些值是否合法。当在表格中输入了要修改的数据后，如果数据不合法的话就会出现错误信息。

（2）当选择了合法的数据后，开发人员还要保证不再使用标准的栈配置，取而代之的是使用网络自定义栈配置（例如：在 nwk_globals.h 文件中将 STACK_PROFILE_ID 改为 NETWORK_SPECIFIC），然后设置 nwk_globals.h 文件中的 MAX_DEPTH 参数为一个适当的值。

（3）此外，还必须设置 nwk_globals.c 文件中的 Cskipchldrn 数组和 CskipRtrs 数组。这些数组的值由 MAX_CHILDREN 和 MAX_ROUTER 构成。

开发人员只需要对以上参数进行合理配置，就可以对网络地址进行分配，进而实现寻址。下面对 Z-Stack 寻址的关键代码实现进行讲解。

应用程序通常使用 AF_DataRequest( )函数向一个 ZigBee 网络中的设备发送数据。而数据包要发送给一个 zfAddrType_t（在 ZComDef.h 中定义）类型的目标设备，zfAddrType_t 结构定义如下：

```
typedef struct
{
   union
```

```
    {
        uint16 shortAddr;           //关联设备的短地址
    } addr;
    afAddrMode_t addrMode;         //目的地址模式参数设置（如单点、多点或者广播）
    byte endPoint;                 //指定端口号，范围 1-240，其余为特殊用途的保留端口号
} afAddrType_t;
```

注意，除了网路地址之外，还要指定地址模式参数。目的地址模式可以设置如下：

```
typedef enum
{
    afAddrNotPresent = AddrNotPresent,       //按照绑定地址表进行绑定传输
    afAddr16Bit = Addr16Bit,                 //指定 16 位目标网络地址进行单点传输
    afAddrGroup = AddrGroup,                 //组播传输
    afAddrBroadcast = AddrBroadcast          //广播传输
} afAddrMode_t;
```

因为在 ZigBee 中，数据包可以单点传送(unicast)、多点传送(multicast)或者广播传送，所以必须有地址模式参数。一个单点传送数据包只发送给一个设备，多点传送数据包则要传送给一组设备，而广播数据包则要发送给整个网络的所有节点。

这样，通过以上设置和修改就实现工作节点的网络地址分配和数据发送和传递用的节点寻址功能。

2. 感知节点设计

本示例中感知节点负责操控 DHT22 温湿度传感器测量得到的当前环境的温湿度值，加入网络后，将所测数据通过路由转发或直接传送给汇聚节点。当感知节点无法直接将数据发送给汇聚节点时，可以通过路由节点将数据转发至汇聚节点。具体流程如图 10-21 所示。

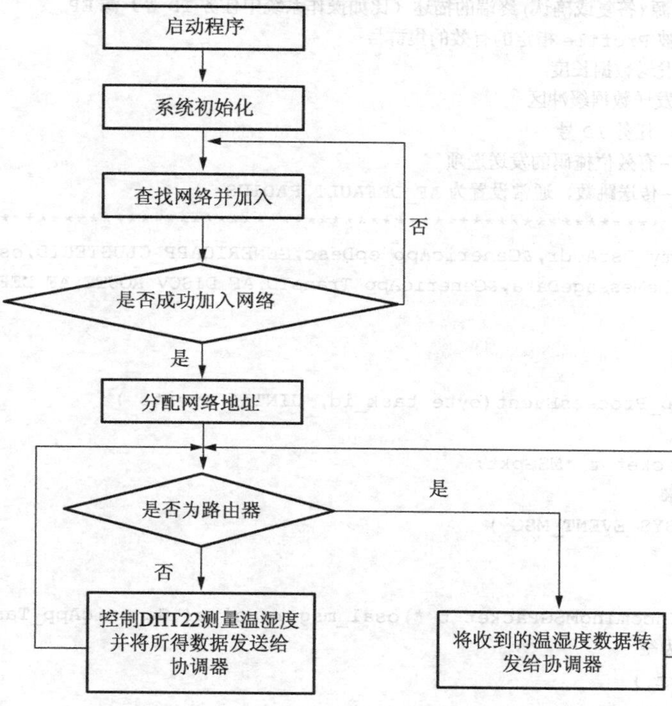

图 10-21 感知节点和路由节点工作流程

感知节点的软件设计主要在应用层编写，下面对其进行介绍。

（1）修改 Z-Stack 的编译选项

在 IAR 的 Project → Option 下选择 C/C++Compiler 中的 Preprocessor，添加 NWK_AUTO_POLL、ZTOOL_P1、POWER_SAVING、MANAGED_SCAN、NV_RESTORE 这几个定义符（Defined Symbols）。其中，POWER_SAVING 使终端节点工作在省电模式。

（2）编写应用层程序

① 消息发送函数

```
void GenericApp_SendTheMessage( void )
{
   extern unsigned char WenDu,ShiDu;
   unsigned char theMessageData[10]="EndDevice";
   afAddrType_t my_DstAddr;

   my_DstAddr.addrMode=(afAddrMode_t)Addr16Bit;             //单播发送
   my_DstAddr.endPoint=GENERICAPP_ENDPOINT;                 //目的端口
   my_DstAddr.addr.shortAddr=0x0000;                        //目标设备网络地址

   theMessageData[0]=WenDu;
   theMessageData[1]=ShiDu;
/***********************************************************************
 *afStatus_t AF_DataRequest( afAddrType_t *dstAddr, endPointDesc_t *srcEP,
                            uint16 cID, uint16 len, uint8 *buf, uint8 *transID,
                            uint8 options, uint8 radius )     //发送函数
    *dstAddr  --发送目的地址+端点地址（端点号）和传送模式
    *srcEP    --源(答复或确认)终端的描述（比如操作系统中任务 ID 等）源 EP
    cID       --被 Profile 指定的有效的集群号
    len       --发送数据长度
    *buf      --发送数据缓冲区
    *transID   --任务 ID 号
    options    --有效位掩码的发送选项
    radius     --传送跳数，通常设置为 AF_DEFAULT_RADIUS
***********************************************************************/
AF_DataRequest(&my_DstAddr,&GenericApp_epDesc,GENERICAPP_CLUSTERID,osal_strlen
("EndDevice")+1,theMessageData,&GenericApp_TransID,AF_DISCV_ROUTE,AF_DEFAULT_RADIUS);
}
```

② 消息处理函数

```
UINT16 GenericApp_ProcessEvent(byte task_id, UINT16 events )
{
  afIncomingMSGPacket_t *MSGpkt;
  //如果系统消息到来
  if ( events & SYS_EVENT_MSG )
    {
    //接收数据包
    MSGpkt = (afIncomingMSGPacket_t *)osal_msg_receive( GenericApp_TaskID );
    //如果数据包不为空
    while ( MSGpkt )
    {
       //判断消息类型
       switch ( MSGpkt->hdr.event )
```

```
        {
        //处理在初始化中注册过的消息
        case ZDO_STATE_CHANGE:
            {
            //获取网络状态
              GenericApp_NwkState = (devStates_t)(MSGpkt->hdr.status);
            //判断网络类型
            if ( (GenericApp_NwkState == DEV_ZB_COORD)
                    || (GenericApp_NwkState == DEV_ROUTER)
                          || (GenericApp_NwkState == DEV_END_DEVICE) )
            {
             //调用 osal_set_event 触发发送数据事件
            osal_set_event(GenericApp_TaskID,SEND_DATA_EVENT);
            }
             break;
             default:
             break;
}
    //接收到的消息处理完后，释放消息所占的存储空间
    osal_msg_deallocate( (uint8 *)MSGpkt );
    //处理完一个消息后，判断操作系统层是否有未处理的数据包
    //如果有，则从消息队列中继续处理数据包，直到所有消息处理完毕
    MSGpkt = (afIncomingMSGPacket_t *)osal_msg_receive( GenericApp_TaskID );
    }
    // 返回未处理的任务
    return (events ^ SYS_EVENT_MSG);
    }
    //如果是发送数据事件
    if(events&SEND_DATA_EVENT)
     {
    extern void DHT22(void);
    if(GenericApp_NwkState==DEV_END_DEVICE)
      {
       //获取 DHT22 传感器的采集数据
       DHT22();
      }
    //发送数据函数
    GenericApp_SendTheMessage();
    //启动系统定时器，产生发送数据事件
    osal_start_timerEx(GenericApp_TaskID,SEND_DATA_EVENT,3000);
    return(events^SEND_DATA_EVENT);
     }
    //丢掉未知事件
    return 0;
}
```

3. 汇聚节点程序设计

汇聚节点主要完成上位机和温度传感器模块的透明传输，也负责整个网络的协调工作，比如负责建立一个新的网路，然后允许感知节点或路由节点加入网络中并接收它们传来的温湿度数据，接着将数据通过串口发送给上位机。程序流程图如图 10-22 所示。

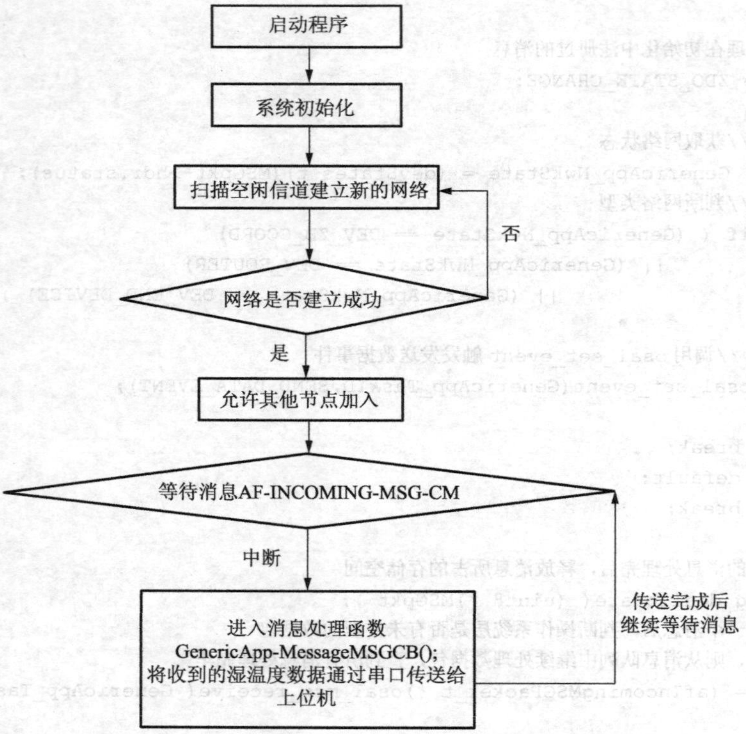

图 10-22 汇聚节点工作流程

汇聚节点代码主要在应用层里编写，下面对其进行介绍。

（1）修改 Z-Stack 的编译选项

在 IAR 的 Project→Option 下选择 C/C++Compiler 中的 Preprocessor，添加 CC2530EB、ZTOOL_P1、MT_TASK、MT_ZDO_FUNC、NV_RESTORE、MT_AF_FUNC、MT_NWK_FUNC 几个定义符。添加这几个预编译选项后上位机监测程序就可以通过串口发送命令给协调器。

（2）编写应用层程序

应用层的主体框架 Z-Stack 已经实现，只要做适当修改符合具体应用要求即可。

① 初始化函数。首先在初始化函数 void GenericApp_Init(byte task_id)中修改寻址方式并添加入网控制函数。

```
//初始化函数
void GenericApp_Init( byte task_id )
{
    GenericApp_TaskID = task_id;
    GenericApp_NwkState = DEV_INIT;
    GenericApp_TransID = 0;
    //以广播方式进行寻址
    GenericApp_DstAddr.addrMode = (afAddrMode_t)AddrBroadcast;
    //目的节点的端号为 GENERICAPP_ENDPOINT
    GenericApp_DstAddr.endPoint = GENERICAPP_ENDPOINT;
    //目的节点的网络地址为所网络中所有节点
    GenericApp_DstAddr.addr.shortAddr = 0xFFFF;
}
```

② 消息接收函数。消息接收函数在 void GenericApp_MessageMSGCB(afIncoming MSGPacket_t *pkt)函数中修改。

```
voidGenericApp_MessageMSGCB(afIncomingMSGPacket_t *pkt)
{
    unsigned char buffer[2];         //存放两个字节的温度数据
    unsigned char WenDuChars[2];     //存放两个字节的湿度数据
    unsigned char ShiDuChars[2];

    switch(pkt->clusterId)
    {
        case GENERICAPP_CLUSTERID:
        osal_memcpy(buffer,pkt->cmd.Data,2);
        if(buffer[0]!=0)
        {
        //计算温度值并通过串口发送
        WenDuChars[0]=buffer[0]/10+'0';
        WenDuChars[1]=buffer[0]%10+'0';
        HalUARTWrite(0,WenDuChars,2);
    }
    else
    {
        HalUARTWrite(0,"0",10);
    }
    if(buffer[1]!=0)
    {
        //计算湿度值并通过串口发送
        ShiDuChars[0]=buffer[1]/10+'0';
        ShiDuChars[1]=buffer[1]%10+'0';
        HalUARTWrite(0,ShiDuChars,2);
        HalUARTWrite(0,"\n",1);
    }
else
    {
        HalUARTWrite(0,"0",10);
        HalUARTWrite(0,"\n",1);
    }
break;
  }
}
```

（3）设置信道

在协议栈 Tools 文件夹下的 f8wConfig.cfg 文件中把默认的 11 信道改为 15 信道。15 信道的频点与 Wi-Fi 等 2.4G 的频点相差较远，因此可以减少与 Wi-Fi 或者其他工作在 2.4G 频段的无线信道之间的相互干扰。

```
/*Default channel is Channel 11-0x0B*/
//Channels are defined in the following:
//0:868 MHz 0x00000001
//1-10:915 MHz 0x000007FE
//11-26:2.4 GHz 0x07FFF800
//-DMAX_CHANNELS_868MHZ 0x00000001
//-DMAX_CHANNELS_915MHZ 0x000007FE
//-DMAX_CHANNELS_24GHZ 0x07FFF800
//-DDEFAULT_CHANLIST=0x04000000//26-0x1A
//-DDEFAULT_CHANLIST=0x02000000//25-0x19
//-DDEFAULT_CHANLIST=0x01000000//24-0x18
//-DDEFAULT_CHANLIST=0x00800000//23-0x17
//-DDEFAULT_CHANLIST=0x00400000//22-0x16
//-DDEFAULT_CHANLIST=0x00200000//21-0x15
```

```
//-DDEFAULT_CHANLIST=0x00100000//20-0x14
//-DDEFAULT_CHANLIST=0x00080000//19-0x13
//-DDEFAULT_CHANLIST=0x00040000//18-0x12
//-DDEFAULT_CHANLIST=0x00020000//17-0x11
//-DDEFAULT_CHANLIST=0x00010000//16-0x10
-DDEFAULT_CHANLIST=0x00008000//15-0x0F    //修改后的信道
//-DDEFAULT_CHANLIST=0x00004000//14-0x0E
//-DDEFAULT_CHANLIST=0x00002000//13-0x0D
//-DDEFAULT_CHANLIST=0x00001000//12-0x0C
//-DDEFAULT_CHANLIST=0x00000800//11-0x0B
```

4. 上位机监测

上位机采用 PC 和 Windows 操作系统，利用 VC++在现有的串口测试软件基础上进行二次开发。监测系统界面如图 10-23 所示，其主要功能分成两个部分，第一个功能是接收汇聚节点发来的串口数据，使用的是 CSerialPort 类进行的编写，每当从串口接收到数据后，就会产生一个 WM_COMM_RXCHAR 消息，从而调用它的消息处理函数 CSerialPort::RecvData 接收数据；第二个功能是对于接收到的数据进行实时的曲线绘制。在接收数据完成后调用 Invalidate()函数产生一个 ON_WM_PAINT 消息，它的消息处理函数重载 OnPaint()函数从而完成画图功能。

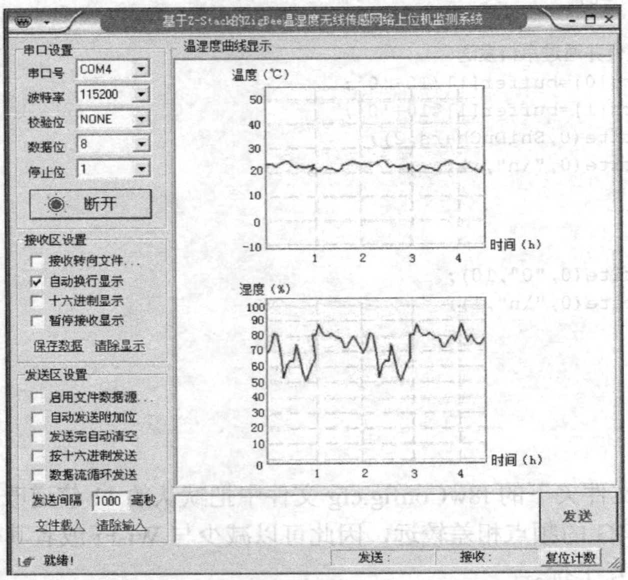

图 10-23　上位机监测界面

5. ZigBee 数据报的捕获实验

在 PC 端打开 packet sniffer 软件，启动 packet sniffer 后单击 start 按钮进入抓包工作，获得的数据包如图 10-24 所示。

从图 10-24 中可以看出，

第 1 行：终端节点发送信标（Beacon）请求。

第 2 行：协调器已经建立了 ZigBee 无线网络，在 ZigBee 无线网络中，协调器的网络地址是 0X0000。

第 3 行：终端节点发送加入网络请求（Association Request）。

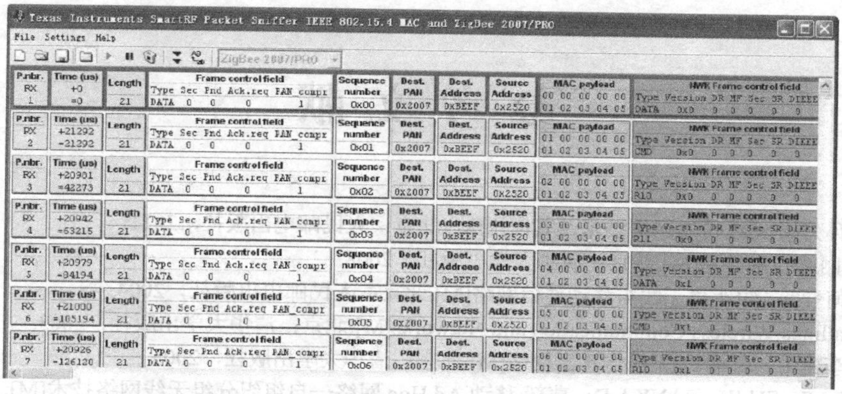

图 10-24 通过 packet sniffer 捕获的 ZigBee 数据帧

第 4 行：协调器对终端节点的加入网络请求作出应答。

第 5 行：终端节点收到协调器的应答后，发送数据请求，请求协调器分配网络地址。

第 6 行：协调器对终端节点的数据请求作出应答。

第 7 行：协调器将分配的网络地址发送给终端节点，新分配的网络地址是 0X796F。

由上位机监测界面和数据包抓包结果可以看出，整个工作流程符合预先设计要求，数据帧和命令帧符合 ZigBee 标准规范，工作结果正确。

本章小结

无线传感网络在设计目标方面与传统的无线网络有区别，前者是以数据为中心的，后者以传输数据为目的。在无线传感网络中，节点通常运行在人无法接近的恶劣环境甚至危险的远程环境中，除了少数节点需要移动以外，大部分节点都是静止不动的。在被监测区域内，节点任意散落，节点除了需要感测特定的对象以外，还需要进行简单计算，维持相互之间的网络连接等功能，并且由于能源的无法替代以及低功耗的多跳通信模式，设计无线传感节点时，有效地延长网络的生命周期以及节点的低功耗成为无线传感网络研究的核心问题。在节省功耗的同时，增加通信的隐蔽性，避免长距离的无线通信易受外界噪声干扰的影响，也都是设计无线传感网络时需要攻克的新难题。另外值得指出的是，尽管当前已经出现了很多类型的无线传感网络节点，但这些节点大多数还处于实验和研究阶段，是支持研究和二次开发的平台，尚没有实现系列化和标准化的工业级设计，距离真正的实际应用需要，在技术成熟度上和功能都尚有很大的差距，成本也比较高。

课后思考题

1. 无线传感网络中的工作节点按承担的任务一般分为哪几类？
2. 设计无线传感网络应用一般需要遵循哪些原则？
3. 比较两种典型的无线传感网络节点方案。
4. 以 PM2.5/10、CO_2、SO_2 等区域空气质量监测为例，设计一个完整的无线传感网络应用系统。

参考文献

[1] 王汝传，孙力娟.无线传感网络技术及其应用[M].北京：人民邮电出版社，2011.
[2] 汪涛.无线网络技术导论[M].北京：清华大学出版社，2008.
[3] 方旭明，何蓉等. 短距离无线与移动通信网络[M].北京：人民邮电出版社，2004.
[4] William Stallings.Wireless Communication and Networks[M].北京：清华大学出版社，2003.
[5] 孙利民，李建中，陈渝等.无线传感器网络[M].北京：清华大学出版社，2005.
[6] AKYILDIZ I F，SU W，SANKA D，曹毅.移动 Ad Hoc 网络—自组织分组无线网络技术[M]. 北京:电子工业出版社，2005.
[7] 许毅.无线传感器网络原理及方法[M]. 北京：清华大学出版社，2012.
[8] 张少军.无线传感器网络技术及应用[M].北京：中国电力出版社，2010.
[9] 赵树杰，赵建勋.信号检测与估值理论[M].北京: 清华大学出版社. 2005.11.
[10] 邱天爽，唐洪，李婷，杨华等.无线传感器网络协议与体系结构[M]. 北京：电子工业出版社，2007.
[11] 任丰原，黄海宁，林闯. 无线传感器网络[J].北京：软件学报，2003，14（7）:1282-1291.
[12] 颜振亚，郑宝玉. 无线传感器网络[J].北京：计算机工程与应用，2005，41（15）:20-23.
[13] 李建中，李金宝，石胜飞.传感器网络及其数据管理的概念、问题与进展[J].北京：软件学报.2003.3.
[14] 任丰原、黄海宁、林闯.无线传感器网络[J].北京：软件学报.2003-3.
[15] 杨寅春，陈克非.基于单向哈希链的无线传感器网络安全 LEACH 路由协议[J].北京：计算机工程与设计，2009，30（20）:4620-4623.
[16] 张涛，李腊元，燕春.一种基于分簇的无线传感器网络安全路由协议[J].南京：传感技术学报，2009，22（11）:1612-1616.
[17] 章国安，周超.基于名誉机制的无线传感器网络安全路由协议[J].哈尔滨：传感器与微系统，2010，29（10）:75-78.
[18] 石鹏，徐凤燕，王宗欣.基于传播损耗模型的最大似然估计室内定位算法[J].北京：信号处理. 2005，21（5）:502-504.
[19] 史龙，王福豹，段渭军等.无线传感器网络 Range-Free 自身定位机制与算法[J].北京：计算机工程与应用. 2003，（23）：127-130.
[20] 孙佩刚，赵海，罗玎玎.智能空间中 RSSI 定位问题研究[J]. 北京：电子学报. 2007，7（35）：1240-1245.
[21] 江冰，吴元忠，谢冬梅.无线传感器网络节点自身定位算法的研究[J]. 南京：传感技术学报.2007，（6）:1381-1385.
[22] 李建中，高宏.无线传感器网络的研究进展[J]. 北京：计算机研究与发展.2008，45（1）:63-72.
[23] 杨博雄，倪玉华，刘琨.基于加权三角质心 RSSI 算法的 ZigBee 室内无线定位技术研究[J].北京：传感器世界.2012，11:31-33.
[24] 朱建新，高蕾娜，张新访.基于距离几何约束的二次加权质心定位算法[J].成都：计算机应用.2009，29（2）:480-483.
[25] 刘艳文，王福豹，段渭军，丁超.基于 DV-Hop 定位算法和 RSSI 测距技术的定位系统[J].成都：计算机应用.2007，27（3）:516-527.
[26] 李娟，王珂，李莉.基于锚圆交点加权质心的无线传感器网络定位算法[J].长春：吉林大学学报（工业版）.2009，39（6）:1649-1653.
[27] 王慧斌，周小佳，王厚军等.无线传感器网络鲁棒性研究[J]. 成都：计算机应用研究.2009，26（6）:2184-2186.
[28] MING C. Sensor Network Localization within Precise Sistance. Systems & Control Letters，2006，55（5）:887-893.